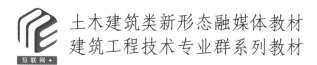

土木建筑类新形态融媒体教材
建筑工程技术专业群系列教材

建筑构造与施工图识读

主　编　侯志杰

副主编　隋浩智　赵　倩

参　编　张英群　王爱国　韩　琪　罗三秀

主　审　焦玉国　王广军

U0172029

科学出版社

北　京

内 容 简 介

本书是山东省职业教育教学改革重点资助项目教研成果（项目编号：2017051）、山东省职业教育侯志杰名师工作室重点建设项目成果（项目编号：2018047），基于工作领域模块化、工作任务项目化、职业能力具体化的课程理念进行编写。

本书共分为 5 个工作领域、20 个工作任务、54 项职业能力，主要内容包括建筑基础知识认知、砖混结构建筑构造认知、框架结构建筑构造认知、装配式建筑构造认知、建筑工程施工图识读。通过对本书的学习，可以为建筑工程的施工、组织管理和工程计量计价等后续课程打下坚实的专业基础。

本书可作为职业院校土建类建筑工程技术、建设工程管理、工程造价、建筑装饰工程技术、建筑室内设计专业的教学用书，也可作为 1+X 建筑工程识图、建筑工程施工工艺实施与管理、装配式建筑构件制作与安装职业技能等级证书考试和建筑土建施工技术人员、建筑设计人员的参考用书。

图书在版编目（CIP）数据

建筑构造与施工图识读/侯志杰主编. —北京：科学出版社，2023.6
土木建筑类新形态融媒体教材　建筑工程技术专业群系列教材
ISBN 978-7-03-075723-4

Ⅰ．①建… Ⅱ．①侯… Ⅲ．①建筑构造-高等职业教育-教材②建筑制图-识别-高等职业教育-教材 Ⅳ.①TU22②TU204

中国国家版本馆 CIP 数据核字（2023）第 103388 号

责任编辑：张振华 / 责任校对：马英菊
责任印制：吕春珉 / 封面设计：孙 普

科 学 出 版 社 出版
北京东黄城根北街 16 号
邮政编码：100717
http://www.sciencep.com

三河市骏杰印刷有限公司印刷
科学出版社发行　各地新华书店经销
*
2023 年 6 月第 一 版　　开本：787×1092　1/16
2023 年 6 月第一次印刷　　印张：21 1/2
字数：500 000
定价：65.00 元

前　言

教育是国之大计、党之大计。教育、科技、人才是全面建设社会主义现代化国家的基础性、战略性支撑。随着国家对职业教育的重视和投入的不断增加，我国职业教育得到了快速发展，为社会输送了大批工作在一线的技术技能人才。但也应该看到，建筑工程领域从业人员的数量和质量都远远落后于产业发展的需求。随着行业转型升级，企业间的竞争日趋残酷和白热化，现代企业对具有良好的职业道德、必要的文化知识、熟练的职业技能等综合职业能力的高素质劳动者和技能型人才的需求越来越大。为此，职业院校急需创新教育理念、改革教学模式、优化专业教材，尽快培养出真正适合产业需求的高素质劳动者和技能型人才。

党的二十大报告指出："加快建设国家战略人才力量，努力培养造就更多大师、战略科学家、一流科技领军人才和创新团队、青年科技人才、卓越工程师、大国工匠、高技能人才。"为了适应产业发展和教学改革的需要，编者根据二十大报告和《职业院校教材管理办法》《高等学校课程思政建设指导纲要》《"十四五"职业教育规划教材建设实施方案》等相关文件精神，在行业、企业专家和课程开发专家的精心指导下编写了本书。

本书紧紧围绕"为谁培养人、培养什么人、怎样培养人"这一教育的根本问题来编写。本书以落实立德树人为根本任务，以学生综合职业能力培养为中心，以培养卓越工程师、大国工匠、高技能人才为目标，以"科学、实用、新颖"为编写原则。相比以往同类教材，本书具有许多特点和亮点，主要体现在以下5个方面。

1. 校企"双元"联合开发，编写理念新颖

本书为山东省职业教育教学改革重点资助项目教研成果（项目编号：2017051）、山东省职业教育侯志杰名师工作室重点建设项目成果（项目编号：2018047），由校企"双元"联合开发。编者均来自教学或企业一线，具有多年的教学或实践经验，大多编者带队参加过职业院校技能大赛并取得了良好的成绩。在编写本书的过程中，编者能紧扣该专业的培养目标，借鉴技能大赛所提出的能力要求，把技能大赛过程中所体现的规范、高效等理念贯穿其中，符合当前企业对人才综合素质的要求。

本书基于工作领域模块化、工作任务项目化、职业能力具体化的职业教育课程改革理念进行编写，力求体现面向工作领域、以典型工作任务为驱动的教学模式。

2. 体现以人为本，强调实践能力培养

本书从职业院校学生的实际出发，摒弃了以往建筑构造与施工图识读教材中过多的理论描述，在知识讲解上"削枝强干"，力求理论联系实际，从实用、专业的角度剖析各知识点，以浅显易懂的语言和丰富的图示进行说明，注重学生应用能力和实践能力的培养。

本书以练代讲，练中学、学中悟，学生跟随工作任务完成理论学习和任务实施就可以掌握相关知识，提升技能及素养。这种教学方式不仅可以大幅度提高学生的学习效率，还可以很好地激发学生的学习兴趣和创新思维。

3. 与实际工作岗位对接，实用性、操作性强

本书分为 5 个工作领域（20 个工作任务、54 项职业能力）。其中，工作领域 A～工作领域 D 主要讲解建筑构造，工作领域 E 主要讲解建筑工程施工图识读。每个工作领域包含多个工作任务，每个工作任务以"核心概念""学习目标""基本知识""能力训练""巩固提高"等模块展开，层层递进，环环相扣，具有很强的针对性和可操作性。此外，各工作任务末的"考核评价"模块便于对学生的知识掌握、技能和素养提升情况进行三位一体的综合评价。

本书以常见建筑结构形式，按项目组织教学内容，以每一个完整的结构体系（砖混、框架、框剪及装配式木、钢、混凝土结构）建筑的建造为蓝本进行阐述，内容上体现新技术、新工艺、新规范，反映典型岗位所需要的职业能力，具有很强的实用性。通过学习，学生可以掌握建筑构造、建筑工程施工图识读的相关知识和技能，为顺利进入其他课程的学习打好坚实的基础。

4. 体现"岗、课、赛、证"融通，注重思政教育

在编写本书的过程中，编者注重对接 1+X 职业资格证书、国家职业技能标准及技能大赛要求，体现"书、证"融通、"岗、课、赛、证"融通。同时，为落实立德树人根本任务，充分发挥教材承载的思政教育功能，本书凝练实训项目中的思政要素，融入精益化生产管理理念，将安全质量意识、职业素养、工匠精神的培养与教材的内容相结合，使学生在学习专业知识的同时，通过潜移默化的影响，把握各思政教育映射点所要传授的内容。

5. 配套立体化资源，便于信息化教学实施

为了方便教师教学和学生自主学习，本书配有免费的立体化教学资源包（下载网址：www.abook.cn 或 www.com.cn），包括多媒体课件、实训素材及自测题，若需要可与10352398@qq.com 或 121288499@qq.com 联系。

此外，本书中穿插有丰富的二维码资源链接，通过扫描可以观看相关的微课视频，便于学生随时随地学习。

本书由潍坊工程职业学院侯志杰担任主编，潍坊工程职业学院隋浩智、赵倩担任副主编，潍坊工程职业学院张英群、王爱国和韩琪及福州软件职业技术学院罗三秀参与编写。具体分工如下：侯志杰编写工作领域 A，侯志杰、王爱国编写工作领域 B，张英群、罗三秀编写工作领域 C，隋浩智编写工作领域 D，赵倩、韩琪编写工作领域 E，罗三秀负责课件的编辑与整理。全书由侯志杰负责框架设计和统稿，由焦玉国、王广军担任主审。

在编写本书的过程中，编者参阅了国内同行大量的文献资料和图稿，部分图片来自互联网和兄弟院校实训基地、建筑行业企业生产车间、成品部件展示，并由相关设计单位提供图纸等资料，在此一并表示衷心的感谢！

由于编者水平有限，书中难免有不足之处，恳请读者批评指正。

目　录

工作领域 A　建筑基础知识认知

工作领域 D　装配式建筑构造认知

工作领域 E　建筑工程施工图识读

工作领域

建筑基础知识认知

【内容导读】

改革开放以来，我国建筑业保持快速发展，行业规模不断扩大、建造能力不断增强，取得了辉煌成就，建成了一大批世界顶尖水准的著名建筑物，如国家体育场（鸟巢）、国家游泳中心（水立方）、国家大剧院、中央电视台总部大楼、上海国际金融中心、港珠澳大桥、广州塔等。

随着建筑业规模的不断增大，我国建筑结构形式由新中国成立初期的预制混凝土板式混合结构，转向砖混结构、混凝土结构，再次转向钢筋混凝土框架结构、框架剪力墙结构、钢结构。如今随着我国人口红利的减少、人力成本的增加，为减少环境噪声污染、节省人力、缩短工期，推出了装配式混凝土结构、钢结构、木结构建筑。如图 A-1 所示的上海世博会中国馆为框架结构建筑。

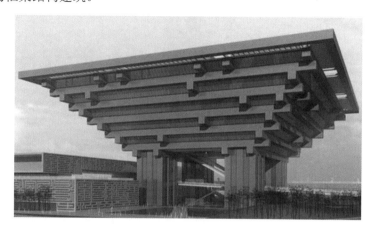

图 A-1 上海世博会中国馆

【学习目标】

通过本工作领域的学习，要达成以下学习目标。

知识目标	能力目标	职业素养目标
1）掌握建筑的分类及等级划分。 2）了解建筑构造的基本组成。 3）掌握建筑设计的模数及建造四原则。 4）了解建筑的结构形式	1）能够进行建筑物的识别与选型，解决不同建筑物的结构选型问题。 2）具备根据建筑物的规模及使用功能确定建筑结构的能力	1）树立正确的人生观、价值观，坚定技能报国的信念。 2）了解我国建筑的发展历史，增强民族自信、文化自信，激发爱国情怀。 3）牢固树立安全第一、质量至上的理念，自觉践行行业规范。 4）树立整体意识、美学意识，培养严谨、务实的工作作风。 5）培养勤于思考、善于总结、勇于探索的科学精神
对接 1+X 建筑工程识图职业技能等级证书（初级、中级、高级）的知识要求和技能要求		

工作任务 A1　了解建筑基础知识

职业能力 A1-1　掌握建筑的分类方法

【核心概念】

- 民用建筑：指供人们工作、学习、生活、居住等类型的建筑。
- 工业建筑：指供工业生产用的建筑。
- 农业建筑：指供农、牧业生产和加工用的建筑。

【学习目标】

- 掌握建筑的分类方法及划分依据。
- 能够识别建筑物的类别。
- 树立正确的人生观、价值观，坚定技能报国的信念。
- 了解我国建筑的发展史，增强民族自信、文化自信，激发爱国情怀。

基本知识：建筑的常见分类方法

A1-1-1　按建筑用途分类

建筑物按用途可分为民用建筑、工业建筑和农业建筑。

1. 民用建筑

民用建筑指供人们工作、学习、生活、居住等类型的建筑，如办公楼、教学楼、住宅等。民用建筑又分为居住建筑和公共建筑。

1）居住建筑：供人们生活起居使用的建筑，如住宅单元楼、别墅、公寓、宿舍等。
2）公共建筑：供人们进行各项社会活动使用的建筑，如图书馆、展览馆、体育馆、商场、写字楼等。

2. 工业建筑

工业建筑指供工业生产用的建筑，如单层工业厂房、产品仓库等。

3. 农业建筑

农业建筑指供农、牧业生产和加工用的建筑，如粮仓、畜禽饲养房、蔬菜种植大棚等。

A1-1-2　按建筑层数分类

建筑物按层数可分为超高层建筑、高层建筑、中高层建筑、多层建筑和低层建筑，如表 A-1 所示。

表 A-1　按建筑层数分类

建筑类别	层数	举例
超高层建筑	建筑高度超过 100m	哈利法塔、东京晴空塔、广州塔、深圳平安金融中心、台北 101 大楼、上海环球金融中心等
高层建筑	建筑高度大于 27m 的住宅建筑和建筑高度大于 24m 的非单层厂房、仓库和其他民用建筑	宾馆、酒店、公寓和写字楼等
中高层建筑	7～9 层	公寓、写字楼等。在住宅建筑中，由于不经济，建议不使用该层数
多层建筑	4～6 层，一般指 3 层以上、24m 以下的建筑	住宅单元楼、教学楼、办公楼、医院楼房等
低层建筑	1～3 层	农村住宅、别墅、幼儿园、敬老院、园林建筑等

高层建筑根据使用性质、火灾危险性、疏散和扑救难度等，又分为一类高层建筑、二类高层建筑和超高层建筑。

A1-1-3　按建筑的承重结构材料分类

建筑物按承重结构材料可分为木结构建筑、砌体结构建筑、钢筋混凝土结构建筑、钢结构建筑和特种结构建筑。

1. 木结构建筑

主要承重构件均为木构件的建筑称为木结构建筑。中国古建筑大多为木结构建筑，其梁、柱、屋架均为木结构形式，如北京故宫太和殿、北京天坛祈年殿、山西五台山南禅寺、山西应县木塔等，如图 A-2 所示。

（a）北京故宫太和殿

（b）北京天坛祈年殿

（c）山西五台山南禅寺

（d）山西应县木塔

图 A-2　木结构建筑

2. 砌体结构建筑

砌体结构建筑是指由砖、砌块、石块等砌体材料砌筑而成的建筑。砌体结构建筑的自重大、强度较低、整体性能差、抗震性差，建筑平面布局及层数都受到限制。它适用于多层住宅、宾馆等空间要求不大的建筑。

3. 钢筋混凝土结构建筑

钢筋混凝土结构建筑简称钢混结构建筑，是指建筑承重构件（梁、板、柱）均为钢筋混凝土材料的建筑。

现在建造的绝大部分民用建筑为钢筋混凝土结构建筑，钢筋混凝土结构建筑因其施工方便，空间布局灵活，抗震、保温、隔声性能好，现已成为建筑发展的主流，如图 A-3 所示。

图 A-3　钢筋混凝土结构建筑

4. 钢结构建筑

钢结构建筑是指主要结构承重构件全部采用钢材的建筑，具有自重轻、强度高等特点。

随着装配式钢结构建筑的发展，也有小区单元楼、民居、别墅采用轻钢结构建造，其中轻钢结构建筑如图 A-4（a）、（b）所示；大多数工业厂房采用钢结构建造，如图 A-4（c）所示；城市部分公共建筑也采用钢结构，如中央电视台总部大楼的主要部分为钢结构，如图 A-4（d）所示。

（a）施工中的轻钢结构建筑　　　　　　　（b）轻钢结构建筑

图 A-4　钢结构建筑

（c）钢结构建筑——工业厂房　　　　　　　　（d）中央电视台总部大楼

图 A-4（续）

5. 特种结构建筑

特种结构建筑是一种以空间结构承受荷载的建筑，屋顶多采用大跨度网架、悬索、薄壳、膜、拱、折板等结构形式，如图 A-5 所示。

特种结构建筑一般用于工业建筑、农业建筑、大型公共建筑、体育展馆等。

（a）大跨度网架——国家体育场（鸟巢）　　　（b）悬索结构——日本代代木体育馆

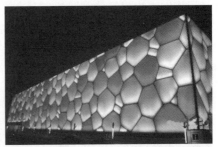

（c）薄壳建筑——悉尼歌剧院　　　　　　（d）膜结构——国家游泳中心（水立方）

图 A-5　特种结构建筑

A1-1-4　按建筑的规模和数量分类

1. 大量性建筑

大量性建筑指建造数量较多但规模不大的中小型民用建筑，如中小学校、幼儿园、住宅楼等。

2．大型性建筑

大型性建筑指建造数量较少，但体量较大的公共建筑，如体育馆、火车站、航空港、大型电影院等。

A1-1-5　按建筑的施工方法分类

施工方法是指建造房屋所使用的方法，具体分为以下几种。

1．现浇法

建筑的梁、板、柱等主要构件在现场进行浇筑，如图 A-6 所示。

2．预制装配式

建筑的梁、板、柱、楼梯等主要构件在工厂生产预制，运到施工现场进行吊装、装配，如图 A-7 所示。

图 A-6　现场浇筑　　　　　　图 A-7　现场吊装楼梯构件

3．部分现浇现砌、部分预制装配式

部分构件（梁、板、柱）在现场浇筑、现场砌筑；部分构件（梁、板、柱）在工厂生产预制，在施工现场进行吊装、装配。

能力训练：识别建筑的类别

参观校园建筑及民用建筑，了解建筑外观的造型特点、建筑风格、构造名称；观察室外活动场地铺装，了解室内地面、墙面、柱面、顶面所使用的材料；观察室内细部构造等；在建筑工地现场观察建筑物的墙体构造、基础、梁板柱、楼梯、管道布局、构造节点，以及建筑材料、施工工序。课后完成 500 字左右的实训报告，下次上课时提交。

巩固提高

问题导向 1：建筑物按用途可分为民用建筑、_____建筑和农业建筑。

问题导向 2：建筑物按层数可分为超高层建筑、高层建筑、_____建筑、多层建筑和低层建筑。

问题导向 3：民用建筑包括居住建筑和公共建筑，住宅单元楼属于_____，疗养院属于_____。

问题导向 4：4～6 层、24m 以下的住宅属于_____建筑。

问题导向 5：公共建筑及综合性建筑总高度超过 26m 的为高层建筑，高度超过 100m 的为超高层建筑。_____（填"对"或"错"）

问题导向 6：建筑物按承重结构材料可分为木结构建筑、砌体结构建筑、_____结构建筑、钢结构建筑、特种结构建筑。

问题导向 7：特种结构建筑有哪些结构形式？

问题导向 8：大量性建筑与大型性建筑有什么区别？

职业能力 A1-2 掌握民用建筑等级的划分方法

【核心概念】

- 耐火极限：指建筑构件从受到火的作用时起，到失去支撑能力或完整性被破坏或失去隔火作用时为止的时间，用小时表示。
- 燃烧性能：指构件在空气中遇火时的不同反应，如组成建筑物的主要构件在明火或高温作用下燃烧与否及燃烧的难易程度。

【学习目标】

- 掌握民用建筑的等级划分方法。
- 能介绍虚拟仿真软件界面并对绘图环境进行设置。
- 牢固树立安全第一、质量至上的理念，自觉践行行业规范。

基本知识：民用建筑等级的划分方法_____

A1-2-1 按燃烧性能和耐火等级划分

建筑物的耐火等级是衡量建筑物耐火程度的标准，是根据组成建筑物构件的燃烧性能和耐火极限确定的。

我国现行《建筑设计防火规范（2018 年版）》（GB 50016—2014）规定：民用建筑根据其建筑高度和层数可分为单、多层民用建筑和高层民用建筑。高层民用建筑根据其建筑高度、使用功能和楼层的建筑面积可分为一类和二类。民用建筑的分类应符合表 A-2 的规定。

表 A-2 民用建筑的分类

名称	高层民用建筑		单、多层民用建筑
	一类	二类	
住宅建筑	建筑高度大于 54m 的住宅建筑（包括设置商业服务网点的住宅建筑）	建筑高度大于27m，但不大于54m 的住宅建筑（包括设置商业服务网点的住宅建筑）	建筑高度不大于27m 的住宅建筑（包括设置商业服务网点的住宅建筑）
公共建筑	1）建筑高度大于 50m 的公共建筑； 2）建筑高度为 24m 以上部分任一楼层建筑面积大于1000m² 的商店、展览、电信、邮政、财贸金融建筑和其他多种功能组合的建筑； 3）医疗建筑、重要公共建筑、独立建造的老年人照料设施； 4）省级及以上的广播电视和防灾指挥调度建筑、网局级和省级电力调度建筑； 5）藏书超过 100 万册的图书馆、书库	除一类高层公共建筑外的其他高层公共建筑	1）建筑高度大于 24m 的单层公共建筑； 2）建筑高度不大于 24m 的其他公共建筑

注：1．表中未列入的建筑，其类别应根据本表类比确定。

2．除《建筑设计防火规范（2018 年版）》（GB 50016—2014）另有规定外，宿舍、公寓等非住宅类居住建筑的防火要求，应符合《建筑设计防火规范（2018 年版）》（GB 50016—2014）有关公共建筑的规定。

3．除《建筑设计防火规范（2018 年版）》（GB 50016—2014）另有规定外，裙房的防火要求应符合《建筑设计防火规范（2018年版）》（GB 50016—2014）有关高层民用建筑的规定。

民用建筑的耐火等级可分为一、二、三、四级。除《建筑设计防火规范（2018 年版）》（GB 50016—2014）另有规定外，不同耐火等级建筑相应构件的燃烧性能和耐火极限不应低于表 A-3 的规定。

表 A-3 不同耐火等级建筑相应构件的燃烧性能和耐火极限　　　（单位：h）

构件名称		耐火等级			
		一级	二级	三级	四级
墙	防火墙	不燃性 3.00	不燃性 3.00	不燃性 3.00	不燃性 3.00
	承重墙	不燃性 3.00	不燃性 2.50	不燃性 2.00	难燃性 0.50
	非承重外墙	不燃性 1.00	不燃性 1.00	不燃性 0.50	可燃性
	楼梯间和前室的墙、电梯井的墙、住宅建筑单元之间的墙和分户墙	不燃性 2.00	不燃性 2.00	不燃性 1.50	难燃性 0.50
	疏散走道两侧的隔墙	不燃性 1.00	不燃性 1.00	不燃性 0.50	难燃性 0.25
	房间隔墙	不燃性 0.75	不燃性 0.50	难燃性 0.50	难燃性 0.25
柱		不燃性 3.00	不燃性 2.50	不燃性 2.00	难燃性 0.50
梁		不燃性 2.00	不燃性 1.50	不燃性 1.00	难燃性 0.50
楼板		不燃性 1.50	不燃性 1.00	不燃性 0.50	可燃性

续表

构件名称	耐火等级			
	一级	二级	三级	四级
屋顶承重构件	不燃性 1.50	不燃性 1.00	可燃性 0.50	可燃性
疏散楼梯	不燃性 1.50	不燃性 1.00	不燃性 0.50	可燃性
吊顶（包括吊顶搁栅）	不燃性 0.25	难燃性 0.25	难燃性 0.15	可燃性

注：1. 除《建筑设计防火规范（2018 年版）》（GB 50016—2014）另有规定外，以木柱承重且墙体采用不燃材料的建筑，其耐火等级应按四级确定。

2. 住宅建筑构件的耐火极限和燃烧性能可按现行国家标准《住宅建筑规范》（GB 50368—2005）的规定执行。

民用建筑的耐火等级应根据其建筑高度、使用功能、重要性和火灾扑救难度等确定，并应符合下列规定：地下或半地下建筑（室）和一类高层建筑的耐火等级不应低于一级；单、多层重要公共建筑和二类高层建筑的耐火等级不应低于二级。除木结构建筑外，老年人照料设施的耐火等级不应低于三级。

建筑高度大于 250m 的建筑，除应符合《建筑设计防火规范（2018 年版）》（GB 50016—2014）的要求外，还应结合实际情况采取更加严格的防火措施。其防火设计应提交国家消防主管部门组织专题研究、论证。

A1-2-2　按设计使用耐久年限划分

1. 设计耐久等级

民用建筑的耐久等级的指标是使用年限。在《民用建筑设计统一标准》（GB 50352—2019）中对建筑物的设计使用年限规定如表 A-4 所示。

表 A-4　设计使用年限

类别	设计使用年限/年	示例
1	5	临时性建筑
2	25	易于替换结构构件的建筑
3	50	普通建筑和构筑物
4	100	有纪念性和特别重要的建筑

2. 使用耐久年限等级

建筑主体结构的正常使用年限主要分为四级，如表 A-5 所示。

表 A-5　使用耐久年限

等级	使用耐久年限	建筑类型
一级	100 年以上	重要的建筑和高层建筑
二级	50～100 年	一般性建筑
三级	25～50 年	次要建筑
四级	15 年以下	临时性建筑

能力训练：虚拟仿真软件界面介绍及绘图环境设置实训

1．SketchUp 软件简介

SketchUp 软件是一套直接面向设计工程师的三维建筑模型设计创作的优秀工具，SketchUp 软件可以让用户专注于建模本身，而不是软件的操作步骤。软件操作简单明了，建模流程十分直观，"画线成面，拉伸成形"是建模常用的方法。作为建筑专业的初学者，有必要通过运用先进的三维虚拟仿真技术，以"做中学、学中做"的形式，快速了解并掌握建筑各部分的结构及构造，为下一步的专业学习打下坚实的基础。

软件的安装非常简单，从官方网站下载 SketchUp 免费试用版后运行安装程序即可，若需要长期使用该版本，则可购买序列号注册为正式专业版。SketchUp Pro 2015 及高级版本需安装在 Windows 7 及以上版本的操作系统上，Windows 10 支持 SketchUp Pro 2016 及以上版本。本书采用 SketchUp Pro 2019 版本。

提示：软件的操作演示请扫描右侧的二维码。

2．SketchUp 软件的操作界面

视频：SketchUp 软件界面介绍及设置

SketchUp 软件的操作界面主要由标题栏、菜单栏、工具栏、工具箱、工作区、状态栏 6 部分组成，如图 A-8 所示。

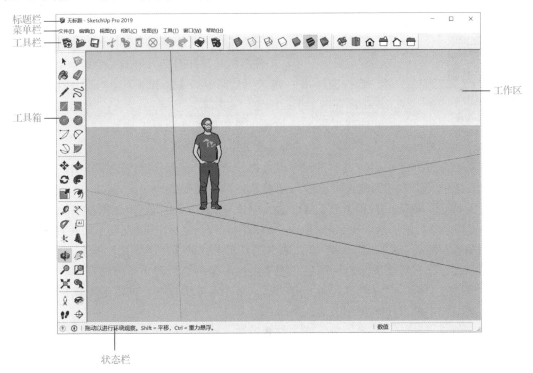

图 A-8　SketchUp 软件的操作界面

3．常用工作桌面的设置

选择【视图】→【工具栏】选项，如图 A-9 所示，在【工具栏】对话框中取消选择【使用入门】选项，分别勾选【标准】、【大工具集】、【视图】、【样式】等选项，设置工作区域。

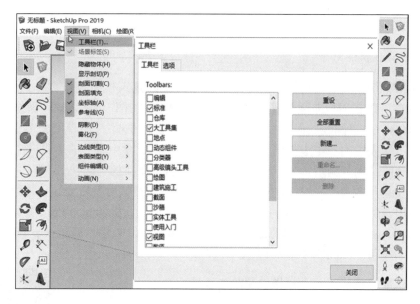

图 A-9　设置工作区域

4. 简单操作——选择和操作视窗

对软件的初次操作，首先要学会选择，其次是能够对工作区窗口进行缩放、旋转操作。下面对使用的工具（图 A-9）逐一进行介绍。

视频：简单操作——选择和
操作视窗

矩形工具 ：单击工具箱中的【矩形工具】按钮，在工作区内单击，确定矩形一角，按住鼠标左键并向右下角拖曳绘制一矩形。

推/拉工具 ：单击工具箱中的【推/拉工具】按钮，在矩形内单击选中面并向上推拉创建一立方体。

选择工具 ：单击工具箱中的【选择工具】按钮，在工作区按住鼠标左键拖曳可框选被选择物体。按 Alt 键可切换到选择工具。

按住鼠标左键并从左上向右下方向拖曳，可只选中当前选择框内的线和面；按住鼠标左键并从右下向左上方向拖曳，可选中与当前选择框相交的线和面。

平移工具 ：单击工具箱下方的【平移工具】按钮，在工作区按住鼠标左键并拖曳可平移当前窗口观察当前场景。按 Shift+鼠标中键或同时按下鼠标中键+左键可切换到该工具。

环绕观察（转动/旋转）工具 ：单击工具箱下方的【环绕观察工具】，在工作区单击可上、下、左、右环绕模型旋转观察。按下鼠标中键可切换到【环绕观察工具】。

实时缩放工具 ：缩放视窗，向上滚动鼠标滚轮可放大视窗，向下滚动鼠标滚轮可缩小视窗。按鼠标中键可切换到该工具。

窗口（框选）缩放工具 ：放大显示窗口框选区域中的模型。按 Ctrl+Shift+W 组合键可切换到该工具。

充满视窗工具 ：当工作区模型显示不完整时，单击【充满视窗工具】按钮可使模型全部显示在窗口中；或在工作区右击，在弹出的快捷菜单中选择【充满视窗】选项，或按 Ctrl+Shift+E 组合键。

恢复视图（上一视图）工具 ：撤销视图变更，返回上一次视图窗口，可多次返回。

以上工具在作图过程中经常使用，须牢记。

5. 绘图环境设置实训

在进行绘图前，一般要先正确设置绘图环境，保证图形尺寸的准确性。创建模型时一般使用毫米作为单位，单位的设置方法如下：一种方法是在打开软件时，选择欢迎界面中的【文件】选项，然后选择【新建模型】中的【建筑-毫米】选项，如图 A-10 所示；另一种方法是打开软件，选择【窗口】→【系统设置】选项，打开【SketchUp 系统设置】对话框，在左侧列表框中选择【模板】选项，在【默认绘制模板】列表框中选择【建筑　单位：毫米】选项，如图 A-11 所示。

视频：SketchUp 软件绘图环境的单位设置

在绘图过程中，SketchUp 软件工作界面的右下方会出现创建物体的尺寸数值框，单位显示为毫米，当工作界面不显示尺寸时，单击软件操作界面右上角的【最大化】按钮即可显示。

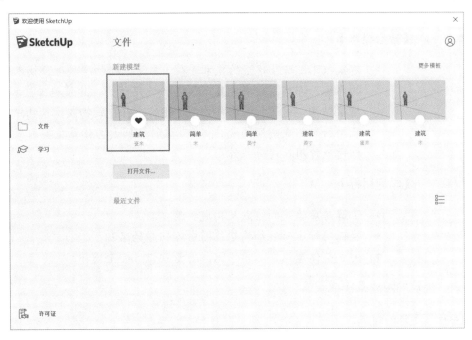

图 A-10　SketchUp 欢迎界面

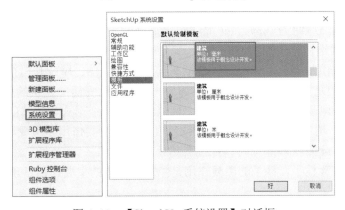

图 A-11　【SketchUp 系统设置】对话框

巩固提高

问题导向 1：耐火极限是指建筑构件从受到火的作用时起，到失去_____能力或完整性被破坏或失去隔火作用时为止的时间，用小时表示。

问题导向 2：燃烧性能是指构件在空气中遇火时的不同反应，如组成建筑物的主要构件在明火或高温作用下燃烧与否及燃烧的_____程度。

问题导向 3：建筑物的_____等级是衡量建筑物耐火程度的标准，是根据组成建筑物构件的燃烧性能和耐火极限确定的。

问题导向 4：民用建筑的耐火等级可分为_____级。

问题导向 5：民用建筑的耐久等级的指标是_____年限。

问题导向 6：一般普通建筑的使用耐久年限是_____年。

职业能力 A1-3　了解建筑的组成及构成要素

【核心概念】

- 建筑技术：房屋建造的技术手段，主要包括物质和生产技术两方面的内容，即建筑材料、建筑设备、建筑结构、建筑施工技术等。
- 建筑结构：建筑物的承重骨架，指的是在建筑物或构筑物中，由建筑材料制作的空间受力体系，这种空间受力体系主要用来承受各种荷载作用及起骨架作用。

【学习目标】

- 了解房屋建筑的组成及构成要素。
- 能正确标注砖混结构建筑图中各部分的名称。
- 树立整体意识、美学意识、质量意识、安全意识。

基本知识：建筑的组成及构成要素

A1-3-1　建筑的组成

房屋建筑由多个部分组成，其中基础、墙体、楼地层、楼梯、屋顶和门窗是房屋建筑的主要组成部分，如图 A-12 和图 A-13 所示。它们在不同的部位发挥着各自的作用。

使用 SketchUp 软件打开资源"砖混结构建筑.skp""框架结构建筑.skp"建筑模型可以 360°观看两种不同结构建筑的构造。

一般民用建筑由基础、墙体或柱、楼板与地坪层、楼梯、屋顶和门窗等组成。

1）基础。基础是墙体和柱子地面以下的放大部分，承受房屋建筑的全部荷载，并传递给下面的土层——地基。基础的形式根据上部建筑物的构造形式和地基的好坏程度确定。

2）墙体或柱。墙体或柱布置在房屋的内部和四周，主要作用是承受屋顶和楼板等构件的活荷载和自重、分隔内外部空间和抵抗自然环境的侵蚀。

有时墙体也包含柱子，柱子的主要作用是承重；墙体的主要作用是承重、围护、分隔。

3）楼板与地坪层。楼板与地坪层是房屋建筑水平方向的构件，主要承受人、家具和设备的质量，分隔高度空间。

4）楼梯。楼梯布置在房屋建筑的中部和两侧，是联系上下楼层的垂直交通设施。

5）屋顶。屋顶是房屋建筑顶部的水平构件，主要承受雨雪和上人荷载，起保温、隔热、防排水的围护作用。屋顶的主要作用是承重、围护。

6）门窗。门窗布置在墙上的适当部位。门的作用主要是交通联系、分隔和疏散，兼采光、通风；窗主要是采光和通风，同时也起分隔和围护的作用。

一栋房屋建筑除上述六大基本部件外，根据使用要求还有一些其他部件，如阳台、雨篷、台阶、烟道和排气管道等。其中，将墙、柱、梁、楼板、屋架等承重构件称为建筑构件，而将地面、墙面、屋面、门窗、栏杆、花格、细部装修等称为建筑配件。

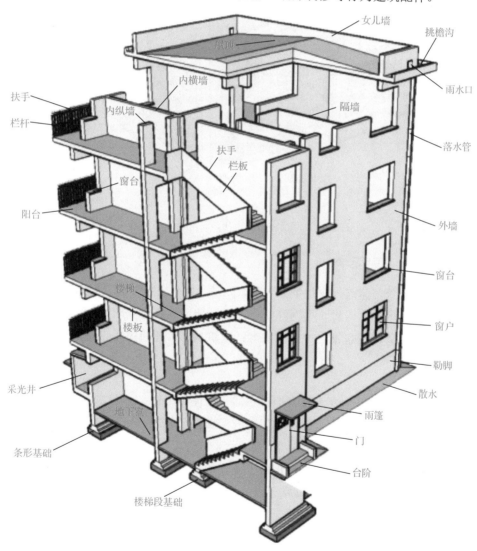

图 A-12　民用建筑的组成——砖混结构建筑

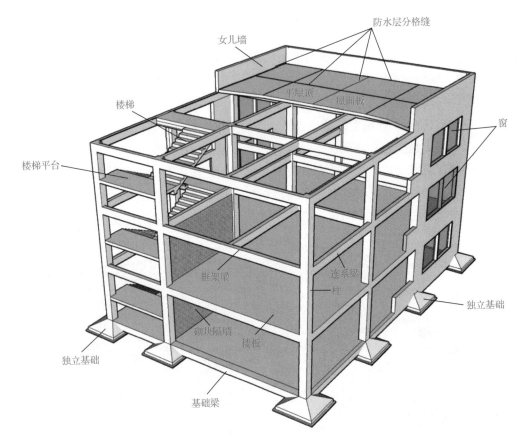

图 A-13　民用建筑的组成——框架结构建筑

A1-3-2　建筑的构成要素

不同功能的建筑，建筑外观造型差异巨大，各具特色。"适用、经济、绿色、美观"是我国建筑设计施工的基本方针，是对建筑产品设计建造的总体要求。

建筑构成的要素主要包括三方面的内容：建筑功能、建筑技术、建筑形象。

1.　建筑功能

从大的方面讲，建筑主要满足人们对生活、居住、工作、学习、购物、娱乐、生产等的功能需求。从小的方面讲，建筑主要保障人们在生活起居、保温隔热、挡风避雨、活动便利、采光通风等方面的基本功能要求。

人们对建筑不同功能的需求，就形成了不同的建筑类型，如居住建筑、公共建筑、商业建筑、生产性建筑等，如图 A-14 所示。

2.　建筑技术

建筑技术是房屋建造的技术手段，主要包括物质和生产技术两方面的内容，即建筑材料、建筑设备、建筑结构、建筑施工技术等。

1）建筑材料是构成建筑的基本物质要素。

2）建筑设备（水、电、暖、空调、通风、消防、通信等）是保证建筑物达到某种要求的设施物质条件。

3）建筑结构是满足建筑承载力和使用功能要求的基本骨架。

4）建筑施工技术是实现房屋建造的技术保障和重要手段。

（a）居住建筑（住宅楼）

（b）公共建筑（体育活动中心）

（c）商业建筑（商超）

（d）生产性建筑（工业厂房）

图 A-14 按建筑功能分类

3. 建筑形象

建筑形象包括建筑的立面造型、建筑色彩肌理、光影装饰处理等，建筑形象处理得当，会产生良好的艺术效果。

在建筑构成的三要素中，建筑功能起主导和引领作用，建筑技术是实现房屋建造的保障，建筑形象是建筑功能和建筑技术的外在表现，常常具有一定的象征性和审美特性。三者是辩证统一关系。

能力训练：上机或在书中标注砖混结构建筑图中各部分的名称

本训练涉及的知识点如下。

文本标注工具 的使用：选择【文本标注工具】，参照相关图例，在工作区模型上需要标注的位置单击，然后按住鼠标左键并拖曳，在合适位置上释放鼠标左键，切换到中文输入法，在输入框中输入汉字，对模型进行文本标注。操作步骤如下。

1）使用 SketchUp 软件打开教学资源库中的资料\模型\砖混结构.skp。

2）参照图 A-12 中的标注，使用工具箱中的【文本标注工具】按钮，在 SketchUp 软件中标注"砖混结构.skp"三维图中的各部分名称。

3）如果无法上机实训，请直接在图 A-15 中进行标注。

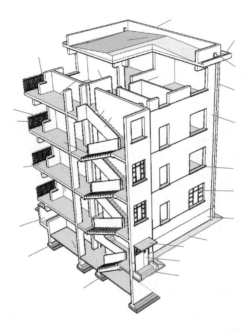

图 A-15　砖混结构——住宅楼各部分名称标注

巩固提高

问题导向 1：房屋建筑由多个部分组成，其中基础、_____、_____、_____、屋顶和_____是房屋建筑的主要组成部分。

问题导向 2：_____是墙和柱子地面以下的放大部分，承受房屋建筑的全部荷载，并传递给下面的土层——地基。

问题导向 3：基础的形式根据上部建筑物的构造形式和地基的好坏程度确定。_____（填"对"或"错"）

问题导向 4：墙体的作用主要是_____、_____和_____；柱子的主要作用是_____。

问题导向 5：楼地层包括楼板与_____层。

问题导向 6：楼梯布置在房屋建筑的中部和两侧，是联系_____楼层的垂直交通设施。

问题导向 7：参照图 A-16，请在下面横线上标示出框架结构建筑构配件的名称：
①_____　②_____　③_____　④_____　⑤_____。

问题导向 8：墙、柱、梁、楼板、屋架等承重构件属于建筑配件。_____（填"对"或"错"）

问题导向 9：地面、墙面、屋面、门窗、栏杆、花格、细部装修等属于建筑构件。_____（填"对"或"错"）

问题导向 10：建筑_____技术是实现房屋建造的技术保障和重要手段。

问题导向 11：建筑技术主要包括物质和_____技术两方面的内容，即建筑材料、建筑设备、建筑结构、建筑施工技术等。

问题导向 12：建筑_____是构成建筑的基本物质要素。

问题导向 13：建筑_____是保证建筑物达到某种要求的设施物质条件。

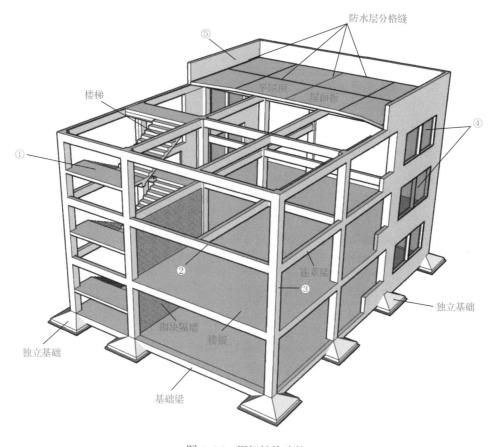

图 A-16 框架结构建筑

职业能力 A1-4 了解建筑设计的模数

【核心概念】

- 建筑设计模数: 指在建筑设计中, 为了实现建筑工业化大规模生产, 使不同材料、不同形式和不同制造方法的建筑构配件、组合件具有一定的通用性和互换性, 统一选定的协调建筑尺度的增值单位。
- 模数数列: 指以基本模数、扩大模数、分模数为基础扩展成的一系列尺寸。

【学习目标】

- 掌握建筑设计及建造的四原则、建筑设计模数的应用。
- 正确标注框架结构建筑图中各部分的名称。
- 培养严谨、务实的工作作风。

基本知识：建筑设计原则及模数

A1-4-1　建筑设计及建造的四原则

2016 年 2 月 6 日，中共中央、国务院印发的《关于进一步加强城市规划建设管理工作的若干意见》提出"适用、经济、绿色、美观"建筑八字方针，防止片面追求建筑外观形象，强化公共建筑和超限高层建筑设计管理。此八字方针即为建筑设计及建造的四原则。

适用：面积够用，合理布局，建筑设备需满足使用要求。

经济：控制造价、降低能耗，缩短建设周期，节省设备运行、维修和管理的费用。

绿色：推广建筑节能技术，提高建筑节能标准，推广绿色建筑和建材；推广应用地源热泵、水源热泵、太阳能发电等新能源技术，发展被动式房屋等绿色节能建筑；全面推进区域热电联产、政府机构节能、绿色照明等节能工程；提高热能利用效率。

美观：形式与内容的统一，建筑外观、造型、色彩与周围环境整体相协调，美观、舒适。

A1-4-2　建筑设计模数

为了推进房屋建筑工业化，实现建筑或部件的尺寸和安装位置的模数协调，便于构件及施工放线尺寸的标准化，使用同一尺度模数加以统一。

1．建筑模数协调统一的标准

为了实现建筑的设计、制造、施工安装等活动的相互协调，优选某种类型的标准化方式，使标准化部件的种类最优，以利于部件互换、定位与安装，从而方便施工和跨地区作业，将建筑构件采用统一模数加以管理。

建筑模数包括基本模数和导出模数，导出模数分为扩大模数和分模数。

1）基本模数：基本模数的数值应为 100mm，表示符号为 M，即 1M 等于 100mm。整个建筑物和建筑物的一部分及建筑部件的模数化尺寸，应是基本模数的倍数。

2）扩大模数：基本模数的整数倍数。

扩大模数的基数应为 2M、3M、6M、12M 等，相应的尺寸分别为 200mm、300mm、600mm、1200mm 等。

3）分模数：基本模数的分数值，一般为整数分数。分模数的基数为 M/10、M/5、M/2，其相应的尺寸分别为 10mm、20mm、50mm。

2．模数数列

1）模数数列：以基本模数、扩大模数、分模数为基础扩展成的一系列尺寸。

2）模数数列应根据功能性和经济性原则确定。

3）建筑物的开间或柱距，进深或跨度，梁、板、隔墙和门窗洞口宽度等分部件的截面尺寸宜采用水平基本模数和水平扩大模数数列，且水平扩大模数数列宜采用 $2n$M、$3n$M（n 为自然数）。

4）建筑物的高度、层高和门窗洞口高度等宜采用竖向基本模数和竖向扩大模数数列，且竖向扩大模数数列宜采用 nM（n 为自然数）。

5）构造节点和分部件的接口尺寸等宜采用分模数数列，且分模数数列宜采用 M/10、M/5、M/2。

能力训练：上机或在书中标注框架结构建筑图中各部分的名称_____

1）使用 SketchUp 软件打开教学资源库中的资料\模型\框架结构-标注.skp。

2）使用工具箱中的【文本标注工具】按钮标注三维图中各部分的名称。

3）若无法上机实训，则直接在图 A-17 中进行标注。

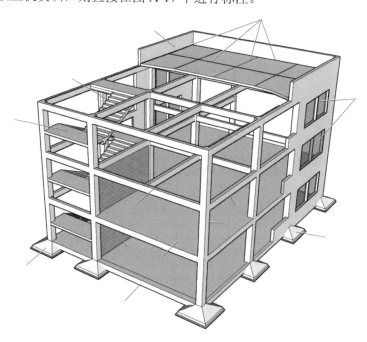

图 A-17　框架结构建筑各部分的名称标注

巩固提高_____

问题导向 1：建筑设计及建造的四原则是适用、经济、绿色、_____。

问题导向 2：基本模数的数值规定为 100mm，表示符号为 M，即 1M 等于 100mm。_____（填"对"或"错"）

问题导向 3：根据国家制定的《建筑统一模数制》，我国采用的基本模数 M=300mm。_____（填"对"或"错"）

问题导向 4：建筑模数包括_____和导出模数，导出模数分为_____和_____。

问题导向 5：建筑的竖向扩大模数的基数是 3M，相应的尺寸是_____mm。

问题导向 6：水平基本模数 1M～20M 的数列，主要用于_____和构配件截面等。

考核评价

本工作任务的考核评价如表 A-6 所示。

表 A-6　考核评价

考核内容			考核评分		
项目	内容	配分	得分	批注	
理论知识（60%）	掌握建筑的分类方法及划分依据	15			
	掌握民用建筑的等级划分方法	15			
	了解建筑的组成及构成要素	15			
	掌握建筑设计及建造的四原则、建筑设计模数的应用	15			
能力训练（30%）	能够识别建筑的类别	10			
	能介绍虚拟仿真软件界面并对绘图环境进行设置	5			
	能正确标注砖混结构建筑图中各部分的名称	10			
	能正确标注框架结构建筑图中各部分的名称	5			
职业素养（10%）	具有正确的人生观、价值观。品行端正，集体观念强	3			
	态度端正，学习认真，具有团队协作意识和敬业精神	2			
	上课保持教室和实训场地室内干净卫生、无纸屑；实训室桌椅摆放规整有序，离开实训场所关机断电；上课认真，具有良好的职业行为习惯	3			
	积极参加实训，吃苦耐劳，专注执着，勤学好问	2			
考核成绩		考评员签字：_____ 日期：_____年_____月_____日			

综合评价：

工作任务 A2　判别建筑物的结构形式

职业能力 A2-1　按材料判别建筑物的结构形式

【核心概念】

- 建筑构件：将承受建筑物的荷载、保证建筑物结构安全的部分，如基础、承重墙或柱、楼板、梁架、楼梯等，称为建筑构件。
- 建筑结构：建筑构件相互连接形成的主要承重骨架称为建筑结构。
- 钢筋混凝土结构：建筑的主体结构采用钢筋绑扎及混凝土材料浇筑而成。
- 钢结构：建筑的主体结构采用钢材等材料铆合、焊接而成。
- 砌体结构：建筑的主体结构采用砖块、砌块、石块等砌筑而成，包括砖结构、砖混结构等。

【学习目标】

- 掌握基于材料划分的建筑物结构形式。
- 能够绘制标准机制砖。
- 培养严谨细致、认真负责的工作态度。

基本知识：基于材料划分的建筑物结构形式

建筑由不同的建筑结构构件（基础、梁板柱、墙体、屋顶等），通过一定的结构方式连接成为一个整体框架（主体），再加上其他配件（地面、门窗等），最后形成一个完整的建筑物。

1. 按使用材料分类

按照使用的材料不同，常见建筑的四大结构形式主要有钢筋混凝土结构、钢结构、砌体结构、木结构。

2. 一般分类

钢筋混凝土结构：建筑物的主要承重部分的建筑构件全部采用钢筋混凝土浇筑而成，这种结构主要用于大型公共建筑、高层建筑和小区住宅，这是当前建造数量最大、普遍采用的结构类型。这种结构形式的优点是施工方便、施工速度快、抗震效果好。

钢结构：建筑物的主要承重部分的建筑构件全部采用钢材来制作。钢结构建筑与钢筋混凝土建筑相比自重轻、施工方便、施工速度快，目前大多用于大型公共建筑和工业厂房。

砖混结构：是以砖墙或砖柱、钢筋混凝土楼板、屋面板作为承重结构的建筑。这种结构形式抗震性能差，前期受楼板尺寸限制，室内空间小；但楼板改为浇筑后，室内空间布局相对灵活，抗震性加强，一般用于农村建房或低层住宅。国内在 20 世纪 70 年代至 2008

年前后建造数量最大，现在已较少使用这种结构形式。

木结构：中国木构架建筑的精髓。建筑物的承重主要是通过木制梁、柱、屋架等来完成的，俗有"墙倒屋不塌"之说，建筑构件之间的连接是榫卯结构，抗震性能好，但耗材量大，结构空间布局不灵活，现主要用于古建筑修复、仿古建筑以及西南地区的穿斗式房屋的建造。传统木结构建筑有北京天坛、故宫三大殿及传统亭台楼榭等。

砖木结构：以砖墙或砖柱、木构架作为建筑物的主要承重结构，这类建筑为砖木结构建筑，传承了传统砖木结构房屋的特点，如典型的北京四合院建筑。

土木结构：以生土墙和木屋架作为建筑物的主要承重结构，这类建筑可以就地取材，成本造价低，适用于乡村建筑，现在已较少使用这种结构形式。

能力训练：虚拟仿真——标准机制砖的绘制及组合实训

使用 SketchUp 软件绘制如图 A-18 所示的图形。

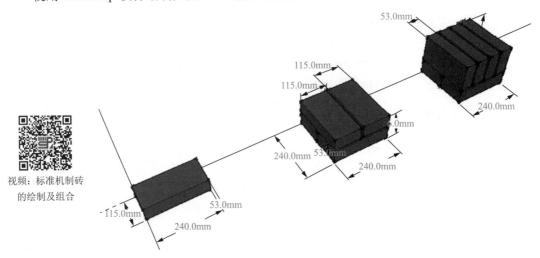

视频：标准机制砖的绘制及组合

图 A-18　标准机制砖的绘制及组合

操作步骤如下。

1）设置绘图环境，单位设置为毫米。

2）以坐标原点为起点，使用矩形工具绘制矩形，将输入法切换为英文状态，并输入尺寸"115,240"，然后按 Enter 键。

3）使用拉伸工具挤出高度，输入"53"，然后按 Enter 键，按 Ctrl+A 组合键全选，使用材质工具给砖体添加红色。

4）在创建的红砖基础上，再复制两块红砖。使用旋转/转动工具调整到合适窗口，选中红砖进行复制。使用移动工具，选中红砖左下角端点，按住 Ctrl 键，沿绿色轴向右移动到合适位置，释放鼠标左键和 Ctrl 键，输入"480"，然后按 Enter 键，复制一块砖，如图 A-19（a）所示。

5）调整视图，切换到顶视图，在菜单栏【镜头】（或【相机】）选项中取消选择【透视图】（或【透视显示】）选项，框选第二块砖，使用旋转/转动工具调整到合适窗口，选中红砖进行复制。使用移动工具选中红砖左下角端点，按住 Ctrl 键，沿红色轴向右移动到合适位置，释放鼠标左键和 Ctrl 键，输入"125"（砖宽 115+灰缝 10），然后按 Enter 键，复制第二块砖，如图 A-19（b）所示。

6）切换到顶视图，选中第二组红砖，重复前面的步骤，向上复制红砖一组，留作备用，如图 A-19（c）所示。

7）切换到前视图，选中第二组红砖重复前面的步骤，向上复制红砖一组，砖缝间距为 10mm，输入数值时应为 63mm，如图 A-19（d）所示。

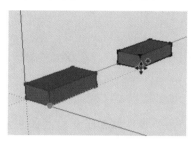

（a）复制一块砖

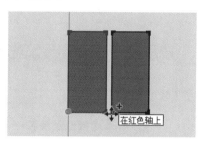

（b）在顶视图中复制第二块砖

（c）沿绿色轴复制两块砖

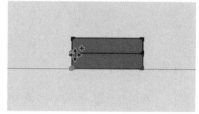

（d）第二组砖向上复制一组

图 A-19　移动复制

8）切换到顶视图，使用旋转工具选中上面两块砖的左下角端点，沿逆时针方向旋转 90°，如图 A-20（a）所示。

9）选中复制的两块砖，使用移动工具向右水平移动，与底下两块砖上下对齐，如图 A-20（b）所示。

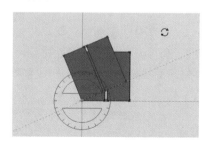

（a）旋转两块复制的砖

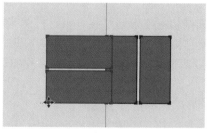

（b）平移第二组砖

图 A-20　旋转、移动复制

10）第三组砖的制作请参照第二组的制作方法，这里不再赘述。

巩固提高

问题导向 1：建筑构件相互连接形成的主要承重骨架，称为建筑_____。

问题导向 2：将承受建筑物的荷载、保证建筑物结构安全的部分，如基础、承重墙或柱、楼板、梁架、楼梯等，称为建筑_____。

问题导向 3：我国古代宫廷建筑属于木结构建筑，"墙倒屋不塌"，抗震性能_____。
问题导向 4：建筑物的结构形式按照材料判别有哪些？

职业能力 A2-2　按承重方式判别建筑物的结构形式

【核心概念】

- 刚性连接：连接在一起的两个构件相互限制对方任意方向的位移和变形，如整体浇筑在一起的梁柱即为刚性连接。
- 柔性连接：连接在一起的两个构件，在保证整个建筑物结构安全的前提下（适当的变形不至于使结构坍塌），允许一定的变形与位移。例如，传统木结构的榫卯结构即为柔性连接，允许少量的位移。

【学习目标】

- 掌握基于承重方式划分的建筑物结构形式。
- 能使用 SketchUp 软件绘制立体五角星。
- 培养勤于思考、善于总结、勇于探索的科学精神。

基本知识：基于承重方式划分的建筑物结构形式_____

1. 按承重方式分类

按承重方式判别建筑物的三大结构形式，分别是承重墙结构、框架结构、排架结构。

1）承重墙结构：建筑主要通过墙体等来承重，另有圈梁、构造柱等加强建筑的整体抗震性。

2）框架结构：建筑通过梁、板、柱等来承重，承重构件成刚性连接。

3）排架结构：主要用于单层厂房，由基础、柱子和屋架构成横向平面排架，是厂房的主要承重体系，再通过屋面板、支撑、吊车梁等构件将平面排架连接起来，构成整体空间结构。

2. 一般分类

1）承重墙结构：由墙体来承受楼板、屋顶传来的全部荷载的结构，称为承重墙结构。土木结构、砖木结构、砖混结构的建筑大多属于这一类，如图 A-21（a）所示。

2）框架结构：用柱、梁组成的框架承受楼板、屋顶传来的全部荷载的结构，称为框架结构。

在框架结构建筑中，一般采用钢筋混凝土结构或钢结构组成框架，墙只起围护和分隔作用。框架结构用于大跨度建筑、荷载大的建筑及高层建筑，如图 A-21（b）所示。

3）剪力墙结构：用钢筋混凝土墙板来代替框架结构中的梁柱，能承担各类荷载引起的内力，并能有效控制结构的水平力，这种用钢筋混凝土墙板来承受竖向和水平力的结构称为剪力墙结构。这种结构在高层房屋中被大量采用，如图 A-21（c）所示。

4）框架-剪力墙结构：简称框剪结构，这种结构是在框架结构中布置一定数量的剪力墙。框架-剪力墙结构形式是高层住宅及建筑采用最为广泛的一种结构形式。在框架-剪力墙结构中，剪力墙主要承受水平荷载，竖向荷载主要由框架承担。

框架-剪力墙结构能够满足不同建筑功能的要求。它既具有框架结构平面布置灵活的特点，又具有剪力墙结构形成较大空间、侧向刚度较大的优点。

5）空间结构：用空间构架（如网架、薄壳、悬索等）来承受全部荷载的结构，称为空间结构。这种类型的建筑适用于需要大跨度、大空间而内部又不允许设柱的大型公共建筑，如天文馆、体育馆等，如图 A-21（d）所示。

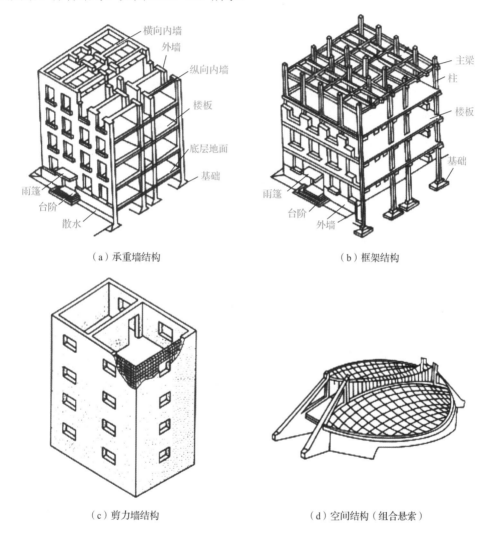

（a）承重墙结构　　　　　　　　　　　　　（b）框架结构

（c）剪力墙结构　　　　　　　　（d）空间结构（组合悬索）

图 A-21　承重结构

6）排架结构：适用于大跨度单层结构，是单层厂房结构的基本结构形式。其由屋架、柱和基础组成，柱与屋架铰接，与基础刚接。由屋架、柱子和基础构成的横向平面排架是厂房的主要承重体系，再通过屋面板、吊车梁、支撑等构件将平面排架连接起来，构成整体的空间结构。在施工上多为先预制成成品构件，然后采用吊装装配施工。

能力训练：虚拟仿真——绘制立体五角星

使用 SketchUp 软件自行绘制如图 A-22 所示的立体五角星。

视频：立体五角星
的绘制

图 A-22　立体五角星

操作步骤如下。

1）设置单位为毫米。

2）使用圆形工具或多边形工具，输入"5"，然后按 Enter 键，在工作区域创建一个五边形。

3）在五边形内交叉绘制五角星的边线。

4）将绘制的五边形的部分线段删除，保留五角星的结构线或边线。

5）绘制完五边形的骨架后，选取五角星的中心点，在蓝色轴上使用推/拉工具向上提起，形成一个如图 A-22 所示的立体五角星。

6）使用选择工具框选全部五角星，使用材质工具设置五角星为红色。

巩固提高

问题导向 1：连接在一起的两个构件相互限制对方任意方向的位移和变形，如整体浇筑在一起的钢筋混凝土梁柱即为_____连接。

问题导向 2：_____连接：连在一起的两个构件，在保证整个建筑物结构安全的前提下（适当的变形不至于使结构坍塌），允许一定的变形与位移。例如，传统木结构的榫卯结构，允许轻微的晃动。

问题导向 3：按承重方式判别建筑物的三大结构形式，分别是_____、_____和_____。

问题导向 4：框架-剪力墙结构简称_____结构，这种结构是在框架结构中布置一定数量的剪力墙。

问题导向 5：_____结构由屋架、柱和基础组成，柱与屋架铰接，与基础刚接。

问题导向 6：框架-剪力墙结构建筑的优点有哪些？

考核评价

本工作任务的考核评价如表 A-7 所示。

表 A-7 考核评价

考核内容		考核评分		
项目	内容	配分	得分	批注
理论知识 (60%)	掌握基于材料划分的建筑物结构形式	30		
	掌握基于承重方式划分的建筑物结构形式	30		
能力训练 (30%)	能使用 SketchUp 软件绘制标准机制砖	15		
	能使用 SketchUp 软件绘制立体五角星	15		
职业素养 (10%)	具有正确的人生观、价值观。品行端正，集体观念强	3		
	态度端正，学习认真，具有团队协作意识和敬业精神	2		
	上课保持教室和实训场地室内干净卫生、无纸屑；实训室桌椅摆放规整有序，离开实训场所关机断电；上课认真，具有良好的职业行为习惯	3		
	积极参加实训，吃苦耐劳，专注执着，勤学好问	2		
考核成绩		考评员签字：_____ 日期：_____年_____月_____日		

综合评价：

学习笔记

工作领域

砖混结构建筑构造认知

【内容导读】

本工作领域根据最新国家、行业建筑设计及施工标准规范要求，结合建筑工程设计与施工的实际需要，对砖混结构建筑的基本特征、基础类型及主要承重结构（墙体、楼板等）的构造进行介绍。通过本工作领域的学习，可以为砖混结构建筑施工及建筑装饰装修施工设计打下坚实的基础。图 B-1 所示为砖混结构建筑。

图 B-1　砖混结构建筑

【学习目标】

通过本工作领域的学习，要达成以下学习目标。

知识目标	能力目标	职业素养目标
1）能阐述砖混结构建筑的组成与特点。 2）了解砖混结构建筑的地基与基础类型。 3）熟悉砖混结构建筑的主要承重结构（墙体、楼板）及其砌筑方式。 4）正确认知圈梁构造柱、墙体细部、墙面装修构造。 5）熟悉门窗、地下室的类型和构造。 6）熟悉楼地层与顶棚、阳台、雨篷的构造	1）能描述砖混结构建筑的基础、墙体、门窗、楼板不同部位的细部构造做法。 2）能分辨各种墙体的组砌方式及圈梁、构造柱的结构形式。 3）能使用绘图软件绘制砖混结构构件的三维模型	1）了解我国建筑的发展历史，坚定民族自信、道路自信。 2）发扬专注执着、精益求精、追求卓越的工匠精神。 3）树立规范意识、质量意识，自觉践行行业规范。 4）增强团队意识，提高团队协作能力和沟通能力。 5）树立以人为本的建筑设计理念
对接 1+X 建筑工程识图职业技能等级证书（初级、中级、高级）的知识要求和技能要求		

工作任务 B1 砖混结构建筑基础认知

B1-1 认知砖混结构建筑

【核心概念】

- 砖混结构:指建筑物中竖向承重结构的墙、柱等采用砖或砌块砌筑,横向承重的梁、楼板、屋面等采用钢筋混凝土结构。也就是说,砖混结构是以小部分钢筋混凝土及大部砖墙承重的结构。砖混结构是混合结构的一种,是采用砖墙来承重,由钢筋混凝土梁、柱、板等构件构成的混合结构体系。

【学习目标】

- 熟悉砖混结构建筑的组成。
- 能进行简单的三维模型创建。
- 了解我国砖混结构建筑的发展史,坚定民族自信、道路自信。

基本知识:砖混结构建筑

B1-1-1 砖混结构建筑的发展过程

19 世纪 50 年代以后,随着水泥、混凝土和钢筋混凝土的广泛应用,砖混结构建筑迅速兴起。高强度砖和砂浆的应用也推动了砖承重结构建筑的发展。砖混结构建筑砌筑材料主要有黏土砖、多孔砖、砂浆等。直至 21 世纪前 10 年,随着国家对黏土砖的限制使用,砖混结构建筑建造方式才逐渐转为框架、框剪、剪力墙等结构建筑形式。砖混结构建筑如图 B-2 所示。

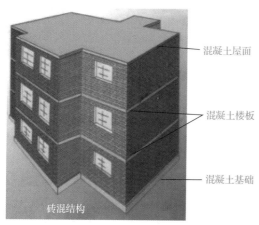

（a）圈梁+构造柱+预制楼板（20世纪50～80年代）　　（b）圈梁+构造柱+现浇楼板（20世纪90年代～21世纪前10年）

图 B-2　砖混结构建筑

B1-1-2　砖混结构建筑的组成

设计要求以承重砖墙为主体的砖混结构建筑时，门窗洞口不宜开得过大，应排列有序；内横墙间的距离不宜过大；砖墙体型宜规整和便于灵活布置。构件的选择和布置不仅要考虑结构的强度和稳定性等要求，还要满足耐久性、耐火性及其他构造要求，如外墙的保温隔热、防潮、表面装饰和门窗开设，以及特殊功能要求。建于地震区的房屋，要根据防震规范采取防震措施，如配筋，设置构造柱、圈梁等。

砖混结构建筑由基础、墙体、楼板、屋顶、楼梯和门窗等组成，如图 B-3 所示。

图 B-3　砖混结构建筑

能力训练：虚拟仿真——茶几的制作

【实训 1】简单操作——创建三维模型。

上机：双击计算机桌面上的 SketchUp 图标，打开 SketchUp 软件。

本实训中使用的工具有以下 3 个。

矩形工具：绘制矩形，可以精确输入尺寸。

推拉工具：将二维平面拉伸成三维图形。

圆形工具：绘制圆形，可以精确输入尺寸。

操作步骤如下。

视频：茶几制作

1）设置绘图环境，将绘图单位设为毫米。

2）使用矩形工具在工作区随意绘制一个四边形，使用推拉工具将二维平面拉伸成三维图形。

3）使用圆形工具在绘制的四边形上绘制不同的圆形，使用推拉工具长按鼠标左键选中一个圆形，并向下推拉至立方体底面，释放鼠标左键，然后双击其他所有圆形，将二维平面变为三维图形。

【实训 2】创建茶几。

本实训的目的是通过一个实例了解 SketchUp 软件的一般建模流程，并了解相关操作命令，如图 B-4 所示。操作步骤如下。

图 B-4　茶几模型

1）设置绘图单位为毫米，40mm 为基本参考单位。台面为 400mm×400mm，台面高度为 40mm，腿长为 400mm，腿的腿截面为 40mm×40mm。

2）在工作区使用矩形工具绘制一个 400mm×400mm 的矩形（拖曳矩形，在右下角的文本框中输入"400,400"，然后按 Enter 键），生成一个矩形。

3）使用推拉工具向上推出 40mm。

4）旋转台面，在底面四角各绘制一个 40mm×40mm 的矩形作为茶几腿的截面，使用推拉工具向下推出 400mm，双击其他 3 个截面，茶几腿制作完成。

5）台面造型制作：在台面上使用偏移复制命令向里偏移 40mm 绘制一个矩形，即选中顶面，直接移动一下鼠标指针，不要动，输入"40"，然后按 Enter 键即可。

6）选中茶几中间面，向下推移 20mm。

7）均分段数：选中茶几中间面下面的线段，右击，在弹出的快捷菜单中选择【拆分】选项，输入"13"，然后按 Enter 键，在线段上共出现 13 个端点（小提示：输入段数 11、13、15 时，需输入奇数个数，若输入 12，则出现 12 条线，一侧镂空，另一侧齐平，效果不好）。

8）再选中左边线段，选中线段端点，同时按住 Ctrl 键和鼠标左键，右移线段，与上面线端点重合后复制 12 条线段（输入"x12↓"）。

9）使用推拉工具将其中靠近侧边的一个面向下推，出现蓝色平面时停止即可镂空，双击将其他面镂空。

10）破面的处理：由于线面交叉重叠，容易出现破面，因此旋转茶几，将茶几底面两侧未镂空面使用线工具描边，重新描一下线，选中面，删除两次即可完成。

巩固提高

问题导向 1：直至 21 世纪前 10 年，随着国家对_____的限制使用，砖混结构建筑建造方式才逐渐转为框架、框剪、剪力墙等结构建筑形式。

问题导向 2：砖混结构是混合结构的一种，采用_____来承重。

职业能力 B1-2 认知建筑地基与基础

【核心概念】

- 地基：建筑物基础下面承受建筑物全部荷载的土层称为地基。
- 基础：建筑物最下面的构件，是建筑物的墙或柱子在地下的扩大部分，由地基来承托。
- 基础埋深：一般把从室外设计地面（地坪）到基础底面的垂直距离称为基础的埋置深度，简称基础埋深。
- 条形基础：基础为连续的长条形状时称为条形基础。
- 散水：指房屋外墙四周的勒脚处与室外地坪相交位置用片石砌筑或用混凝土浇筑的有一定坡度的散水坡。

【学习目标】

- 了解地基、基础的概念及分类，熟悉不同基础的构造特点。
- 了解基础埋深的概念及分类。
- 了解散水的概念及构造特点。
- 能使用 SketchUp 软件绘制条形基础，并能进行大放脚的砌筑。
- 发扬精益求精、追求卓越的工匠精神。

基本知识：建筑地基与基础_____

B1-2-1　地基

地基由持力层和下卧层组成，不是房屋建筑的组成部分，其中直接承受基础荷载的土层称为持力层；持力层以下的土层称为下卧层。地基土层在荷载作用下产生的变形，随着土层深度的增加而减少，到了一定深度则可忽略不计，如图 B-5 所示。

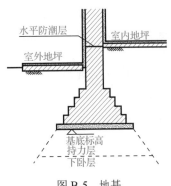

图 B-5　地基

地基可分为天然地基和人工地基两种。

天然地基是指天然土层即可满足地基的承载力要求，不需要经过人工处理的地基。岩石、碎石、砂土、黏性土等一般均可作为天然地基。当天然岩土无法满足地基的承载力要求时，可以对地基进行人工处理和加固，这样的地基称为人工地基，处理方法有换填垫层法、预压法、强夯法、振冲法、深层搅拌法、化学加固法等。

B1-2-2　基础

基础是建筑物最下面的构件，是建筑物的墙或柱子在地下的扩大部分，由地基来承托。基础要保证结实、稳固牢靠，能够承托整个建筑的荷载，它直接与土层相接触，承受建筑物的全部荷载，并将这些荷载连同本身的质量一起传给地基，如图 B-6 所示。

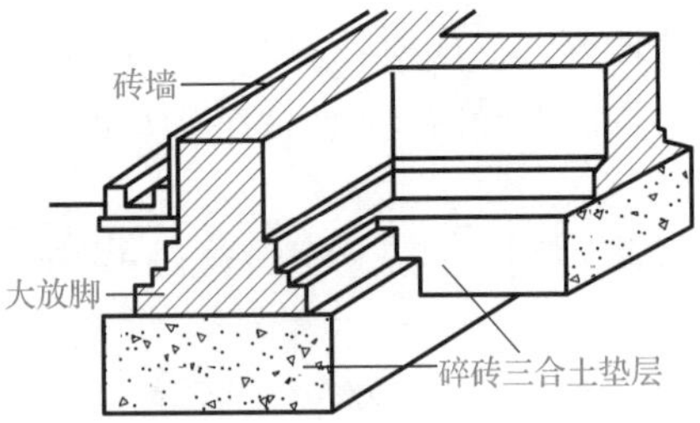

图 B-6　墙下条形基础

1. 基础的种类

墙下条形基础和柱下独立基础（单独基础）统称为扩展基础。扩展基础的作用是把墙或柱的荷载侧向扩展到地基土层中，使之满足地基承载力和变形的要求。

基础按照使用的材料及受力特点可分为刚性基础和柔性基础，即无筋扩展基础和钢筋混凝土扩展基础。在选择基础时，须综合考虑上部结构形式、荷载大小、地基状况等因素。

无筋扩展基础（刚性基础）：是指由砖、毛石、混凝土或毛石混凝土、灰土和三合土等材料组成的，且无须配置钢筋的墙下条形基础（图 B-6）或柱下独立基础。其一般用砖、石、灰土、混凝土等抗压强度大而抗弯、抗剪强度小的材料作为基础（受刚性角的限制），如图 B-7（a）所示。

钢筋混凝土扩展基础（柔性基础）：框架、剪力墙建筑常采用钢筋混凝土扩展基础，如图 B-7（b）所示。钢筋混凝土扩展基础通过混凝土基础下部配置钢筋来承受底面的拉力，所以基础不受宽高比的限制，可以做得宽而薄，一般为扁锥形或长方形，端部最薄处的厚度不宜小于 200mm。

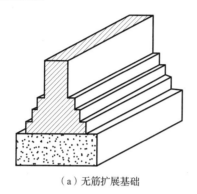 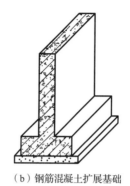

（a）无筋扩展基础　　　　　　　　（b）钢筋混凝土扩展基础

图 B-7　无筋扩展基础与钢筋混凝土扩展基础

图 B-7（a）为无筋扩展基础，底部为三合土垫层，上部为砖材基础及墙体。图 B-7（b）为钢筋混凝土扩展基础，底部为素混凝土基础垫层，上部为钢筋混凝土基础及墙体。

2. 深基础与浅基础

基础埋深：为确保建筑物的使用安全，基础要埋入土层中一定的深度。一般把从室外设计地面或地坪到基础底面的垂直距离称为基础埋深，如图 B-8 所示。

基础通常按照埋深可分为深基础和浅基础两种，在满足地基稳定和变形要求的前提下基础宜浅埋。传统意义上讲，深基础和浅基础的定义如下。

深基础：埋深大于等于 5m 或埋深大于等于基础宽度的 4 倍的基础称为深基础。

浅基础：埋深在 0.5～5m 间或埋深小于基础宽度的 4 倍的基础称为浅基础。

基础埋深不得小于 0.5m，以免影响建筑的使用安全。

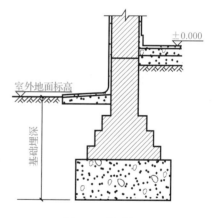

图 B-8　基础埋深

B1-2-3　砖混结构基础——条形基础

条形基础是砖混结构建筑常用的基础形式，如图 B-9 所示。

条形基础一般用于墙下，也可用于柱下。当建筑采用承重墙结构时，通常将墙底加宽形成墙下条形基础。

基础选用：砖混结构建筑一般使用条形基础，如图 B-10 所示，砖石墙的基础形式也是条形基础。

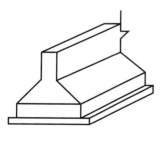

图 B-9　条形基础

图 B-10 砖砌条形基础施工

条形基础的传统砌法为砖砌大放脚条形基础，砌筑方法分为等高式和间隔式两种，如图 B-11 右图所示。等高式底层砌砖为 56 墙宽，第二层为 48 墙宽，第三层为 37 墙宽，第四层墙体厚度为 24 墙宽；间隔式底层砌砖为 72 墙宽，第二层单皮为 56 墙宽，第三层为 48 墙宽，第四层为 37 墙宽，第五层墙体厚度为 24 墙宽。

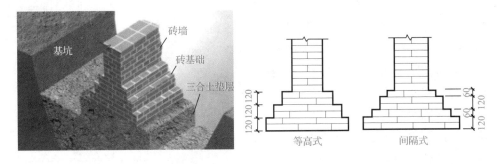

图 B-11 砖砌大放脚条形基础的砌筑方法

B1-2-4 散水

房屋基础部分四周无论屋面是否为有组织或无组织排水都要通过散水将雨水排到地面上。当屋面为有组织排水时，一般设雨水管将雨水排放到散水上后排到地面上；无组织排水时，雨水通过屋面直接滴落到散水坡上。

散水的位置：建筑物外墙与地面（室外地坪）接触的部分，如图 B-12 所示。

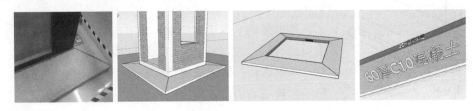

图 B-12 散水的位置

　　散水的作用：将屋顶下落雨水缓冲后散落到地面上，防止雨水下落冲击地面造成凹陷、溅湿墙面。

　　散水设计要求：散水应设 3%～5% 的排水坡度。散水宽度一般为 600～1000mm，当屋面采用无组织排水时，散水宽度应大于檐口挑出长度 200～300mm。一般情况下坡度设置为 3%～5%，散水的外缘要高出室外地坪 30～50mm。

　　散水做法：散水的做法通常是在素土夯实后铺上三合土、砖、混凝土等材料，厚度为 60～70mm。散水与外墙交接处设沉降缝使其与墙体分开，缝宽可为 20～30mm，缝内应填弹性膨胀防水材料；散水转角处，每隔 6～12m 设伸缩缝（分隔缝），缝宽为 20～30mm，缝内以沥青、砂浆等弹性材料嵌缝，防止外墙下沉或热胀冷缩时将散水拉裂。散水的两种做法如图 B-13 所示。

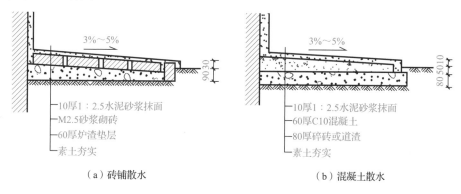

　　（a）砖铺散水　　　　　　　　　　（b）混凝土散水

图 B-13　散水做法

能力训练：虚拟仿真——条形基础的绘制

　　【实训 1】砖砌及混凝土条形基础绘制。

　　使用 SketchUp 软件绘制如图 B-14 所示的条形基础或手绘完成。

　　实训地点：计算机机房。

　　时间：20 分钟。

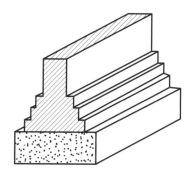

视频：条形基础绘制

图 B-14　条形基础

　　操作步骤如下。

　　1）设置绘图单位为毫米。

　　2）按照实际比例绘制截面图并添加材料图例，或者将图片导入 SketchUp 软件中进行描图处理。

　　3）将截面图（节点详图、构造详图）进行拉伸（挤出）即可完成。

4）保存为"条形基础.skp"文件格式。

【实训 2】大放脚砌筑。

如有条件，可进行大放脚砌筑实训，如图 B-15 所示。

实训地点：建筑工程实训中心砌体实训室。

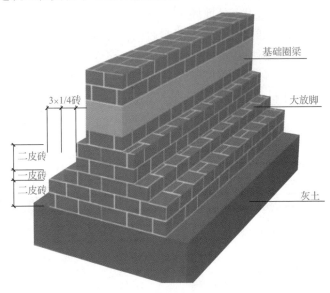

图 B-15 条形基础

实训内容：使用标准机制砖（红砖）干砌等高式和间隔式条形基础，如图 B-16 所示。

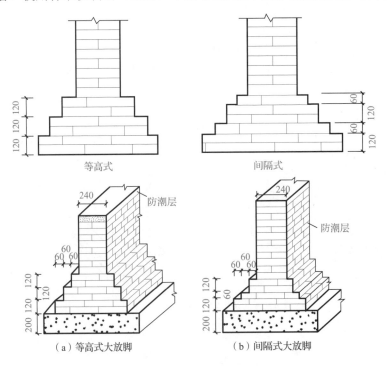

图 B-16 大放脚条形基础

分组：3～4 人为一组，分工协作，进行条形基础的砌筑（干砌，不使用灰浆，或使用黏土、沙子等宜清理代替物，但需适当保留 8～12mm 的灰缝，以 10mm 最佳）。几组轮换砌筑，未执行任务的小组在旁观摩，禁止大声喧哗，维护课堂秩序。

时间：45 分钟。

操作步骤如下。

1）清理场地或选择平整场地。

2）场地划线，标注起始范围。

3）按照图注样式进行搬砖干砌。

4）砌完后由其他小组检查评议，最后由教师点评打分，分数作为小组及个人实训成绩。另一组开始砌筑并由其他小组检查评议，教师点评打分。

巩固提高

问题导向 1：基础埋深不得过小，一般不小于_____mm。

问题导向 2：基础是建筑物最下面的构件，它直接与土层相接触，承受建筑物的全部荷载，并将这些荷载连同本身的重量一起传给_____。

问题导向 3：埋深大于等于 5m 或埋深大于等于基础宽度的 4 倍的基础称为_____。

问题导向 4：直接承受基础荷载的土层称为_____。

问题导向 5：基础应埋置在冰冻层以下不小于 200mm 处。_____（填"对"或"错"）

问题导向 6：墙下条形基础和柱下独立基础（单独基础）统称为_____基础。

问题导向 7：柔性基础又称为_____扩展基础，框架、剪力墙建筑常采用钢筋混凝土扩展基础。

问题导向 8：基础埋深不得小于_____m，以免影响建筑的使用安全。

问题导向 9：砖混结构建筑基础的结构形式，常用的基础类型有_____。

问题导向 10：砌筑基础形式多为_____，分为等高式和间隔式两种。

问题导向 11：散水是指建筑物外墙与_____接触的部分。

问题导向 12：为防止雨水污染外墙墙身，应采取的构造措施称为散水。_____（填"对"或"错"）

考核评价

本工作任务的考核评价如表 B-1 所示。

表 B-1　考核评价

考核内容			考核评分		
项目	内容		配分	得分	批注
理论知识（40%）	熟悉砖混结构建筑的基本定义、组成、构造特点		15		
	掌握砖混结构建筑地基、基础类型、基础埋深、散水的概念、分类及特点		25		
能力训练（50%）	能创建简单的三维模型		15		
	能使用 SketchUp 软件绘制条形基础		15		
	能进行大放脚的砌筑		20		

续表

考核内容		考核评分		
项目	内容	配分	得分	批注
职业素养 （10%）	态度端正，上课认真，无旷课、迟到、早退现象	2		
	与小组成员之间能够做到相互尊重、团结协作、积极交流、成果共享	3		
	言谈举止文明得当，爱护环境，不乱丢垃圾，爱护公共设施	2		
	能够按时、按计划完成工作任务	3		
考核成绩		考评员签字：_____ 日期：_____年_____月_____日		

综合评价：

工作任务 B2　圈梁、构造柱认知

职业能力 B2-1　认知砖混结构建筑圈梁

【核心概念】

- 圈梁：圈梁存在于砖混结构建筑中，其水平方向位于室内地坪、楼板结构层或屋面板齐平位置的内外墙上，起到水平拉结的作用，可增强楼房的稳固性。
- 地圈梁：房屋基础上部的连续的钢筋混凝土梁称为地圈梁，也称为基础圈梁、地梁。

【学习目标】

- 了解圈梁、地圈梁的概念及分类，熟悉地圈梁的构造特点。
- 能使用 SketchUp 软件绘制圈梁、地圈梁。
- 树立规范意识，自觉践行行业规范。

基本知识：建筑圈梁与地圈梁_____

B2-1-1　圈梁

圈梁是砖混结构建筑的一部分，通过增设圈梁，与构造柱一起加强水平与垂直方向力的拉结，增加了砖混结构的整体性，使整个楼体成为一个整体，增强了抗震性，减少了不均匀沉降造成的地基下陷、墙体开裂等通病，如图 B-17 所示。

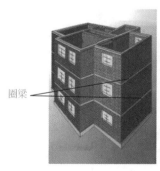

图 B-17　圈梁

在砌体结构房屋中，砌体内沿建筑物外墙四周及部分内横墙设置的连续封闭的钢筋混凝土梁称为圈梁。圈梁起到提高房屋空间的刚度，增加建筑物的整体性和稳定性，提高砖石砌体的抗剪、抗拉强度，防止由于地基不均匀沉降、地震或其他较大振动荷载对房屋的破坏的作用。房屋基础上部的连续的钢筋混凝土梁称为地圈梁。在墙体上部，紧挨楼板的钢筋混凝土梁称为上圈梁。在砌体结构中，圈梁有钢筋砖圈梁和钢筋混凝土圈梁两种，其构造如图 B-18 所示。

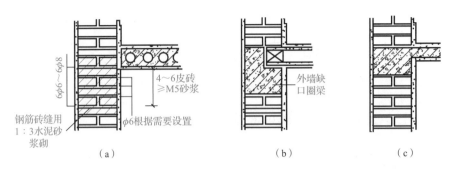

图 B-18　圈梁构造

　　圈梁须是封闭的，若遇到门洞不能封闭时应加附加圈梁，附加圈梁与圈梁的搭接长度 L 应不小于圈梁中心到附加圈梁中心垂直距离 H 的 2 倍，且不小于 1000mm，如图 B-19 所示。

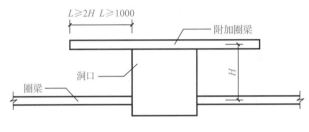

图 B-19　附加圈梁

B2-1-2　地圈梁

　　地圈梁放置在条形基础之上，大放脚条形基础砌筑完后，在其上需铺设地圈梁，地圈梁的施工为先绑扎好钢筋，然后支模板，再浇筑混凝土。待混凝土干固以后拆模、回填土并整平地面，之后砌筑墙体，如图 B-20 所示。

图 B-20　地圈梁及回填土

能力训练：12 墙砌筑仿真实训_____

　　使用 SketchUp 软件绘制如图 B-21 所示的全顺式 12 墙，图中砌筑墙体为红砖 12 墙，采用常见的全顺式砌法。

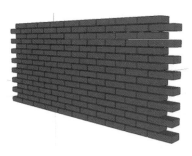

动画：全顺式 12 墙

图 B-21　全顺式 12 墙砌筑

视频：12 墙的绘制

在砌筑 12 墙之前，先学会红砖的制作及一皮砖的制作。制作步骤如下。

1）绘图环境的设置：选择【窗口】→【模型信息】选项，打开【模型信息】对话框，选择【单位】选项，在【长度】选项组中将【格式】设置为【十进制】，并将单位设置为【毫米】，如图 B-22（a）所示。

2）选择【窗口】→【系统设置】选项，打开【SketchUp 系统设置】对话框，在左侧的选项组中选择【模板】，在右侧【默认绘制模板】中选择【建筑　单位：毫米】选项，单击【确定】按钮，如图 B-22（b）所示。

提示：第一次设置完成后，再次打开软件，系统将自动延续上次的绘图环境设置，无须重新设置。

（a）设置单位　　　　　　　　　　（b）选择毫米模板

图 B-22　绘图环境的设置

3）在绘图区域绘制一个长 240mm、宽 115mm 的矩形。画出矩形，在右下角的文本框中输入"240,115"，然后按 Enter 键，向上推拉 53mm，并添加红色，一块红砖绘制完成，如图 B-23 所示。

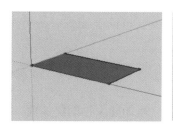

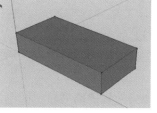

图 B-23　红砖的绘制

4）选择红砖，按住 Ctrl 键的同时使用选择工具沿红色轴移动，在右下角的文本框中输入"250"（240+10mm 灰缝），然后按 Enter 键；输入"X9"，再次按 Enter 键，一皮砖绘制完成，如图 B-24 所示。

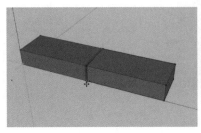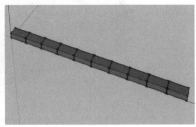

图 B-24　一皮砖的制作

5）单击工具栏中的【前视图】按钮⬆，选择一皮砖，向上移动复制 63mm，并将其沿红色轴向右移动，实现"错缝搭接"，无直缝，如图 B-25（a）所示。

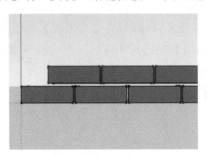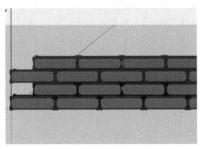

（a）二皮砖的制作、移动、错缝　　　　　　　　（b）多皮砖的复制

图 B-25　二皮砖、多皮砖的制作

6）选择制作好的二皮砖，沿蓝色轴向上移动复制 126mm，在右下角的文本框中输入"X6"然后按 Enter 键复制 6 层，12 墙体制作完成，如图 B-25（b）和图 B-26 所示。

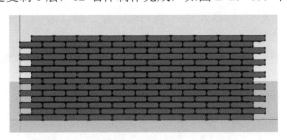

图 B-26　红砖 12 墙

巩固提高

问题导向 1：圈梁的设置原则是_____。

问题导向 2：在砖混结构建筑中，为增强建筑物的整体刚度可采取构造柱与圈梁等措施。_____（填"对"或"错"）

问题导向 3：圈梁起到提高房屋空间刚度，增加建筑物的整体性，提高砖石砌体的抗剪、抗拉强度，防止由于地基不均匀沉降、地震或其他较大振动荷载对房屋的破坏的作用。_____（填"对"或"错"）

职业
能力　**B2-2　认知砖混结构建筑构造柱**

【核心概念】

- 构造柱：构造柱一般位于砖混结构建筑的墙体转角处和内外墙交接处，或者框架结构中超过 5m 的填充墙中间位置，起到竖向和水平拉结的作用。
- 马牙槎：建筑构造柱的一种构造形式，为保证墙体与构造柱的有效连接，将砌筑的墙体与构造柱相接部分做成相互交叉的构造形式。

【学习目标】

- 了解构造柱的设置位置。
- 熟知构造柱的断面尺寸及配筋。
- 了解构造柱与墙体是如何连接与锚固的。
- 能使用 SketchUp 软件绘制构造柱。
- 发扬一丝不苟、精益求精、追求卓越的工匠精神。

基本知识：构造柱概述

B2-2-1　构造柱认知

构造柱是砖混结构建筑的一部分，通过增设构造柱，与圈梁一起加强水平与垂直方向力的拉结，增加了砖混结构的整体性，使整个楼体成为一个整体，增强了抗震性，减少了不均匀沉降造成的地基下陷、墙体开裂等。

在多层砌体房屋中，为了加强房屋的整体性、提高房屋的抗震性，根据构造要求中规定的部位设置构造柱，如图 B-27 所示。

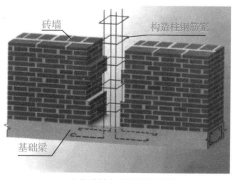

（a）构造柱与基础梁的连接

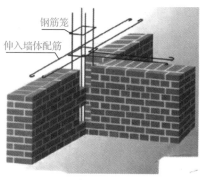

（b）先砌墙再浇构造柱

微课：马牙槎与拉结筋

微课：构造柱位置的设置

图 B-27　构造柱的位置

B2-2-2　构造柱位置的设置

砖混结构建筑构造柱设置要求及位置分别如表 B-2 和图 B-28 所示。

表 B-2　砖混结构建筑构造柱设置的要求

地震烈度				设置部位	
6 度	7 度	8 度	9 度		
房屋层数					
四、五	三、四	二、三	一	楼、电梯间四角，楼梯斜梯段上下端对应的墙体处；外墙四角和对应转角；错层部位横墙与外纵墙交接处；大房间内外墙交接处；较大洞口两侧	隔 12m 或单元横墙与外纵墙交接处；楼梯间对应的另一侧内横墙与外纵墙交接处
六	五	四	二		隔开间横墙（轴线）与外墙交接处，山墙与内纵墙交接处
七	≥六	≥五	≥三		内墙（轴线）与外墙交接处；内墙的局部较小墙垛处；内纵墙与横墙（轴线）交接处

注：本表摘自《建筑抗震设计规范（2016 年版）》（GB 50011—2010）。

（a）转角处构造柱

（b）构造柱不设独立基础

（c）构造柱与砖墙拉结

（d）纵横墙交接处构造柱

图 B-28　构造柱的位置设置

B2-2-3　构造柱的断面尺寸

构造柱的最小截面尺寸可采用 180mm×240mm（墙厚 190mm 时为 180mm×190mm），常用断面有 240mm×240mm、240mm×360mm、360mm×360mm。

B2-2-4　构造柱的配筋

微课：构造柱的配筋

纵筋宜采用 4ϕ12，箍筋直径不小于 ϕ6，间距不大于 250mm，并在上下搭接处加密。设计烈度为 7 度超过六层、设计烈度为 8 度超过五层及设计烈度为 9 度时，构造柱纵筋宜采用 4ϕ14，箍筋直径不小于 ϕ8，间距不大于 200mm，并且一般情况下房屋四角的构造柱钢筋直径均较其他构造柱的钢筋直径大一个等级。

B2-2-5　构造柱的锚固

微课：构造柱的锚固

构造柱不单设基础，但应伸入室外地坪以下 500mm 的基础内，或者锚固于浅于室外地坪以下 500mm 的地圈梁内。

B2-2-6 构造柱与墙体的连接

房屋高度和层数接近规定的限值时，纵、横墙内构造柱间距应符合下列要求。

1）横墙内的构造柱间距不宜大于层高的 2 倍；下部 1/3 楼层的构造柱间距适当减小。

2）当外纵墙开间大于 3.9m 时，应另设加强措施。内纵墙的构造柱间距不宜大于 4.2m。构造柱的三维结构图如图 B-29 所示。

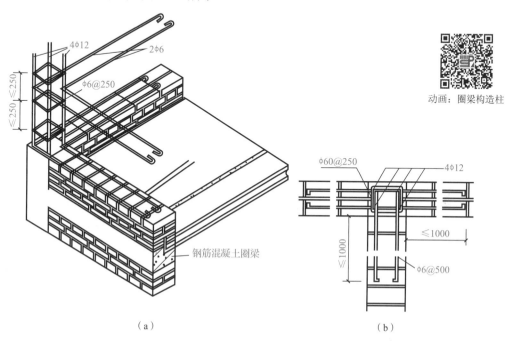

动画：圈梁构造柱

（a）　　　　　　　　　　（b）

图 B-29　构造柱的三维结构图

能力训练：构造柱三维构造仿真实训

使用 SketchUp 软件绘制如图 B-30 所示的构造柱的三维结构示意图，手绘也可
时间：35 分钟。

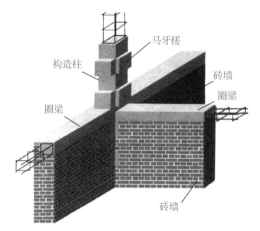

动画：构造柱与圈梁的绘制

图 B-30　构造柱的三维结构示意图

操作步骤如下。

1）设置绘图单位为毫米。

2）按照实际比例绘制截面图并添加材料图例，或者将图片导入 SketchUp 软件中进行描图处理。

3）将截面图（节点详图、构造详图）进行拉伸（挤出）即可完成。

4）保存为"构造柱.skp"文件格式。

巩固提高_____

问题导向 1：在砖混结构建筑中，圈梁和_____能起到增强房屋整体性和安全性的重要作用。

问题导向 2：构造柱配筋纵筋宜采用_____，箍筋直径不小于$\phi 6$，间距不大于 250mm，并在上下搭接处加密。

问题导向 3：构造柱的断面尺寸一般不小于_____mm。

问题导向 4：构造柱与墙体的连接，在沿柱高度方向每隔 300mm（5 皮砖）留_____，在混凝土浇筑后，混凝土与墙体相互咬合，使构造柱与墙体形成一个整体。

考核评价

本工作任务的考核评价如表 B-3 所示。

表 B-3　考核评价

考核内容			考核评分		
项目	内容		配分	得分	批注
理论知识（50%）	熟悉圈梁、构造柱的基本定义、组成、构造特点，认识砖混结构建筑的圈梁		25		
	认识砖混结构建筑的构造柱		25		
能力训练（40%）	能使用 SketchUp 软件绘制圈梁、地圈梁		20		
	能使用 SketchUp 软件绘制构造柱		20		
职业素养（10%）	态度端正，上课认真，无旷课、迟到、早退现象		2		
	与小组成员之间能够做到相互尊重、团结协作、积极交流、成果共享		3		
	言谈举止文明得当，爱护环境，不乱丢垃圾，爱护公共设施		2		
	能够按时、按计划完成工作任务		3		
考核成绩			考评员签字：_____ 日期：____年____月____日		

综合评价：

工作任务 B3 墙体构造认知

职业能力 B3-1 认知墙体构造

【核心概念】

- 横墙：建筑短轴方向的墙体。
- 女儿墙：屋顶上部的墙。
- 承重墙：承担房屋质量的墙体。

【学习目标】

- 了解墙体的分类、材料及砌筑形式。
- 了解砖混结构墙体的承重方式。
- 能使用 SketchUp 软件绘制 24 墙。
- 树立环保意识，践行绿色发展理念。

基本知识：砖混结构墙体的分类、承重方式、砌筑材料和方式_____

墙体是建筑的重要组成部分，也是建筑重要的围护结构和承重结构。一般民用建筑墙体工程量占楼体总工程量的 30%～40%，工程造价为整个建筑工程造价的 40%～50%。

B3-1-1 墙体的分类

1. 按墙体所处位置分类

根据墙体所处位置的不同，墙体可分为外墙、内墙。外墙是指建筑四周与室外环境接触的墙体，内墙是指建筑内部的墙体。墙体按其方向分为纵墙、横墙。纵墙指的是沿建筑长轴方向布置的墙体；横墙指的是沿建筑短轴方向布置的墙体。外纵墙即为檐墙，外横墙即为山墙，如图 B-31 所示。

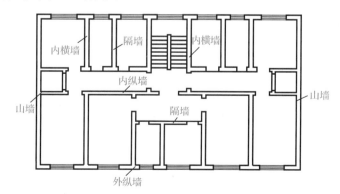

微课：墙体的分类

图 B-31 一梯三户型住宅楼平面图墙体不同位置的名称

外墙墙体不同位置的名称如图 B-32 所示，其中部分墙体位置的定义如下。

窗间墙：窗与窗或门与窗之间的墙。

窗下墙：窗口下方的墙。

窗上墙：窗口上方的墙。

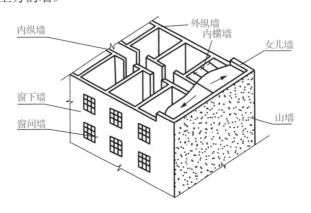

图 B-32　外墙墙体不同位置的名称

2. 按墙体受力情况分类

根据墙体受力情况，墙体可分为承重墙和非承重墙。承重墙主要承受楼板及上部屋顶等其他构件传来的荷载，非承重墙除承受自身重力外不承受其他构件所带来的荷载。非承重墙包括自承重墙、隔墙、填充墙、幕墙。隔墙、填充墙起分隔空间的作用，将自身质量传给梁或楼板，不承受外来荷载。填充墙一般指的是框架结构中柱子之间的墙体，不承重。幕墙是指悬挂于建筑物外部的轻质墙。

3. 按墙体所用材料分类

根据墙体所用材料，墙体可分为土墙、砖墙、石墙、砌块墙、混凝土墙等。

4. 按墙体构造方式分类

根据墙体构造方式，墙体可分为实体墙、空体墙、复合墙。实体墙是由单一材料制成的普通黏土砖或其他实体砌块砌筑而成的墙，如砖墙、钢筋混凝土墙、毛石砌块墙等，目前我国严格限制使用黏土实心砖，进而改用节能型的墙体砌块；空体墙又称空心墙，用本身带孔的材料或内部空腔组砌形成，如空斗墙、空心砌块墙等；复合墙由两种以上的材料组合而成，如混凝土、加气混凝土复合墙，其中混凝土墙起承重作用，加气混凝土墙起保温隔热作用，如图 B-33 所示。

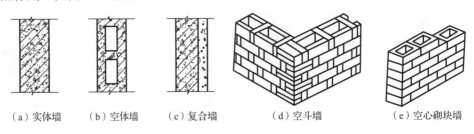

（a）实体墙　　（b）空体墙　　（c）复合墙　　（d）空斗墙　　（e）空心砌块墙

图 B-33　墙体构造形式

5. 按施工方法分类

根据施工方法的不同，墙体可分为砌筑墙、板筑墙和装配板材墙 3 种。

1）砌筑墙：用砂浆等胶结材料将砖石块材组砌而成，如砖墙、石墙、砌块墙等。砖混结构砌筑墙体及现浇楼板、过梁、构造柱如图 B-34 所示。

图 B-34　砖混结构砌筑墙体及现浇楼板、过梁、构造柱

2）板筑墙：施工时现场支模板，模板内夯筑或浇注材料捣实而成的墙体，如夯土墙、现浇混凝土墙等。混凝土墙如图 B-35 左图所示。

3）装配板材墙：预制成大型板材构件，在施工现场安装的墙体，如预制混凝土大板墙、轻质条板内隔墙等。装配板材墙机械化程度高、施工速度快、工期短，是建筑工业化的方向。预制混凝土大板墙如图 B-35 右图所示。

图 B-35　混凝土墙及预制混凝土大板墙

B3-1-2　砖混结构的墙体承重方式

砖混结构建筑的承重方式为墙体承重。砖混结构建筑以墙体承重为主结构，常要求各层承重墙上、下必须对齐；各层门窗洞口也要上、下对齐。砖混结构建筑的墙体结构布置方案，通常有横墙承重、纵墙承重、纵横墙双向承重、半框架混合承重几种方式，如图 B-36 所示。

微课：砖混结构的墙体承重方式

1. 横墙承重

横墙承重是将楼板及屋面板等水平承重构件搁置在横墙上，楼板及屋面板的荷载由横墙下传到基础，纵墙为非承重墙，只起围护分隔、纵向稳定和拉结的作用，如图 B-36（a）所示。

横墙承重的优点：由于横墙较密，又有纵墙拉结，房屋的整体性好，横向刚度大，有利于抵抗地震力等水平荷载。同时因为纵墙为非承重墙，所以在外墙上开窗比较灵活。

横墙承重的缺点：由于横墙间距受到限制，建筑开间尺寸较小，布局不够灵活。

横墙承重适用于房间墙体位置固定、开间尺寸不大的建筑，如宿舍、旅馆、住宅等。

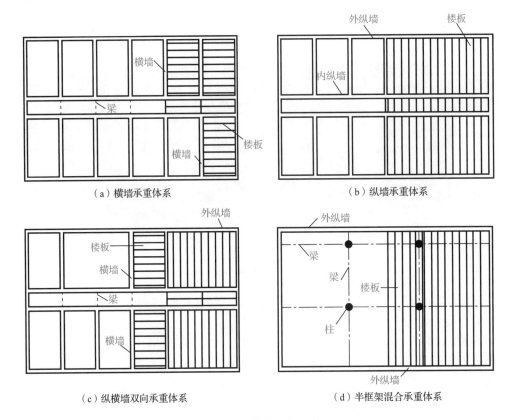

图 B-36　墙体承重方案

2. 纵墙承重

纵墙承重是将楼板及屋面板等水平承重构件搁置在纵墙上，横墙只起分隔和连接纵墙的作用，如图 B-36（b）所示。

纵墙承重的优点：开间划分灵活，能分隔出较大的房间，以适用于不同的需要。

纵墙承重的缺点：在纵墙上开设门窗洞口受到限制，其整体性较差。

纵墙承重适用于需要灵活平面布局的建筑，如教学楼、办公楼、商店等。

3. 纵横墙双向承重

纵横墙双向承重是将楼板分别布置在纵墙或横墙上，纵横墙均可能为承重墙，如图 B-36（c）所示。

纵横墙双向承重的优点：纵横墙承重方案平面布置灵活，空间刚度较好。

纵横墙双向承重的缺点：水平承重构件类型多，施工较为复杂。

纵横墙双向承重适用于开间、进深变化多、房间类型多、平面较复杂的建筑，如医院、住宅、幼儿园等。

4. 半框架混合承重

半框架混合承重是在建筑内部采用梁、柱组成的框架承重，外围四周采用墙体承重，楼板荷载由梁、柱或墙体共同承担，这种结构布置又称为部分框架结构、内部框架或墙与内柱混合承重方案，如图 B-36（d）所示。

半框架混合承重的优点：半框架承重方案的室内空间较大，划分灵活。

半框架混合承重的缺点：耗费钢材、水泥较多。

这种结构形式的混合体系受力不明确，对抗震很不利，由于抗震规范的要求，现在已经禁止采用这种结构形式。

B3-1-3　墙体材料

构成墙体的材料是块材（砖、石、砌体）与砂浆，块材强度等级的符号为 MU，砂浆强度等级的符号为 M。普通烧结砖的抗压强度分为 MU30、MU25、MU20、MU15、MU10 这 5 个强度等级。

微课：砖混结构的墙体材料与砌筑方式

砖墙属于砌筑墙体，由砖和砂浆等材料按一定方式砌筑而成，具有保温、隔热、隔声等诸多优点。砖墙的主要组成材料是砖和砂浆。砖墙厚度及名称如表 B-4 所示。

表 B-4　砖墙厚度及名称

墙厚名称	习惯叫法	实际尺寸/mm	墙厚名称	习惯叫法	实际尺寸/mm
半砖墙	12 墙	115	一砖半墙	37 墙	365
3/4 砖墙	18 墙	178	二砖墙	49 墙	490
一砖墙	24 墙	240	二砖半墙	62 墙	615

1. 砖

从所用材料上可将砖分为黏土砖、灰砂砖、页岩砖、煤矸石砖、水泥砖、矿渣砖等。从形状上可分为实心砖、烧结多孔砖和空心砖。

1）普通黏土标准砖：尺寸标准规格为 240mm×115mm×53mm，砌筑时灰缝尺寸为 10mm。普通黏土砖通常机制而成，因取材占用耕地农田，现已被国家限制使用，但其组砌方式一直被沿用，如图 B-37 所示。

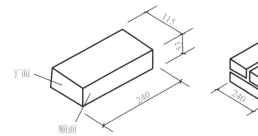
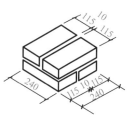
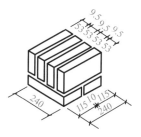

图 B-37　标准机制黏土砖的尺寸

2）烧结多孔砖：尺寸规格为 240mm×115mm×90mm 或 190mm×190mm×90mm 等，由黏土、页岩、煤矸石为主原料焙烧而成，孔洞率为 15%～35%，圆孔或非圆孔，孔径小、数量多，可用于承重部位，简称多孔砖。多孔砖分为 P 型和 M 型两种，如图 B-38 所示。

2. 砂浆

砂浆是砌体的胶结材料，将砌块连

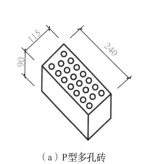
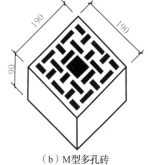

（a）P型多孔砖　　（b）M型多孔砖

图 B-38　多孔砖尺寸

接为一体，并将砌块间缝填平、密实，使其均匀传力，并提高墙体的保温、隔热、隔声能力。砂浆要有一定的强度、稠度和保水性，保证墙体的承载力，并便于施工。

常用的砌筑砂浆主要有水泥砂浆、混合砂浆和石灰砂浆。

水泥砂浆由水泥和砂加水搅拌而成，特点是强度高，但可塑性和保水性差，适宜潮湿环境中的墙体，如地下室、砖基础等。

混合砂浆由水泥、石灰膏、砂用水拌和而成，强度高，它的保水性、和易性较好，被广泛应用于地面以上的砌体中。

石灰砂浆是指由石灰膏和砂子按一定的比例搅拌而成的砂浆，完全靠石灰的气硬性而获得强度。石灰砂浆一般用于干燥环境中的砖墙砌筑、室内外墙面、顶棚等中层或面层抹灰。石灰砂浆一般为白色，成本较低。

砌筑砂浆的强度和防潮性能：水泥砂浆>混合砂浆>石灰砂浆。

砌筑砂浆按抗压强度划分为 M30、M25、M20、M15、M10、M7.5、M5 这 7 个级别。烧结普通实心砖、多孔砖砌体常用的普通砂浆强度为 M15、M10、M7.5、M5、M2.5。

B3-1-4　砖墙的砌筑方式

1. 墙体砌筑的基本原则

为保证墙体的强度和稳定性，砌筑墙体时应遵循的基本原则如下：横平竖直、错缝搭接、避免通缝、砂浆饱满、厚薄均匀。

砌筑时砖的外侧较长的面朝外称为顺砖，外侧较短的面朝外称为丁砖。每砌一层砖称为"一皮"，上下皮之间的水平灰缝称为横缝，左右砖之间的垂直灰缝称为竖缝，如图 B-39 所示。

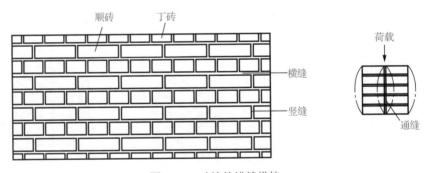

图 B-39　砖墙的错缝搭接

2. 砖墙的砌筑方式

砖墙的砌筑方式有全顺式、一顺一丁式、多顺一丁式、梅花丁（丁顺相间、十字）式、三三一式、两平一侧式等，如图 B-40 所示。

  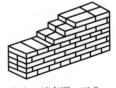

（a）12墙全顺式　　　　（b）24墙一顺一丁式　　　　（c）24墙多顺一丁式

图 B-40　砖墙的砌筑方式

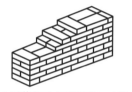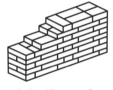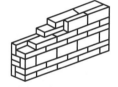

（d）24墙梅花丁（丁顺相间、十字）式　　（e）24墙三三一式　　（f）18墙两平一侧式

图 B-40（续）

能力训练：24 墙砌筑仿真实训

使用 SketchUp 软件绘制如图 B-41 所示的红砖 24 墙，使用常见的一顺一丁式砌法，比 12 墙的砌筑方法稍微复杂一些。

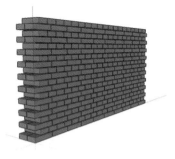

动画：一顺一丁式 24 墙　　视频：24 墙的绘制

图 B-41　24 墙砌筑（展开图）

本实训中除掌握前面的移动、复制命令外，还需要掌握旋转工具的使用方法。具体操作步骤及要点如下。

1）设置绘图环境，并设置单位为毫米。

2）绘制标准机制砖 1 块，方法同 12 墙砖的绘制，此处不再重复；在工具栏中单击【顶视图】按钮切换至顶视图，同时将红砖沿红色轴向左复制 1 块备用，如图 B-42（a）所示。

3）单击工具箱中的【旋转工具】按钮，捕捉左侧红砖的左下侧端点并沿红色轴向右拉伸，再沿逆时针方向旋转 90°单击确定，如图 B-42（a）、（b）所示。

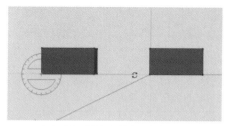　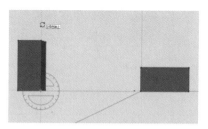

（a）将红砖沿红色轴向左复制 1 块　　　　（b）沿逆时针方向旋转 90°

图 B-42　复制红砖并旋转

4）将顺砖向上复制一块，灰缝皆为 10mm，如图 B-43（a）所示。选中 2 块砖并单击【前视图】按钮将视图切换至前视图，向右复制且间距为 250mm，多复制 10 块，如图 B-43（b）所示。

5）选择之前复制的备用红砖，向上移动 63mm，如图 B-43（c）所示。

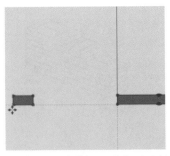

（a）在顶视图中沿绿色轴复制顺砖　　（b）在前视图中向右复制10块　　（c）将备用红砖移动至一皮砖上方左侧

图 B-43　一皮砖制作

6）在前视图中沿红色轴复制顺砖，并向右复制 20 块丁砖，如图 B-44（a）、（b）所示。

7）选择制作好的二皮砖，沿蓝色轴向上移动复制，间距为 126mm，输入"X6"，复制 6 层，24 墙体制作完成，如图 B-44（c）和图 B-45 所示。

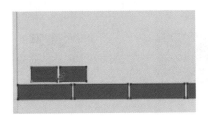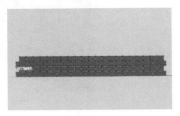

（a）在前视图中向右复制红砖　　　　（b）复制20块丁砖　　　　（c）同时复制二皮砖

图 B-44　二皮砖及多皮砖制作

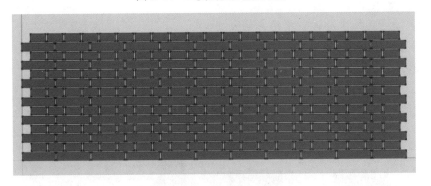

图 B-45　24 墙体制作完成

巩固提高

问题导向 1：墙体按受力承重情况分为承重墙和_____墙。

问题导向 2：下列说法不正确的是_____。

A．非承重墙不承担自重　　　　　　B．非承重墙承担自重

C．自承重墙承担自重　　　　　　　D．填充墙承担自重

问题导向 3：根据施工方法的不同，墙体可分为砌筑墙、_____和装配板材墙 3 种。

问题导向 4：砖混结构建筑的承重方式通常有横墙承重、_____承重、纵横墙双向承重、半框架混合承重等方式。

问题导向 5：构成墙体的材料是块材（砖、石、砌体）与砂浆，块材强度等级的符号为_____，砂浆强度等级的符号为 M。

问题导向 6：砖墙属于_____墙体，由砖和砂浆等材料按一定的方式砌筑而成，具有保温、隔热、隔声等诸多优点。

问题导向 7：普通黏土标准砖的尺寸标准规格为_____mm。

问题导向 8：_____是砌体的胶结材料，将砌块连接为一体，并将砌块间缝填平、密实，使其均匀传力，并提高墙体的保温、隔热、隔声能力。

问题导向 9：_____由水泥和砂加水搅拌而成，强度高，但可塑性和保水性差，适宜潮湿环境中的墙体，如地下室、砖基础等。

问题导向 10：砖从所用材料上分为烧结黏土砖、灰砂砖、页岩砖、煤矸石砖、水泥砖、矿渣砖等。_____（填"对"或"错"）

问题导向 11：烧结多孔砖简称多孔砖，分 P 型和 M 型两种。_____（填"对"或"错"）

问题导向 12：为保证墙体的强度和稳定性，砌筑墙体时应遵循的基本原则是横平竖直、错缝搭接、避免通缝、砂浆饱满、厚薄均匀。_____（填"对"或"错"）

问题导向 13：砖墙的砌筑方式有全顺式、一顺一丁式、多顺一丁式、三顺一丁式等。_____（填"对"或"错"）

问题导向 14：烧结多孔砖的尺寸规格为 240mm×115mm×90mm 或 190mm×190mm×90mm。_____（填"对"或"错"）

问题导向 15：墙体的组砌方式有哪些？

职业能力 B3-2　认知墙体细部构造

【核心概念】

- 砌体拉结筋：在建筑转角、内外墙连接处，如果不做构造柱，也要在此处每隔一段距离添加砌体拉结筋，以保障墙体的稳固性。
- 勒脚：墙体外部靠近基础的外墙保护部分。
- 过梁：用来支撑门、窗洞口上部砖砌体和楼板层荷载的构件。
- 防潮层：为杜绝地下潮气对墙身的影响，砌体墙应该在勒脚处设置防潮层。

【学习目标】

- 理解砌体拉结筋的概念及分类。
- 理解过梁的概念及分类，熟悉不同过梁的构造特点。
- 理解防潮层的概念及分类。
- 能使用 SketchUp 软件绘制钢筋混凝土过梁截面构造。
- 牢固树立安全第一、质量至上的理念。

基本知识：墙体细部的构造

B3-2-1   砌体拉结筋

砖墙的转角处和交接处应同时砌筑，不能同时砌筑的，当在非抗震设防地区或抗震设防烈度为 6 度、7 度的地区，应砌成斜槎，当留斜槎有困难时，除转角处做成直槎外，其他都应做成凸槎，并加设拉结钢筋（图 B-46），其拉结筋应符合下列规定。

1）每 120mm 墙厚应设置 1φ6 拉结钢筋；当墙厚为 120mm 时，应设置 2φ6 拉结钢筋。

2）间距沿墙高不应超过 500mm，且竖向间距偏差不应超过 100mm。

3）埋入长度从留槎处算起，每边均不应小于 500mm；对抗震设防烈度 6 度、7 度的地区，不应小于 1000mm。

4）末端应设 90°弯钩。

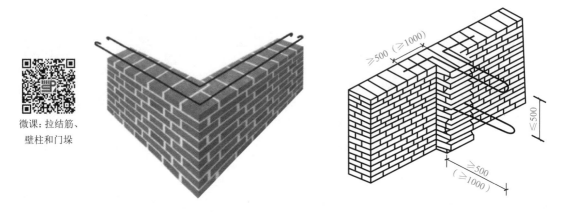

微课：拉结筋、壁柱和门垛

图 B-46   砌体拉结筋

B3-2-2   壁柱和门垛

壁柱（墙墩）如图 B-47（a）所示，墙中柱状的突出部分，通常直通到顶，以承受上部梁及屋架的荷载，并增加墙身强度及稳定性。墙墩所用砂浆的标号较墙体的高。

门垛：墙体上开设门洞一般应设门垛，特别在墙体端部开启与之垂直的门洞时必须设置门垛，以保证墙身稳定和门框的安装。门垛长度一般为 120mm 或 240mm，如图 B-47（b）所示。

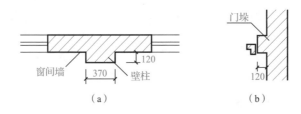

（a）   （b）

图 B-47   壁柱和门垛

B3-2-3   勒脚

勒脚是外墙墙身接近室外地面的部分，为防止雨水上溅墙身和机械力等的影响，要求勒脚坚固耐久和防潮。一般情况下，勒脚高度为室内地坪与室外地坪或窗台到室外地面的高差部分。

（1）勒脚的表面处理

1）勒脚表面抹灰：水泥砂浆等。

2）勒脚贴面：天然石材或人工石材，如花岗石、蘑菇石、水磨石板等。

3）石材勒脚：墙体采用条石、毛石等坚固材料。

（2）勒脚的做法

一般采用以下几种构造做法，如图 B-48 所示。

1）抹灰勒脚：可采用 20 厚 1∶3 水泥砂浆抹面或 1∶2 水泥白石子浆水刷石或斩假石抹面，此法多用于一般建筑。有时为增强抹灰层与墙面基层的粘贴性能，防止抹灰层起壳脱落，将抹灰层做成"咬口"形式。

2）贴面勒脚：可采用天然石材或人工石材做成的石板贴面，如花岗石、水磨石板等。其耐久性、装饰效果好，用于高标准建筑。

3）石材勒脚：可采用石材，如条石等砌筑，耐久坚固，防水性能好，常用于生产天然石材的地区。

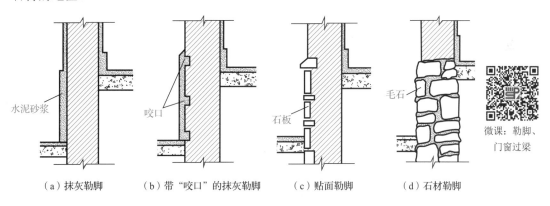

（a）抹灰勒脚　　　（b）带"咬口"的抹灰勒脚　　　（c）贴面勒脚　　　（d）石材勒脚

图 B-48　勒脚做法

微课：勒脚、
门窗过梁

B3-2-4　门窗过梁

当墙体上开设门窗洞口时，为了支撑洞口上部砌体所传来的各种荷载，并将这些荷载传给窗间墙，常在门窗洞口上设置横梁，该梁称为过梁。

门窗过梁分为 3 种：钢筋混凝土过梁、钢筋砖过梁、砖拱过梁。

1. 钢筋混凝土过梁

钢筋混凝土过梁有现浇和预制两种，梁高及配筋由计算确定。钢筋混凝土过梁坚固耐久，有较大的抗弯抗剪强度，可用在跨度较大的门窗洞口上。当房屋可能产生不均匀下沉或受振动时使用尤为适宜。钢筋混凝土过梁可预制装配，加快施工进度，所以目前被广泛采用。为了施工方便，梁高应与砖的皮数相适应，以方便墙体连续砌筑，常见梁高为 60mm、120mm、180mm、240mm，即 60mm 的整数倍。梁宽一般同墙厚，梁两端支承在墙上的长度不小于 240mm，以保证足够的承压面积，如图 B-49 所示。

2. 钢筋砖过梁

钢筋砖过梁又称平砌砖过梁，用砖不低于 MU7.5，砌筑砂浆不低于 M5。一般在洞口上方先支木模，砌筑时先在洞口上面的模板上铺 20～30mm 厚的水泥砂浆，下设 3～4 根 $\phi6$

钢筋，钢筋弯钩伸入支座内不小于240mm，上面使用50号水泥砂浆砌5～7皮砖，钢筋砖过梁的最大跨度可达1.5m，如图B-50所示。

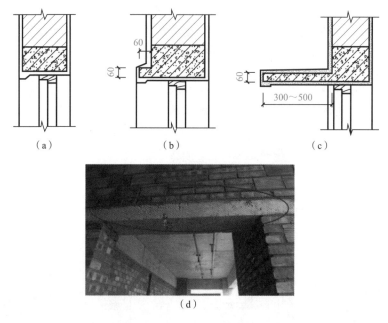

图B-49 钢筋混凝土过梁构造

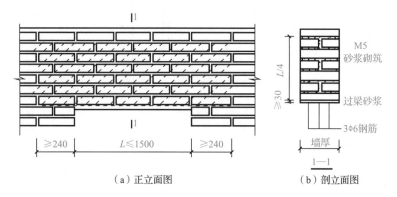

（a）正立面图 （b）剖立面图

图B-50 钢筋砖过梁构造

3. 砖拱过梁

砖拱过梁分为平拱和弧拱。砖拱过梁一般用于洞口宽度小于1200mm、无不均匀下沉的一般建筑中，该做法施工不便，目前已较少采用，如图B-51所示。

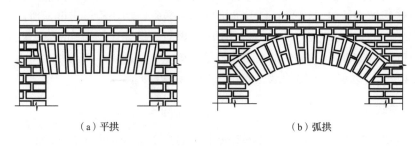

（a）平拱 （b）弧拱

图B-51 砖拱过梁构造

B3-2-5　防潮层

1. 防潮层的位置

按照墙体所处的位置，可单设水平防潮层或同时设置水平和垂直两种防潮层。砌体墙应在室外地面以上，于室内地面垫层处设置连续的水平防潮层；室内相邻地面有高差时，应在高差处墙身与土体连接的侧面加设防潮层；湿度大的房间外墙或内墙内侧应设防潮层。墙身防潮层的位置如图 B-52 所示。

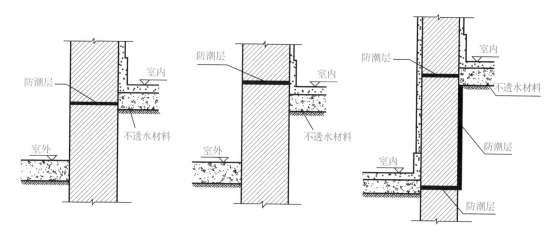

图 B-52　墙身防潮层的位置

墙身防潮层的设置位置还与所在的墙及地面情况有关。当室内地面垫层为混凝土等密实材料时，防潮层的位置应设在垫层范围内，低于室内地坪 60mm 处。室内防潮层应至少高出室外人行道或散水表面 150mm 以上。当地面垫层为混凝土等密实材料时，水平防潮层应设在垫层范围内，并低于室内地坪 60mm（即一皮砖）处。当室内地面垫层为炉渣、碎石等透水材料时，水平防潮层的位置应平齐或高于室内地面 60mm。当内墙两侧室内地面有标高差时，防潮层应设在两不同标高的室内地坪以下 60mm（即一皮砖）的地方，并在两防潮层之间墙的内侧设垂直防潮层。

2. 防潮层的类型

防潮层有防水砂浆防潮层、细石混凝土防潮层、油毡防潮层、钢筋混凝土防潮层等类型。

3. 防潮层的构造做法

墙身水平防潮层的常用构造做法主要有以下 4 种，如图 B-53 所示。

1）防水砂浆防潮层，采用 1：2 水泥砂浆，内加 3%～5%的防水剂，厚度为 20～25mm，或使用防水砂浆砌三皮砖作为防潮层。此种做法构造简单，但砂浆开裂或不饱满时影响防潮效果。

2）细石混凝土防潮层，一般是指粗骨料最大粒径不大于 15mm 的混凝土。细石混凝土防潮层采用 60mm 厚的细石混凝土带，内配 3 根 $\phi6$ 钢筋，其防潮性能好。

3）油毡防潮层，先抹 20mm 厚的水泥砂浆找平层，上铺一毡二油，此种做法的防水效果好，但有油毡隔离，削弱了砖墙的整体性，不应在刚度要求高的地区或地震区使用。

4）地圈梁代替防潮层，当前应用较多的一种防潮形式，地圈梁顶面高度与防潮层的高度相同时，均在-0.06m 处就没有必要再设置其他防潮层了，使用地圈梁代替防潮层起到了一物两用的作用，包括砖混、框架结构建筑都可使用，并且防潮效果好。

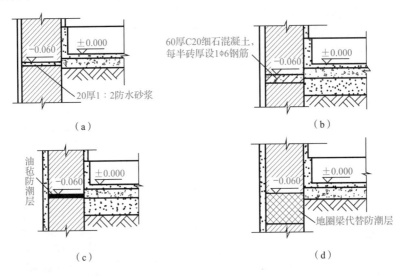

图 B-53 墙身防潮层的构造做法

能力训练：钢筋混凝土过梁截面构造仿真实训

使用 AutoCAD 或 SketchUp 软件绘制如图 B-54 所示的钢筋混凝土过梁截面构造，手绘也可。

时间：45 分钟。

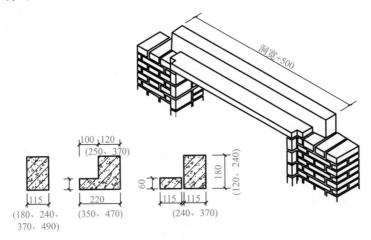

图 B-54 钢筋混凝土过梁截面构造

巩固提高

问题导向 1：砌体拉结筋埋入长度从留槎处算起，每边均不应小于 500mm；对抗震设防烈度 6 度、7 度的地区，不应小于_____mm。

问题导向 2：勒脚的做法有抹灰勒脚、_____、石材勒脚 3 种。

问题导向 3：_____是用来支撑门窗洞口上部砖砌体和楼板层荷载的构件。

问题导向 4：常见的过梁有_____、_____和_____3 种。

问题导向 5：钢筋混凝土过梁的梁宽一般同墙厚，梁两端支承在墙上的长度不小于_____mm，以保证足够的承压面积。

问题导向 6：为防止地下潮湿环境对墙身的影响，砌体墙应该在勒脚处设置_____层。

问题导向 7：砌体墙应在室外地面以上，于室内地面垫层处设置连续的_____防潮层。

问题导向 8：室内防潮层应至少高出室外人行道或散水表面_____mm 以上。

问题导向 9：细石混凝土是指粗骨料最大粒径不大于_____mm 的混凝土。

问题导向 10：墙身水平防潮层的常用构造做法有防水砂浆防潮层、_____混凝土防潮层、油毡防潮层等。

职业能力 B3-3　认知墙面装修构造

【核心概念】

- 抹灰类墙面装修：指采用水泥、石灰膏等作为胶结材料，加入砂或石渣用水拌和成砂浆或石渣浆，然后抹到墙面上的一种操作工艺，是一种传统的墙面装修做法。

- 贴面类墙面装修：利用各种天然石板或人造板、块，通过绑、挂或直接粘贴等方法对墙面进行的装修处理。

- 干挂石材：石材干挂法又名空挂法，是墙面装饰中一种新型的施工工艺，该方法以金属挂件将饰面石材直接吊挂于墙面或空挂于钢架之上，不需要再灌浆粘贴。其原理是在主体结构上设主要受力点，通过金属挂件将石材固定在建筑物上，形成石材装饰幕墙。

【学习目标】

- 掌握抹灰类墙面装修的概念、分类，把握其特点及做法。
- 掌握贴面类墙面装修的概念、分类，把握其特点及做法。
- 掌握涂料类墙面装修的概念、分类，把握其特点及做法。
- 掌握裱糊类墙面装修的概念、分类，把握其特点及做法。
- 掌握铺钉类墙面装修的概念、分类，把握其特点及做法。
- 掌握干挂类墙面装修的概念、分类，把握其特点及做法。
- 能使用 SketchUp 软件绘制墙体分层构造。
- 培养团队意识，提高沟通能力和动手能力。

基本知识：墙面装修构造_____

　　墙面装修按装修材料和施工方法分类，可分为抹灰类墙面装修、贴面类墙面装修、涂料类墙面装修、裱糊类墙面装修、铺钉类墙面装修和干挂类墙面装修六大类。

　　B3-3-1　抹灰类墙面装修

　　抹灰类墙面装修具有材料来源广、施工简便、造价低等优点；但也具有耐久性差、易开裂，且多属手工湿作业，工效低、劳动强度比较大等缺点。

抹灰分为一般抹灰和装饰抹灰两大类：一般抹灰有石灰砂浆抹灰、混合砂浆抹灰、水泥砂浆抹灰、聚合物水泥砂浆抹灰等。为了保证抹灰平整、牢固、颜色均匀，避免开裂、脱落的发生，抹灰层不宜太厚，外墙抹灰一般为 20～25mm，内墙抹灰为 15～20mm，施工时必须分层操作，即分为底层、中层和面层，如图 B-55 所示。

微课：抹灰类
墙面装修

图 B-55　混合砂浆抹灰

底层抹灰主要与基层黏结，并起初步找平的作用，厚度为 5～7mm，又称为找平层或打底层，施工中称为"刮糙"，其灰浆用料视基层材料而定。

中层抹灰用于进一步找平，减少底层砂浆干缩导致面层开裂的可能，厚度一般为 5～9mm，所选材料可与底层相同，也可视装修要求而定。

面层抹灰主要起装饰的作用，又称为罩面，厚度为 2～8mm，要求表面平整无裂痕、色彩均匀，并可做成光滑、粗糙等不同质感以获得不同的装饰效果。面层不包括刷浆、喷浆或涂料。

抹灰按质量要求和主要工序分为 3 种标准。

普通抹灰：一层底灰，一层面灰。

中级抹灰：一层底灰，一层中灰，一层面灰。

高级抹灰：一层底灰，数层中灰，一层面灰。

开始抹灰时，为保证墙皮抹灰的厚度一致和平整度，一般需先做标筋或灰饼，作为抹灰时灰层厚度的参照物，如图 B-55 左上所示。

在墙与楼地层的交接处，为了遮盖地面与墙面的接缝，保护墙身，以及防止擦洗地面时弄脏墙面，常做成高 80～150mm 的踢脚线。

B3-3-2　贴面类墙面装修

贴面类墙面装修具有耐久、施工方便、质量高、装饰效果好、易清洗等优点。常用的贴面材料有瓷砖、面砖、马赛克和预制水刷石、水磨石板，以及花岗石、大理石等天然石材。一般把质感细腻的瓷砖、大理石板等作为内墙装修材料，而把质感粗犷、耐蚀性好的面砖、马赛克、花岗岩板等作为外墙装修材料，如图 B-56（a）所示。

微课：贴面类
墙面装修

（a）贴面类墙面装修（下）及涂料类墙面装修（上）　　　　（b）涂料类墙面装修

图 B-56　墙面装修

1. 瓷砖

瓷砖是用优质陶土烧制成的一种内墙贴面材料，表面挂釉，具有吸水率低、色彩稳定、表面光洁美观、易于清洗等优点。一般常用于厨房、浴室、卫生间、医院手术室等处的墙裙、墙面和池槽面层。

2. 面砖

面砖多数是以陶土为原料，经加工成形、煅烧制成的一种贴面块，分挂釉和不挂釉、光面和带各种纹理饰面等不同类型。面砖质地坚固、防冻、耐蚀，色彩和规格多种多样，常用于内外墙面装修，如图 B-56（a）所示。

3. 马赛克

陶瓷马赛克是以优质陶土烧制而成的小块瓷砖，常用于地面装修，也可用于外墙装修。玻璃马赛克是一种半透明的玻璃质饰面材料，质地坚硬、色调柔和典雅、性能稳定，可组成各种花饰，且具有耐热、耐寒、耐蚀、不龟裂、光滑、白洁、不褪色、造价低等优点。

4. 天然石板

常见的天然石板有大理石板、花岗岩板等，具有强度高、结构致密、色彩丰富、不易被污染等优点，但加工复杂、要求较高、价格高昂，属于高级装修饰面材料。

5. 人造石板

人造石板具有天然石板的花纹和质感，而且质量轻、强度高、耐酸碱、造价低，容易按设计要求制作，常见的有水磨石板、仿大理石板等。

B3-3-3　涂料类墙面装修

涂料类墙面装修是利用各种涂料涂覆于墙体基层表面而形成完整牢固的保护膜，对墙体起保护、装饰作用，如图 B-56（a）、（b）所示。涂料分为有机涂料和无机涂料两类。

建筑内外墙面用涂料作为饰面是很简便的一种装修方式，具有材料来源广、造价低、操作简单、省工料、工期短、自重轻、维修更新方便等优点，是目前很有发展前景的装修类型。

B3-3-4 裱糊类墙面装修

裱糊类墙面装修用于建筑内墙，是将墙纸、墙布、织锦等卷材类饰面材料用胶粘贴到平整基层上的装修做法。裱糊类墙体饰面的装饰性强，造价较经济，施工方法便捷高效，饰面材料容易更换，在曲面和墙面转折处粘贴可以顺应基层获得连续的饰面效果。

B3-3-5 铺钉类墙面装修

铺钉类墙面装修是指采用天然木板或各种人造薄板借助于镶、钉、胶等固定方式对墙面进行装饰处理。铺钉类墙面由骨架和面板组成，骨架有木骨架和金属骨架，面板有硬木板、欧松板、胶合板、密度板（纤维板）、奥松板（英文名称为 OSB，也称为定向刨花板，使用的是胶合板的下脚料）、石膏板等各种装饰面板和金属面板等。

B3-3-6 干挂类墙面装修

干挂类墙面装修一般用于室外墙面的处理。石材干挂法又名空挂法，是当前墙面装饰中一种新型的施工工艺。该方法以金属挂件将饰面石材直接吊挂于墙面或空挂于钢架之上，不需要再灌浆粘贴，如图 B-57 所示。

微课：涂料类、干挂类墙面装修

图 B-57 干挂类墙面装修

其原理是在主体结构上设主要受力点，通过金属挂件将石材固定在建筑物上，形成石材装饰幕墙。该工艺利用耐腐蚀的螺栓和耐腐蚀的柔性连接件，将花岗石、人造大理石等饰面石材直接挂在建筑结构的外表面，石材与结构之间留出 40～50mm 的空腔。用此工艺做成的饰面，在风力和地震力的作用下允许产生适量的变位，以吸收部分风力和地震力，而不致出现裂纹和脱落。当风力、地震力消失后，石材也随结构而复位。

能力训练：墙体分层构造仿真实训

使用 SketchUp 软件绘制如图 B-58 所示的墙体分层构造，或手绘完成。

时间：30 分钟。

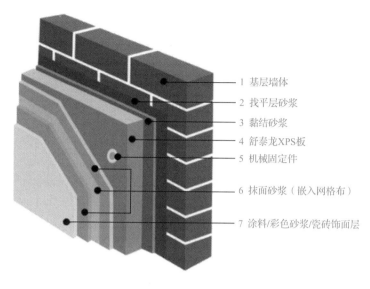

图 B-58　墙体分层构造

1 基层墙体
2 找平层砂浆
3 黏结砂浆
4 舒泰龙XPS板
5 机械固定件
6 抹面砂浆（嵌入网格布）
7 涂料/彩色砂浆/瓷砖饰面层

操作步骤如下。

1）设置绘图单位为毫米。

2）绘制 12 墙。

3）依次绘制找平层、黏结砂浆、XPS 板、机械固定件、抹面砂浆、瓷砖饰面层，每一层的绘制都要挤出一定的厚度，并添加不同的材质。

4）保存为"墙体分层构造.skp"文件格式。

巩固提高

问题导向 1：抹灰分为一般抹灰和_____抹灰两大类，一般抹灰有石灰砂浆抹灰、混合砂浆抹灰、水泥砂浆抹灰、聚合物水泥砂浆抹灰等。

问题导向 2：涂料分为_____涂料和无机涂料两类。

问题导向 3：下列说法中正确的是_____。

A．室内装修材料可用于室外装修

B．室外装修材料可用于室内装修

C．室内、室外装修材料原则上不可以互换

D．装修材料用于室内与室外无规定

问题导向 4：按装修材料和施工方法分类，墙面装修可分为_____类墙面装修、_____类墙面装修、_____类墙面装修、_____类墙面装修、铺钉类墙面装修和干挂类墙面装修六大类。

■ 考核评价

本工作任务的考核评价如表 B-5 所示。

表 B-5 考核评价

考核内容			考核评分		
项目	内容		配分	得分	批注
理论知识 （60%）	理解墙体的分类、材料、砌筑形式		20		
	了解砌体拉结筋、过梁、防潮层的概念及分类		20		
	掌握抹灰类、贴面类、涂料类、裱糊类、铺钉类、干挂类 墙面装修的概念、分类及做法		20		
能力训练 （30%）	能使用 SketchUp 软件绘制 24 墙		10		
	能使用 SketchUp 软件绘制钢筋混凝土过梁截面构造		10		
	能使用 SketchUp 软件绘制墙体分层构造		10		
职业素养 （10%）	具有正确的人生观、价值观。品行端正，集体观念强		3		
	态度端正，学习认真，具有团队协作意识和敬业精神		2		
	上课保持教室和实训场地室内干净卫生、无纸屑；实训室 桌椅摆放规整有序，离开实训场所关机断电；上课认真， 具有良好的职业行为习惯		3		
	积极参加实训，吃苦耐劳，专注执着，勤学好问		2		
考核成绩			考评员签字：_____ 日期：_____年_____月_____日		

综合评价：

工作任务 B4　楼地层与地下室构造认知

B4-1　认知楼地层的组成与构造

【核心概念】

- 面层：地面或楼板层直接接受各种物理和化学作用的表面层。
- 垫层：承受面层、附加层、结构层等荷载并均匀传递给地基的构造层次。
- 结构层：楼板层的承重部分，一般由梁、板等承重构件组成，又称为楼板。

【学习目标】

- 掌握不同楼板的类型及构造特点。
- 熟悉楼地层的组成与构造。
- 能绘制楼地层结构图。
- 传承鲁班文化，弘扬工匠精神。

基本知识：楼地层的组成与构造

楼地层包括楼板层和地坪层两部分。楼板层与地坪层是水平方向分隔房屋上下空间的承重构件。

楼板层是楼层间分隔上下空间的构件，承受着楼板层上的荷载并将荷载传递给墙和柱，对墙体起着水平支撑的作用；另外，楼板层还应具备一定的隔声、保温、防火、防水、防潮等功能。

地面是建筑物底层地坪，是建筑物底层与土壤相接的构件。

B4-1-1　楼板的类型

根据使用材料的不同，楼板可分为木楼板、砖拱楼板、钢筋混凝土楼板和压型钢板组合楼板等几种类型，如图 B-59 所示。

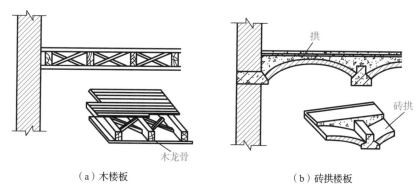

（a）木楼板　　　　　　　　　　　（b）砖拱楼板

图 B-59　楼板的类型

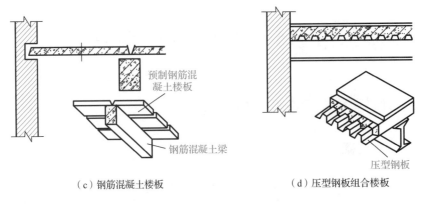

（c）钢筋混凝土楼板　　　　　　　　（d）压型钢板组合楼板

图 B-59（续）

1. 木楼板

木楼板在木格栅上、下铺钉木板，并在格栅之间设置剪刀撑以加强整体性和稳定性。木楼板具有构造简单、自重轻、保温性能好、吸热系数小等优点，但木楼板防火、耐久性差，而且木材消耗量过大，目前除在产木林区或有特殊要求外，已经极少采用这种楼板类型。

2. 砖拱楼板

砖拱楼板具有节约钢材、木材、水泥等优点，但自重大，承载能力及抗震性能较差，且施工复杂，现已基本不被采用。

3. 钢筋混凝土楼板

钢筋混凝土楼板具有强度高、刚度大、耐久和耐火性能好，可塑性大，便于工业化施工等优点，是目前应用最广泛的楼板类型，如图 B-60 所示。按施工方式的不同，钢筋混凝土楼板可分为现浇式、装配式和装配整体式 3 种类型，目前现浇式钢筋混凝土楼板的应用最为广泛。

动画：楼板模型

（a）预制钢筋混凝土楼板

（b）现浇式钢筋混凝土楼板

图 B-60　钢筋混凝土楼板

4. 压型钢板组合楼板

压型钢板组合楼板是以压型钢板为衬板，作为楼板的底模与混凝土浇筑在一起而构成的楼板，故又称为压型钢衬板组合楼板。这种楼板的强度高、刚度大、楼板整体性好、施工方便，且有利于各种管线的敷设，是目前正大力推广的一种新型楼板。

B4-1-2 楼地层的组成与构造

1. 楼地层的组成

楼地层包括地坪层［图 B-61（a）］和楼板层［图 B-61（b）］两部分。地坪层的基本组成有面层、垫层和基层；楼板层的基本组成有面层、功能层（附加层）和结构层（楼板）。为满足其他方面的要求，往往还要增加找平层、结合层、防水层、保温隔热层、隔声层、管道敷设层等构造层次。

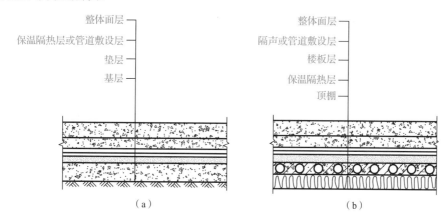

图 B-61 楼地层的组成

（1）地坪层的构造组成

1）面层。面层是直接接受各种物理和化学作用的表面层。根据面层材料和施工工艺的不同，地面面层分为整体式、块料式、卷材式和木地面等类型。地面往往以面层所使用的材料命名。

2）垫层。垫层是承受面层荷载并均匀传递给地基的构造层次，分为刚性垫层和柔性垫层两类。

3）基层。基层是承受楼地层荷载的结构层。楼板层基层为楼板；地坪层基层为夯实的土层。

（2）楼板层的构造组成

1）面层。当面层位于楼板层上表面时，又称楼地层。

2）结构层。结构层是楼板层的承重部分，一般由梁、板等承重构件组成，又称楼板。其主要功能是承受楼板层上部荷载，并将荷载传递给墙或柱，同时还对墙身起水平支撑的作用，以加强建筑的整体刚度。

楼板层构造除基础构造外，还有两种，即功能层和顶棚层。

3）功能层位于面层与结构层或结构层与顶棚层之间，根据楼板层的具体功能要求而设置，又称为附加层。其主要作用是找平、隔声、隔热、保温、防水、防潮、耐腐蚀、防静电等。

4）顶棚层位于楼板的最下表面，也是室内空间上部的装饰层，俗称天花板。顶棚主要起到保温、隔声、装饰室内空间的作用。

此外，建筑物中的各种水平管线也可敷设在楼板层内。

2. 楼地层的设计要求

楼地层是室内重要的装修层，起着保护楼地层结构、改善房间使用质量和增加美观的作用。与墙面装修相比，楼地层与人、家具、设备等直接接触，承受荷载并经常受到磨损、撞击和洗刷。楼地层应满足下列要求。

1）坚固耐磨：要求地面具有足够的强度，在外力作用下不易被破坏和磨损，且表面平整、光洁、不起灰、易清洗。

2）保温隔热：要求地面所用材料导热系数小，即使在寒冷季节，人站在地面上也不会感到寒冷。

3）隔声吸声：隔声主要是指隔绝人和家具与地面产生的撞击声，可采用浮筑或夹心地面或脱开面层，或者弹性地面等做法。对于标准较高、使用人数较多的公共建筑，采用各种软质地面，可以控制室内噪声，有较好的吸声作用。

4）有一定的弹性：有良好弹性的地面不仅对隔声、降噪有利，还会使人驻留或行走时脚感舒适。

5）满足特殊要求：不同环境的地面应满足不同的使用要求，如经常有水侵蚀房间的地面（如厨房、卫生间等房间地面）应满足防水要求；实验室地面应满足防水、耐腐蚀的要求等。

6）美观经济：地面材料的质感、色彩、纹理及图案的选择，应结合房间的使用性质、空间形态、家具饰品等的布置，以及人的活动状况和心理感受等进行综合考虑，妥善处理楼地层的装饰效果和功能要求之间的关系。在满足功能要求和美观的前提下，尽量选择经济实惠的地面材料和构造处理方式。

3. 了解楼地层的种类

常见楼地层的种类如下。

1）水泥砂浆楼地层。水泥砂浆楼地层是一种传统的地面，目前属于低档地面。其特点是构造简单、施工方便、造价低廉、坚固耐磨、防水性好，但热工性能较差。施工质量不好时易起砂、起灰，且无弹性。

2）现浇水磨石楼地层。现浇水磨石楼地层整体性好、坚固耐磨、表面光滑、耐腐蚀、耐污染、不起尘、易清洗、防水防火性能好，但湿作业量大、工序多，热工性能较差，易产生返潮现象。它适用于清洁度要求高、经常用水清洗的地面，如门厅、营业厅、实验室等，但不宜用于采暖房间。现浇水磨石楼地层分为普通水磨石和彩色水磨石两类，并采用玻璃条、铝条或铜条划分成不大于 1m×1m 的网格。

3）地砖楼地层。地砖的种类繁多，包括釉面地砖、彩色釉面地砖、通体瓷质地砖、陶瓷玻化砖、磨光石英砖、霹雳地砖等多品种、多档次的各类地砖。它具有表面平整细腻、坚固耐磨、防水防火、耐酸碱腐蚀、耐油污、色彩图案丰富、不起灰、易清洁等特点，适用于装修标准较高的各类民用建筑和轻型工业厂房。

4）陶瓷马赛克楼地层。陶瓷马赛克楼地层是指以优质瓷土烧制成的 19mm 或 25mm 见方、厚 6～7mm 的小块。出厂前按设计图案拼成 300mm×300mm 或 600mm×600mm 的规格，并反贴在牛皮纸上。其质地坚硬、经久耐用、防水、耐腐蚀、易清洁、防滑、色泽丰富，装饰效果好，适用于有水、有腐蚀性液体作用的地面。

5）天然石材楼地层。天然石材楼地层主要指各种天然花岗石、大理石楼地层，其质地坚硬、防水防火、耐腐蚀、色泽丰富艳丽、造价高，属于高档地面，常用于高级公共建筑的门厅、大厅、营业厅或高标准的卫生间等房间的地面。

6）木楼地层。木楼地层具有不起尘、易清洁、不返潮、保温性好、色泽纹理自然美观等特点，是一种高级地面，适用于高级住宅、宾馆、体育馆、健身房、剧院舞台等建筑物地面。根据构造方式的不同，木楼地层分为实铺、空铺和粘贴 3 种。

7）地毯楼地层。地毯是一种高级地面装饰材料，它分为纯毛地毯和化纤地毯两类。纯毛地毯柔软舒适、温暖、豪华、富有弹性，但价格高昂、易虫蛀和霉变；化纤地毯耐老化、防污染，且价格较低、资源丰富、色泽多样，可用于室内外。地毯地面多用于高级住宅、高档宾馆、旅店及公共场所，如会议室等。

常见楼地层构造如表 B-6 所示。

表 B-6　常见楼地层构造

类别	名称	构造简图（左侧为地面构造，右侧为楼面构造）	构造	
			地面	楼面
整体式楼地层	水泥砂浆楼地层	水泥砂浆楼地层	1）25 厚 1∶2 水泥砂浆铁板赶平 2）水泥浆结合层一道 3）80（100）mm 厚 C15 混凝土垫层 4）素土夯实基土	3）钢筋混凝土楼板
	现浇水磨石楼地层	水磨石楼地层	1）表面草酸处理后打蜡上光 2）15 厚 1∶2 水泥石粒水磨石面层 3）25 厚 1∶2.5 水泥砂浆找平层 4）水泥浆结合层一道 5）80（100）mm 厚 C15 混凝土垫层 6）素土夯实基土	5）钢筋混凝土楼板
块料式楼地层	地砖楼地层	地砖楼地层	1）8～10mm 厚地砖面层，水泥浆擦缝 2）20 厚 1∶2.5 干硬性水泥砂浆结合层，上撒 1～2mm 厚的干水泥并洒清水适量 3）水泥浆结合层一道 4）80（100）mm 厚 C15 混凝土垫层 5）素土夯实基土	4）钢筋混凝土楼板
	陶瓷马赛克楼地层	陶瓷马赛克楼地层	1）6mm 厚陶瓷马赛克面层，水泥浆擦缝并揩干表面水泥浆 2）20 厚 1∶2.5 干硬性水泥砂浆结合层，上撒 1～2mm 厚的干水泥并洒清水适量 3）水泥浆结合层一道 4）80（100）mm 厚 C15 混凝土垫层 5）素土夯实基土	4）钢筋混凝土楼板

续表

类别	名称	构造简图（左侧为地面构造，右侧为楼面构造）	构造	
			地面	楼面
块料式楼地层	花岗石楼地层	花岗石楼地层	1）20mm 厚花岗石块面层，水泥浆擦缝 2）20 厚 1：2.5 干硬性水泥砂浆结合层，上撒 1～2mm 厚的干水泥并洒清水适量 3）水泥浆结合层一道	
			4）80（100）mm 厚 C15 混凝土垫层 5）素土夯实基土	4）钢筋混凝土楼板
	大理石楼地层	大理石楼地层	1）20mm 厚大理石块面层，水泥浆擦缝 2）20 厚 1：2.5 干硬性水泥砂浆结合层，上撒 1～2mm 厚的干水泥并洒清水适量 3）水泥浆结合层一道	
			4）80（100）mm 厚 C15 混凝土垫层 5）素土夯实基土	4）钢筋混凝土楼板
木楼地层	铺贴木楼地层	铺贴木楼地层	1）20mm 厚硬木长条地板或拼花面层氯丁橡胶粘贴 2）2mm 厚热沥青胶结材料随涂随铺贴 3）刷冷底子油一道，热沥青玛蹄脂一道 4）20 厚 1：2 水泥砂浆找平层 5）水泥浆结合层一道	
			6）80（100）mm 厚 C15 混凝土垫层 7）素土夯实基土	6）钢筋混凝土楼板
	强化木楼地层	强化木楼地层	1）8mm 厚强化木地板（企口上、下均匀刷胶）拼接 2）3mm 聚乙烯（EPE）高弹泡沫垫层 3）25 厚 1：2.5 水泥砂浆找平层铁板赶平 4）水泥浆结合层一道	
			5）80（100）mm 厚 C15 混凝土垫层 6）素土夯实基土	5）钢筋混凝土楼板
卷材式地层	地毯楼地层	地毯楼地层	1）3～5mm 厚地毯面层浮铺 2）20 厚 1：2.5 水泥砂浆找平层 3）水泥浆结合层一道	
			4）改性沥青一布四涂防水层 5）80（100）mm 厚 C15 混凝土垫层 6）素土夯实基土	4）钢筋混凝土楼板

能力训练：绘制楼地层构造图

使用 AutoCAD 或 SketchUp 软件绘制如图 B-62 所示的楼地层结构图，注意引出线的使用，或手绘完成。

时间：45 分钟。

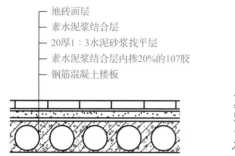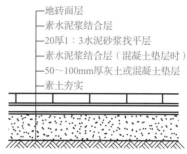

图 B-62　楼地层的组成

巩固提高

问题导向 1：楼地层包括_____和楼板层两部分。地坪层的基本组成有_____、垫层和基层；楼板层的基本组成有面层、功能层（附加层）和_____（楼板）。

问题导向 2：_____层是楼板层的承重部分，一般由梁、板等承重构件组成，又称楼板。

问题导向 3：根据使用材料的不同，楼板可分为木楼板、砖拱楼板、_____楼板、_____楼板。

问题导向 4：按其施工方式不同，钢筋混凝土楼板可分为_____式、装配式和装配整体式 3 种类型。

问题导向 5：根据构造方式的不同，木楼地层分为实铺、_____和粘贴 3 种。

职业能力 B4-2　认知地下室构造

【核心概念】

- 采光井：地下室外墙的侧窗处与其他挡土墙围砌成的井形采光口。井底低于窗台，并应有排水设施。

【学习目标】

- 掌握地下室的组成及构造特点。
- 了解地下室防潮防水的做法。
- 能绘制地下室墙身防潮层的构造。
- 树立规范意识，践行行业规范。

基本知识：地下室防潮防水构造

B4-2-1　地下室

1. 地下室的分类

地下室是建筑物底层下面的房间。地下室按埋入地下深度的不同，分为全地下室和半地下室，如图 B-63 所示。当地下室地面低于室外地坪的高度超过该地下室净高的 1/2 时为全地下室；当地下室地面低于室外地坪的高度超过该地下室净高的 1/3，但不超过 1/2 时为半地下室。按使用功能，地下室可分为普通地下室和人防地下室。普通地下室一般用作设备用房、储藏用房、商场、餐厅、车库等；人防地下室主要用于战备防空，考虑和平年代的使用，人防地下室在功能上应能够满足平战结合的使用要求。

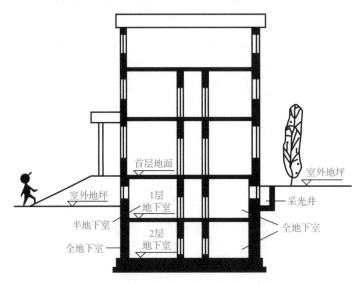

图 B-63　地下室示意图

当建筑物较高时，基础的埋深很大，利用这个深度设置地下室，既可在有限的占地面积中争取到更多的使用空间，提高建设用地的利用率，又不需要增加太多的投资，所以设置地下室有一定的实用意义和经济意义。

微课：地下室的
组成

2. 地下室的组成

地下室一般由墙体、底板、顶板、楼梯、采光井等组成。

（1）墙体

地下室的墙体不仅要承受上部传来的垂直荷载，还要承受土、地下水、土壤冻结时的侧压力。所以，当采用砖墙时，厚度不宜小于 370mm。当上部荷载较大或地下水位较高时，最好采用混凝土或钢筋混凝土墙，厚度不宜小于 200mm。

（2）底板

地下室的地坪主要承受地下室内的使用荷载，当地下水位高于地下室的地坪时，还要承受地下水浮力的作用，所以地下室的底板应有足够的强度、刚度和抗渗能力，一般采用钢筋混凝土底板。

（3）顶板

地下室的顶板主要承受建筑物首层的使用荷载，可采用现浇或预制钢筋混凝土楼板。

（4）楼梯

地下室的楼梯一般与上部楼梯结合设置，当地下室的层高较小时，楼梯多为单跑式。对于防空地下室，应至少设置两部楼梯与地面相连，并且必须有一部楼梯通向安全出口。

当居室布置在半地下室时，必须采取满足采光、通风、日照、防潮、防霉及安全防护等要求的相关措施。

（5）采光井

采光井的作用是降低地下室采光窗外侧的地坪，以满足全地下室的采光和通风要求，如图 B-64 所示。

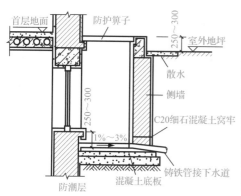
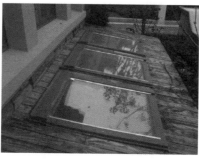

微课：采光井

图 B-64　采光井构造

B4-2-2　地下室防潮防水

由于地下室的墙身、底板埋在土中，长期受到潮气或地下水的侵蚀，所以会引起室内地面、墙面生霉，墙面装饰层脱落，严重时使室内进水，影响地下室的正常使用和建筑物的耐久性。因此必须对地下室采取相应的防潮、防水措施，以保证地下室在使用时不受潮、不渗漏。

1. 地下室的防潮

当地下水的最高水位低于地下室地坪 300～500mm 时，地下室的墙体和底板只会受到土壤中潮气的影响，所以只需做防潮处理，即在地下室的墙体和底板中采取防潮构造。

当地下室的墙体采用砖墙时，墙体必须用水泥砂浆来砌筑，要求灰缝饱满，并在外墙体的外侧设置垂直防潮层和在墙体的上下设置水平防潮层。

墙体垂直防潮层的做法是，先在外墙体外侧抹 20 厚 1：2.5 的水泥砂浆找平层，延伸到散水以上 300mm，找平层干燥后，上面刷一道冷底子油和两道热沥青，然后在墙外侧回填低渗透性的土壤，如黏土、灰土等，并逐层夯实，宽度不小于 500mm；墙体水平防潮层中一道设在地下室地坪以下 60mm 处，一道设在室外地面散水以上 150～200mm 处，如图 B-65 所示。如果墙体采用现浇钢筋混凝土墙，则无须做防潮处理。地下室需防潮时，底板可采用非钢筋混凝土。

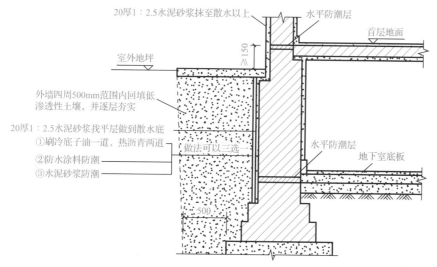

微课：地下室防潮防水（一）

图 B-65　防潮构造

2. 地下室的防水

当地下水的最高水位高于地下室底板时，地下室的墙体和底板浸泡在水中，这时地下室的外墙会受到地下水侧压力的作用，底板会受到地下水浮力的作用。这些压力水具有很强的渗透能力，严重时会导致地下室漏水，影响正常使用。所以，地下室的外墙和底板必须采取防水措施。具体做法有卷材防水和混凝土构件自防水两种，如图 B-66 所示。

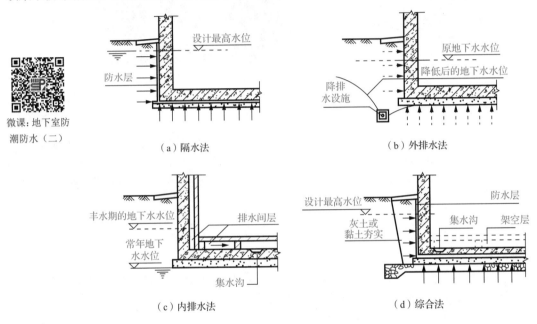

微课：地下室防潮防水（二）

（a）隔水法　　　　　　　　　　　（b）外排水法

（c）内排水法　　　　　　　　　　　（d）综合法

图 B-66　地下室防水设计方案

（1）卷材防水

在现代工程中，卷材防水层一般采用高聚物改性沥青防水卷材［如 SBS（苯乙烯—丁二烯—苯乙烯嵌段共聚物）改性沥青防水卷材、APP（无规聚丙烯）改性沥青防水卷材］或合成高分子防水卷材（如三元乙丙橡胶防水卷材、再生胶防水卷材等）与相应的胶结材料黏结形成防水层。按照卷材防水层的位置不同，其分为外防水和内防水。

1）外防水是将卷材防水层满包在地下室墙体和底板外侧的做法，其构造要点是：先做底板防水层，并在外墙外侧伸出接茬，将墙体防水层与其搭接，并高出最高地下水位 500～1000mm，然后在墙体防水层外侧砌半砖保护墙。应注意在墙体防水层的上部设垂直防潮层与其连接，如图 B-67 所示。

2）内防水是将卷材防水层满包在地下室墙体和地坪的结构层内侧的做法，内防水施工方便，但属于被动式防水，对防水不利，所以一般用于修缮工程，如图 B-68 所示。

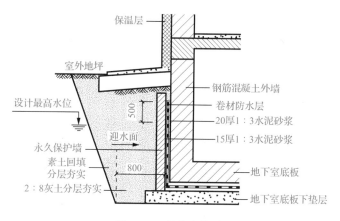

图 B-67 外防水构造

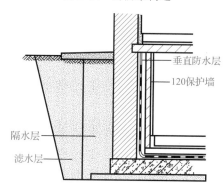

图 B-68 内防水构造

（2）混凝土构件自防水

当地下室的墙体和地坪均为钢筋混凝土结构时，可通过增加混凝土的密实度或在混凝土中添加防水剂、加气剂等方法来提高混凝土的抗渗性能。若采用上述方法，则地下室就不需要再专门设置防水层，这种防水做法称为混凝土构件自防水。地下室采用构件自防水时，外墙板的厚度不得小于 200mm，底板的厚度不得小于 150mm，以保证刚度和抗渗效果。为了防止地下水对钢筋混凝土结构的侵蚀，在墙的外侧应先用水泥砂浆找平，然后刷热沥青隔离，如图 B-69 所示。

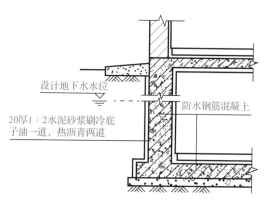

图 B-69 混凝土构件自防水构造

能力训练：绘制地下室墙身防潮层构造

使用 SketchUp 软件绘制如图 B-70 所示的地下室墙身防潮层构造，或手绘完成。

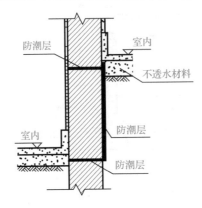

图 B-70　地下室墙身防潮层构造

时间：25 分钟。

操作步骤如下。

1）设置绘图单位为毫米。

2）按照实际比例绘制截面图并添加材料图例，或者将图片导入 SketchUp 软件中进行描图处理。

3）将截面图（节点详图、构造详图）进行拉伸（挤出）即可完成。

4）保存为"墙身防潮层.skp"文件格式。

巩固提高

问题导向 1：地下室一般由墙体、_____、_____、门窗、楼梯、采光井等组成。

问题导向 2：地下室的防水具体做法有_____、_____等。

问题导向 3：简述地下室的防水构造。

考核评价

本工作任务的考核评价如表 B-7 所示。

表 B-7　考核评价

考核内容			考核评分		
项目	内容		配分	得分	批注
理论知识（60%）	掌握不同楼板的类型及构造特点		12		
	熟悉楼地层的组成与构造		13		
	掌握地下室的组成及构造特点		15		
	了解地下室防潮防水的做法		20		

续表

考核内容			考核评分		
项目	内容	配分	得分	批注	
能力训练 （30%）	能使用 AutoCAD 或 SketchUp 软件绘制楼地层结构图	15			
	能使用 SketchUp 软件正确绘制地下室墙身防潮层的构造	15			
职业素养 （10%）	态度端正，上课认真，无旷课、迟到、早退现象	2			
	与小组成员之间能够做到相互尊重、团结协作、积极交流、成果共享	3			
	言谈举止文明得当，爱护环境，不乱丢垃圾，爱护公共设施	2			
	能够按时、按计划完成工作任务	3			
考核成绩		考评员签字：_____ 日期：_____年_____月_____日			

综合评价：

工作任务 B5　门窗与顶棚、阳台、雨篷构造认知

职业能力 B5-1　认知门窗构造

【核心概念】

- 隔热断桥：指在铝合金的空腔之中灌注隔热效能极高的 PU 树脂，中间置入隔热条，将铝型材的中间部分断开形成断桥，并添加三层中空玻璃，有效阻止热量的传导，热传导系数明显低于普通铝合金门窗，使冬季居室取暖与夏季空调制冷节能 40% 以上，从而达到隔热降耗的作用。

【学习目标】

- 掌握门、窗的分类、构造及特点。
- 能搜集不同材料的门窗样式。
- 树立以人为本的建筑设计理念。

基本知识：门窗的构造

B5-1-1　门的分类及特点

1. 按使用材料分类

门按使用材料的不同可分为木门、钢型门、不锈钢门、铝合金门、塑钢门、玻璃钢型门、无框玻璃门等。木门质量小、制作简单、保温隔热性好，但耐腐蚀性差，且耗费大量木材，因此常用于房屋的内门。钢型门采用型钢和钢板等焊接而成，它具有强度高、不易变形等优点，但耐腐蚀性差，多用于有防盗要求的门。不锈钢门和铝合金门采用不锈钢和铝合金型材作为门框及门扇边框，一般用玻璃作为门板，也可用不锈钢和铝板作为门板，它具有美观、光洁、耐久、无须油漆等优点，但价格较高，目前应用较多，一般在门洞口较大时使用。玻璃钢型门、无框玻璃门多用于公共建筑的出入口，美观大方，但成本较高，为安全起见，门扇外一般还要设置卷帘门等安全门。

2. 按开启方式分类

门按开启方式分为平开门、推拉门、弹簧门、旋转门、折叠门、卷帘门、翻板门等，如图 B-71 所示。

1）平开门分为内开和外开及单扇和双扇，其构造简单，开启灵活，密封性能好，制作和安装较方便，但开启时占用的空间较大。这类门在居住建筑及学校、医院、办公楼等公共建筑的内门中应用较多。

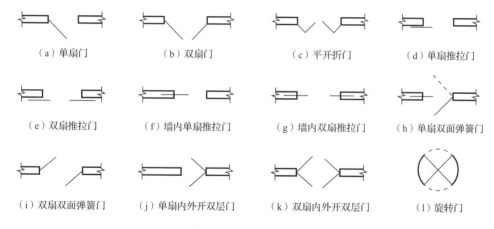

（a）单扇门	（b）双扇门	（c）平开折门	（d）单扇推拉门
（e）双扇推拉门	（f）墙内单扇推拉门	（g）墙内双扇推拉门	（h）单扇双面弹簧门
（i）双扇双面弹簧门	（j）单扇内外开双层门	（k）双扇内外开双层门	（l）旋转门

图 B-71　门的开启方式

2）推拉门分单扇和双扇，能左右推拉且不占空间，但密封性能较差，可手动或自动开启。自动推拉门多用于办公、商业等公共建筑，门的开启多采用光控。手动推拉门多用于房间的隔断和卫生间等处。

3）弹簧门多用于公共建筑人流多的出入口，开启后可自动关闭，密封性能差。

4）旋转门是由 4 扇门相互垂直组成十字形，绕中竖轴旋转的门。其密封性能及保温隔热性能较好，且卫生方便，多用于宾馆、饭店、公寓等大型公共建筑的正门。

5）折叠门多用于尺寸较大的洞口，开启后门扇相互折叠，占用空间较少。

6）卷帘门有手动和自动、正卷和反卷之分，开启时不占用空间。

7）翻板门外表平整，不占用空间，多用于仓库、车库等。

此外，按所在位置的不同门又可分为内门（在内墙上的门）和外门（在外墙上的门）。

B5-1-2　常见门的构造

1. 不锈钢玻璃门

不锈钢玻璃门门扇的制作，一般情况是用方管根据尺寸焊接成门框尺寸，加工外包不锈钢板折边成的外框槽，需要特殊机器加工。提前预埋成品拉手地弹簧后，将地弹簧连接件焊接到门窗后插入地弹簧，安装门扇玻璃后再安装不锈钢折边边框，如图 B-72 所示。

图 B-72　不锈钢玻璃门

2．平开木门

平开木门是建筑中最常用的一种门，如图 B-73 所示。它主要由门框、门扇、亮子、五金零件等组成，有些木门还设有贴脸板等附件。平开木门的构造如图 B-74 所示。

图 B-73　平开木门

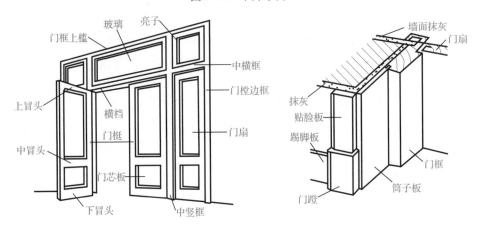

图 B-74　平开木门的构造

门框又称为门樘子，主要由上框、边框、中横框（有亮子时加设）、中竖框（3 扇及以上时加设）、门槛（一般不设）等榫接而成。不设门槛时，在门框下端应设临时固定拉条，待门框固定后取消。门框断面与窗框断面相类似，其截面尺寸和形状取决于开启方向、裁口的大小等。门框也有单裁口和双裁口之分，一般裁口深度为 10～12mm，单扇门门框断面为 60mm×90mm，双扇门门框断面为 60mm×100mm。平开木门门框断面的形状与尺寸如图 B-75 所示。

门框的安装方式有两种：一是立口，即先立门框后砌筑墙体，门上框两侧伸出长度为 120mm 的木砖（俗称羊角）压砌入墙内；二是塞口，为使门框与墙体有可靠的连接，砌墙时沿门洞两侧每隔 500～700mm 砌入一块防腐木砖，再用长钉将门框固定在墙内的防腐木砖上。防腐木砖每边一般为 2～3 块，最下方一块木砖应放在地坪以上 200mm 左右处。门框相对于外墙的位置可分为内平、居中和外平 3 种情况。平开木门门框的安装方式如图 B-76 所示。

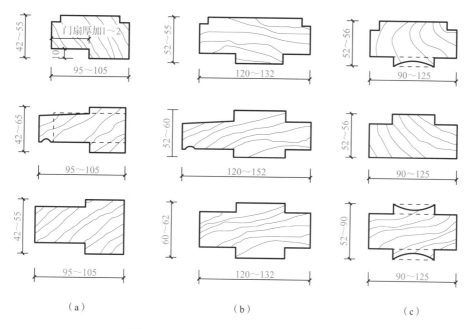

图 B-75　平开木门门框断面的形状与尺寸

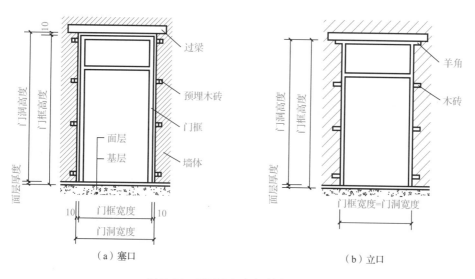

图 B-76　平开木门门框的安装方式

B5-1-3　窗的分类及特点

1. 按所使用材料分类

窗按所使用材料分为木窗、铝合金窗、塑钢窗等，如图 B-77 所示。

（1）木窗

木窗是用松、杉木等制作而成的，具有制作简单、经济、密封性能强、保温性能好等优点，但相对透光面积小、防火性能差、耗用木材、耐久性低、易变形、易损坏等。过去经常采用这类窗，目前随着门窗材料的增多，除了室内门窗，外部门窗较少使用木窗。

（a）木窗　　　　　　（b）铝合金窗　　　　　　（c）塑钢窗

图 B-77　窗的构造

（2）铝合金窗

铝合金窗是由铝合金型材拼接件装配而成的，具有轻质高强、美观、耐腐蚀、刚度大、变形小、坚固耐用、开启方便等优点。20 世纪 90 年代，随着铝合金的大量生产，各色铝合金（灰、黑、棕、茶色）在门窗制作上得到广泛应用，特别是外墙门窗，铝合金窗逐渐取代了木门窗、钢制门窗。

（3）塑钢窗

塑钢窗是由塑钢型材装配而成的，成本较高，但具有密闭性好、保温、隔热、隔声、表面光洁、便于开启等优点。塑钢窗与铝合金窗是目前应用较多的窗。

2. 按开启方式分

窗按开启方式可分为固定窗、平开窗、悬窗、立转窗、推拉窗等，如图 B-78 所示。

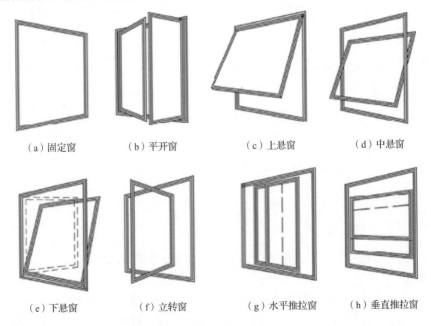

（a）固定窗　　　（b）平开窗　　　（c）上悬窗　　　（d）中悬窗

（e）下悬窗　　　（f）立转窗　　　（g）水平推拉窗　　　（h）垂直推拉窗

图 B-78　窗的开启方式

（1）固定窗

固定窗无须窗扇，玻璃直接镶嵌于窗框上，不能开启，不能通风。它通常用于沿街店面、外门的亮子和楼梯间等处，供采光、观察和围护所用。

（2）平开窗

平开窗有内开和外开两种，其构造比较简单，制作、安装、维修、开启都比较方便，通风面积比较大，但因为这类窗在外墙上外开时容易被风刮坏，内开时又占用室内空间，所以目前的应用范围越来越小。过去应用的木窗和钢窗多为这种开启形式。

（3）悬窗

悬窗根据水平旋转轴的位置不同分为上悬窗、中悬窗和下悬窗 3 种。为了避免雨水进入室内，上悬窗必须向外开启；中悬窗上半部向内开、下半部向外开，此种窗有利于通风，开启方便，多用于高窗和门亮子；下悬窗一般内开。

（4）立转窗

窗扇可以绕竖向轴转动，竖轴可设在窗扇中心，也可以略偏于窗扇一侧，通风效果较好。

（5）推拉窗

窗扇沿着导轨槽可以左右推拉，也可以上下推拉，这种窗不占用空间，但通风面积小，目前铝合金窗和塑钢窗大多采用这种开启方式。

B5-1-4　推拉式铝合金窗

铝合金窗的开启方式有多种，目前较多采用水平推拉式。

（1）推拉式铝合金窗的组成及构造

推拉式铝合金窗主要由窗框、窗扇和五金零件组成，如图 B-79 所示。

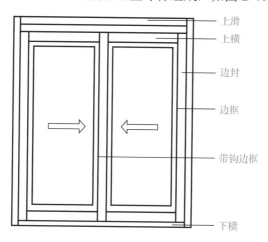

图 B-79　推拉式铝合金窗

推拉式铝合金窗的型材有 55 系列、60 系列、70 系列、90 系列等，其中 70 系列是目前被广泛使用的窗用型材，采用 90°开榫对合，螺钉连接成形。玻璃根据面积大小、隔声、保温、隔热等要求，可以选择 3～8mm 厚的普通平板玻璃、热反射玻璃、钢化玻璃、夹层玻璃或中空玻璃等。玻璃安装时采用橡胶压条或硅硐密封胶密封。窗框与窗扇的中梃和边梃相接处，设置塑料垫块或密封毛条，以使窗扇受力均匀，开关灵活。70 系列推拉式铝合金窗的构造如图 B-80 所示。

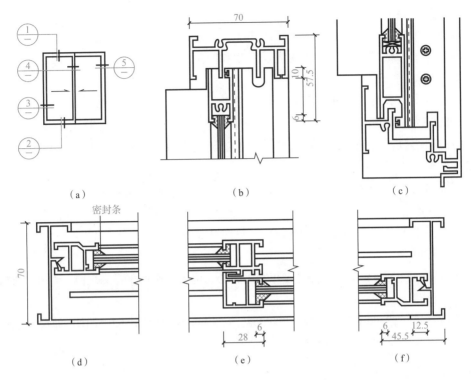

图 B-80　70 系列推拉式铝合金窗的构造

（2）推拉式铝合金窗框的安装

推拉式铝合金窗框的安装应采用塞口法，即在砌墙时，先留出比窗框四周大的洞口，墙体砌筑完成后将窗框嵌入。固定时，为防止墙体中的碱性对窗框的腐蚀，不能将窗框直接埋入墙体，一般可采用预埋件焊接、膨胀螺栓锚接或射钉等方式固定。但当墙体为砌体结构时，严禁使用射钉固定。

窗框与墙体连接时，每边不能少于两个固定点，且固定点的间距应在 700mm 以内。在基本风压大于或等于 0.7kPa 的地区，固定点的间距不能大于 500mm。边框两端部的固定点距两边缘不能大于 200mm。

窗框固定好后，窗外框与墙体之间的缝隙用弹性材料填嵌密实、饱满、确保无缝隙。填塞材料与方法应按设计要求，一般用与其材料相容的闭孔泡沫塑料、发泡聚苯乙烯、矿棉毡条或玻璃丝毡条等填塞嵌缝且不得填实，以避免变形破坏。外表留 5～8mm 深的槽口并使用密封膏密封，如图 B-81 所示。这种做法主要是为了防止窗框四周形成冷热交换区而产生结露，也有利于隔声、保温，同时还可以避免窗框与混凝土、水泥砂浆接触，消除墙体中的碱性对窗框的腐蚀。

B5-1-5　隔热断桥铝门窗

隔热断桥铝门窗是近些年来从国外引进的新技术，使用新型材料加工而成，具有隔热、降噪、防雨水、防冷凝、节能环保、减少热能损耗等优点，抗风压性、气密性、水密性好，现已被广泛采用。

隔热断桥铝门窗由断桥铝型材、五金件、中空玻璃、隐形纱窗、密封条等配件组成。夹层中空玻璃是在玻璃之间夹上坚韧的 PVB 胶膜，经高温高压加工制成，其安全性、抗震能力、隔声性、防紫外线等综合优点是其他玻璃不具备的，是真正意义上的安全玻璃，如图 B-82 所示。

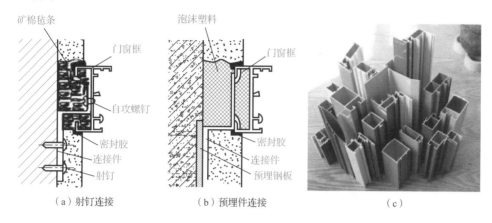

（a）射钉连接　　　（b）预埋件连接　　　（c）

图 B-81　推拉式铝合金窗的窗框及截面构造

图 B-82　隔热断桥铝门窗

能力训练：搜集不同材料的门窗样式_____

通过手机拍摄或上网搜集不同材料的门窗样式，不少于 3 种。

巩固提高_____

问题导向 1：木门窗的安装方法有先立口和_____两种。

问题导向 2：木门质量小，制作简单，保温隔热性好，但耐腐蚀性差，且耗费大量木材，因而常用于房屋的_____。

问题导向 3：门框的安装方式有两种，一是_____，即先立门框后砌筑墙体，门上框两侧伸出长度为 120mm 的木砖（俗称羊角）压砌入墙内。

问题导向 4：窗扇沿着导轨槽可以左右推拉，也可以上下推拉的是_____。

问题导向 5：推拉窗窗框与墙体连接时，每边不得小于_____。

A．1 个固定点　　　B．2 个固定点　　　C．3 个固定点　　　D．4 个固定点

问题导向 6：隔热断桥铝门窗夹层中空玻璃是在玻璃之间夹上坚韧的_____胶膜，经高温高压加工制成，其安全性、抗震能力、隔声性、防紫外线等综合优点是其他玻璃不具备的，是真正意义上的安全玻璃。

职业能力 B5-2　掌握顶棚、阳台、雨篷的类型及细部构造

【核心概念】

- 直接式顶棚：指直接在钢筋混凝土楼板、屋面板下表面喷刷涂料、抹灰裱糊、粘贴或钉结饰面材料的构造做法。
- 阳台：指供居住者进行室外活动、晾晒衣物等的空间。
- 雨篷：建筑入口处为遮挡雨雪、保护外门免受雨淋的构件。

【学习目标】

- 掌握顶棚、阳台、雨篷的类型及细部构造。
- 能使用 SketchUp 软件绘制钢筋混凝土雨篷构造图。
- 强化质量意识、安全意识、环保意识。

基本知识：顶棚、阳台、雨篷的类型及细部构造

微课：顶棚

B5-2-1　顶棚

顶棚是楼板层或屋顶下的装修层，是室内主要饰面之一。按其构造方式顶棚分为直接式顶棚和吊挂式顶棚两种。

1. 直接式顶棚

直接式顶棚是指直接在钢筋混凝土楼板、屋面板下表面喷刷涂料、抹灰裱糊、粘贴或钉结饰面材料的构造做法。直接式顶棚具有构造简单、施工方便的特点，多用于装饰要求不高的大量性民用建筑中，常有以下几种做法。

（1）直接喷刷涂料的顶棚

当板底面平整、室内装修要求不高时，可直接或稍加修补、刮平后在其表面喷刷涂料。

（2）抹灰顶棚

当板底面不够平整或室内装修要求较高时，可在板底先抹灰后再喷刷各种涂料。顶棚抹灰可采用水泥砂浆、混合砂浆、纸筋灰等，抹灰厚度一般控制在 10～15mm 之间，如图 B-83（a）所示。

（3）贴面顶棚

对于一些装修要求较高或有保温、隔热、吸声等要求的房间，要在板底粘贴壁纸、墙布或装饰吸声板，如矿棉板、石膏板等，如图 B-83（b）所示。

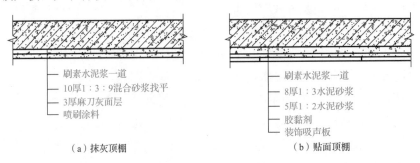

| （a）抹灰顶棚 | （b）贴面顶棚 |

（a）抹灰顶棚：刷素水泥浆一道／10厚1：3：9混合砂浆找平／3厚麻刀灰面层／喷刷涂料

（b）贴面顶棚：刷素水泥浆一道／8厚1：3水泥砂浆／5厚1：2水泥砂浆／胶黏剂／装饰吸声板

图 B-83　直接式顶棚构造

2. 吊挂式顶棚

吊挂式顶棚又称为悬挂式顶棚，简称吊顶，是指房屋屋顶或楼板结构下的顶棚。这种顶棚构造复杂、形式变化丰富、装饰效果好，主要应用于中、高档装饰标准的建筑物顶棚。

吊挂式顶棚一般由吊杆、骨架和面层 3 部分组成，如图 B-84 所示。

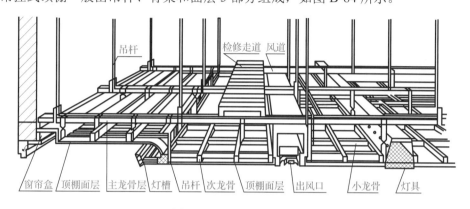

图 B-84 吊挂式顶棚构造

吊杆是连接骨架（吊顶基层）与承重结构层（楼板、屋面板、大梁等）的承重传力构件。骨架的作用是承受顶棚荷载并由吊筋传递给结构层，按材料可分为木骨架和金属骨架两类。从节约木材和提高建筑物耐火等级的角度考虑，应避免选用木龙骨，提倡使用轻钢龙骨、型钢龙骨和铝合金龙骨。面层的作用是装饰室内空间，同时起一些特殊的作用（如吸声、反射光、嵌入灯具等）。

B5-2-2 阳台

阳台是指供居住者进行室外活动、晾晒衣物等的空间。在居住建筑中较为常见，一般每套住宅应设阳台或平台。

微课：阳台

1. 阳台的类型

按阳台与建筑外墙的相对位置，阳台可分为凸阳台（挑阳台）、凹阳台、半凹半凸阳台，如图 B-85 所示。

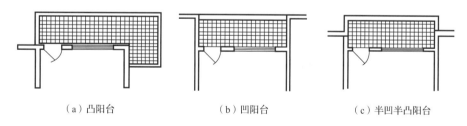

（a）凸阳台　　　　　（b）凹阳台　　　　　（c）半凹半凸阳台

图 B-85 阳台的类型

按阳台在建筑物外墙上所处的位置，阳台可分为中间阳台和转角阳台。

按阳台在建筑物中所起的作用，阳台可分为生活阳台（与宾馆的客房、住宅的卧室、起居室等相连，供人们纳凉、观景的阳台）和服务阳台（与住宅厨房、卫生间相连，供人们储存物品、晾晒衣物的阳台）。

2. 凸阳台的承重构件

凸阳台的承重构件目前大多采用现浇钢筋混凝土结构，其主要有挑板式、压梁式、挑梁式 3 种结构类型，如图 B-86 所示，多用于阳台形状特殊及抗震设防要求较高的地区。

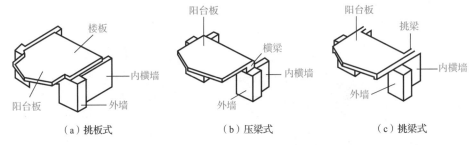

（a）挑板式　　　　　　　（b）压梁式　　　　　　　（c）挑梁式

图 B-86　现浇钢筋混凝土凸阳台

3. 阳台的细部构造

1）栏杆（栏板）与扶手。栏杆是指高度在人体胸部至腹部之间，用以保障人身安全或分隔空间用的防护分隔构件。其作用是承受人们倚扶的侧向推力，保障人身安全，同时对整个建筑物也起到装饰美化的作用，要求其坚固可靠、舒适美观。

栏杆应使用坚固耐久的材料制作，并能承受荷载规范规定的水平荷载。阳台栏杆设计应防止儿童攀登，栏杆的垂直净距不应大于 0.11m，放置花盆处必须采取防坠落措施。临空高度在 24m 以下时，阳台栏杆高度不应低于 1.05m，临空高度在 24m 及 24m 以上（包括中高层住宅）时，阳台栏杆高度最小不应低于 1.10m。封闭阳台栏杆也应满足阳台栏杆高度的要求。栏杆距楼面 0.10m 高度内不宜留空。中高层、高层住宅及寒冷、严寒地区住宅的阳台宜采用实心栏板。

栏杆一般由金属杆或混凝土杆制作，它应上与扶手、下与阳台板连接牢固。栏板有砖砌栏板、钢筋混凝土栏板和玻璃栏板等，为确保安全，需要在砌体内配置通长钢筋或现浇扶手，并加设钢筋混凝土构造小柱，如图 B-87（a）所示。现浇钢筋混凝土栏板应与阳台板浇筑在一起，如图 B-87（c）所示；预制钢筋混凝土栏板下端预埋铁件与阳台板顶埋铁件焊接，上端伸出钢筋与面梁和扶手连接，如图 B-87（d）所示。玻璃栏板具有一定的通透性和装饰性，现已大量应用于住宅建筑的阳台。

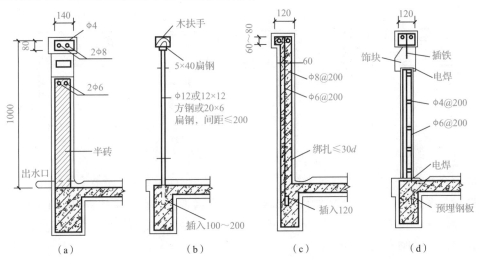

（a）　　　　　　　（b）　　　　　　　（c）　　　　　　　（d）

图 B-87　阳台栏杆与栏板的构造

2）阳台隔板。阳台隔板用于连接双阳台，有砖砌和钢筋混凝土隔板两种。由于砖砌隔板整体性较差，对抗震不利，所以现在多采用钢筋混凝土隔板，现浇一般采用设计院图纸设计结构。

3）阳台排水。为排除阳台上的雨水和积水，保证阳台排水通畅，防止雨水倒灌入室内，阳台必须采取一定的排水措施。一般阳台地面宜低于室内地面 20～50mm，并设置 0.5%～1% 的排水坡度坡向排水口。阳台排水有外排水和内排水两种方式。

外排水适用于低层和多层建筑，具体做法是在阳台外侧设置泄水管将水排出。泄水管可采用直径为 40～50mm 的镀锌钢管或塑料管，外挑长度不小于 80mm，以防止排水溅到下层阳台，如图 B-88（a）所示。内排水适用于高层建筑和高标准建筑，具体做法是在阳台内侧设置排水立管和地漏，将雨水或积水直接排入地下管网，保证建筑立面美观，如图 B-88（b）所示。

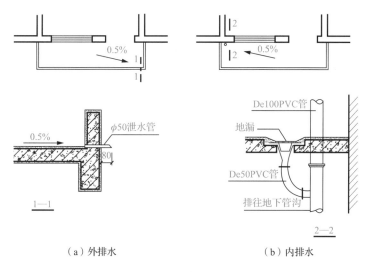

（a）外排水　　　　　　　　　（b）内排水

图 B-88　阳台排水构造

B5-2-3　雨篷

雨篷是建筑入口处为遮挡雨雪、保护外门免受雨淋的构件。建筑入口处的雨篷还具有标识引导的作用，同时也代表着建筑物本身的规模、空间文化的理性精神，主入口处雨篷的设计和施工尤为重要。当前建筑的雨篷形式多样，按材料和结构的不同可分为钢筋混凝土雨篷、钢结构悬挑雨篷、玻璃采光雨篷和软面折叠多用雨篷等。

1. 钢筋混凝土雨篷

挑出长度较大的雨篷由梁、板、柱组成，其构造与楼板相同。挑出长度较小的雨篷与凸阳台一样做成悬臂构件，一般由雨篷梁和雨篷板组成，如图 B-89 所示。雨篷梁为雨篷板的支撑，可兼作门过梁，高度一般不小于 300mm，宽度同墙厚。雨篷板的悬挑长度一般为 900～1500mm，宽度不小于 500mm。

雨篷在构造上应解决两个问题：一是抗倾覆，保证使用安全；二是板面要有利于排水。通常沿板边砌砖或现浇混凝土形成向上的翻口，高度不小于 60mm，并留出排水口。板面应用防水水泥砂浆抹面，并向排水口做出 1% 的坡度。防水砂浆抹面应顺墙面向上至少250mm 形成泛水。

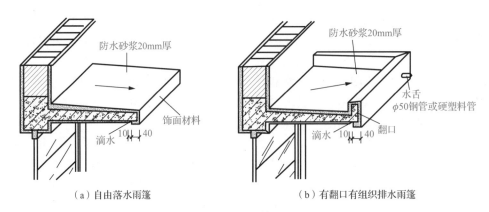

（a）自由落水雨篷　　　　　　　　（b）有翻口有组织排水雨篷

图 B-89　钢筋混凝土雨篷构造

2. 钢结构悬挑雨篷

钢结构悬挑雨篷由支撑系统、骨架系统和板面系统 3 部分组成。这种雨篷具有结构与造型简练、轻巧，施工便捷、灵活的特点，同时富有现代感，在现代建筑中使用越来越广泛。

3. 玻璃采光雨篷

玻璃采光雨篷是用阳光板、钢化玻璃作为雨篷面板的新型透光雨篷。其特点是结构轻巧、造型美观、透明新颖、富有现代感，也是现代建筑中被广泛使用的一种雨篷。

能力训练：绘制钢筋混凝土雨篷构造图

使用 AutoCAD 或 SketchUp 软件绘制钢筋混凝土雨篷构造图，如图 B-90 所示。

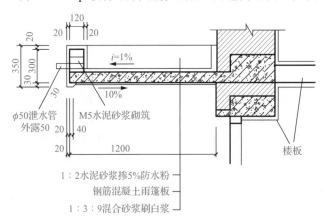

图 B-90　钢筋混凝土雨篷构造图

巩固提高

问题导向 1：顶棚层位于楼板的最下表面，也是室内空间上部的装饰层，俗称_____。顶棚主要起保温、隔声、装饰室内空间的作用。

问题导向 2：在图 B-91 中写出吊挂式顶棚的各部件名称。①_____；②_____；③_____；④_____；⑤_____。

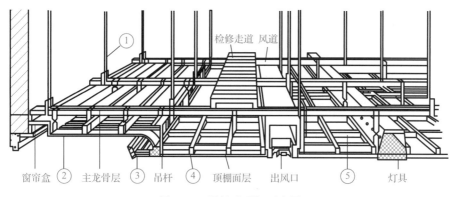

图 B-91　吊挂式顶棚示意图

　　问题导向 3：阳台栏杆设计应防止儿童攀登，栏杆的垂直净距不应大于_____mm，放置花盆处必须采取防坠落措施。

　　问题导向 4：阳台栏杆高度最小不应低于_____m。

　　问题导向 5：一般阳台地面宜低于室内地面_____mm，并设置 0.5%～1%的排水坡度坡向排水口。

　　问题导向 6：阳台外侧设置泄水管将水排出。泄水管可采用直径为_____mm 的镀锌钢管或塑料管，外挑长度不小于_____mm，以防止排水溅到下层阳台。

　　问题导向 7：建筑的雨篷形式多样，按材料和结构可分为_____混凝土雨篷、钢结构悬挑雨篷、玻璃采光雨篷和软面折叠多用雨篷等。

　　问题导向 8：雨篷梁为雨篷板的支撑，可兼作门过梁，高度一般不小于_____mm，宽度同墙厚。雨篷板的悬挑长度一般为_____mm，宽度不小于500mm。

　　问题导向 9：钢结构悬挑雨篷由支撑系统、_____系统和板面系统 3 部分组成。

考核评价

　　本工作任务的考核评价如表 B-8 所示。

表 B-8　考核评价

考核内容		考核评分		
项目	内容	配分	得分	批注
理论知识（60%）	掌握门、窗的分类、构造及特点	30		
	熟悉顶棚、阳台、雨篷的类型及细部构造	30		
能力训练（30%）	能搜集不同材料的门窗样式	15		
	能使用 SketchUp 软件绘制钢筋混凝土雨篷构造图	15		
职业素养（10%）	态度端正，上课认真，无旷课、迟到、早退现象	2		
	与小组成员之间能够做到相互尊重、团结协作、积极交流、成果共享	3		
	言谈举止文明得当，爱护环境，不乱丢垃圾，爱护公共设施	2		
	能够按时、按计划完成工作任务	3		
考核成绩		考评员签字：_____ 日期：____年____月____日		

综合评价：

学习笔记

工作领域

框架结构建筑构造认知

【内容导读】

本工作领域根据现行国家行业建筑设计及施工标准规范要求，结合建筑工程设计与施工的实际需要，对框架结构建筑的基本特征、基础类型、主要承重结构（梁、板、柱等）及非承重墙体（填充墙）的构造进行介绍。通过本工作领域的学习，可以为框架结构建筑施工、建筑装饰装修施工设计打下坚实的基础。图 C-1 所示为框架结构建筑。

图 C-1　框架结构建筑 1

【学习目标】

通过本工作领域的学习，要达成以下学习目标。

知识目标	能力目标	职业素养目标
1）能阐述框架结构建筑的组成与特点。 2）正确了解框架结构建筑的基础类型。 3）熟悉框架结构建筑的主要承重结构——梁、板、柱。 4）准确把握框架结构建筑的非承重墙体——填充墙构造。 5）熟悉楼梯的类型和构造。 6）熟悉屋顶的构造及排水方式	1）能进行建筑物的识别与选型，解决不同建筑物的结构选型问题。 2）能根据建筑物的规模大小及使用功能确定建筑的结构。 3）能使用绘图软件绘制框架结构构件的三维图	1）熟悉我国耕地保护政策，坚定道路自信、理论自信、制度自信、文化自信。 2）树立安全意识、规范意识、质量意识，自觉践行行业规范。 3）提升建筑美学素养和建筑艺术鉴赏能力。 4）养成良好的行为习惯和严谨细致的工作作风
对接 1+X 建筑工程识图职业技能等级证书（初级、中级、高级）的知识要求和技能要求		

工作任务 C1　框架结构及基础类型认知

职业能力 C1-1　识别框架结构建筑

【核心概念】

- 框架结构：由梁和柱以钢筋相连接而成，构成承重体系的结构，即由梁和柱组成框架共同抵抗使用过程中出现的水平荷载和竖向荷载。

【学习目标】

- 掌握框架结构建筑的识别方法。
- 熟悉框架结构的构造特征和框架结构建筑的组成。
- 能使用 SketchUp 软件绘制平板式筏形基础。
- 熟悉我国耕地保护政策，坚定道路自信、理论自信、制度自信、文化自信。

基本知识：框架结构建筑的识别、优点和组成＿＿＿＿＿＿＿＿＿＿＿＿＿＿＿＿＿＿＿＿＿

C1-1-1　框架结构建筑的识别和优点

1. 框架结构建筑的识别

现在我国建造的楼房多数为框架结构建筑或框架剪力墙结构建筑，原因在于：该类建筑能保证楼房的稳固性、安全性；不再使用黏土砖作为承重结构，节省了土地资源，牢牢守住国家 18 亿亩（1 亩 $\approx 666.7\mathrm{m}^2$）耕地红线；施工方便，能极大地提高施工效率。

现浇框架结构建筑指基础、梁、板、柱和楼顶屋面板均采取混凝土现浇，而且梁、板、柱形成统一的整体，框架结构建筑如图 C-1 所示。

2. 框架结构建筑的优点

框架结构建筑的主要优点有以下几个方面。

1）空间分隔灵活，自重轻，节省材料。

2）可以较灵活地配合建筑平面布置，有利于安排需要较大空间的建筑结构。

3）框架结构建筑的梁、柱构件易于标准化、定型化，便于采用装配整体式结构，以缩短施工工期。

4）采用现浇混凝土框架时，结构的整体性、刚度、抗震效果较好，而且可以将梁或柱浇筑成各种需要的截面形状。

3. 框架结构的受力特征

对于钢筋混凝土框架，当高度大、层数相对较多时，不但结构底部各层柱的轴力很大，而且梁和柱由水平荷载所产生的弯矩和整体的侧移也会显著增加，从而导致截面尺寸和配筋增大。

框架结构建筑的承重以柱、梁、板组成的空间结构体系作为承重骨架。建筑上部的荷载通过楼板→次梁→主梁→框架柱→基础→地基的受力系统传力。

框架结构中的承重构件主要为梁、板、柱，墙体不承重，称为填充墙，起到维护和分隔空间的作用。填充墙可以使用灰砂砖，也可以使用加气混凝土砌块砌筑，当填充墙过长时，需要添加构造柱，以保证墙体的安全性。

4. 框架结构的适用范围

混凝土框架结构的应用面广，如住宅、办公楼、学校、厂房、写字楼、酒店等不同建筑。框架钢结构常用于大跨度的公共建筑、多层工业厂房和一些特殊用途的建筑物中，如体育馆、火车站、展览厅、停车场、轻工业车间、造船厂、飞机库等。

C1-1-2　框架结构建筑的组成

框架结构是指由梁和柱以钢筋相连而成，构成承重体系的结构，即由梁和柱组成框架共同抵抗使用过程中出现的水平荷载和竖向载荷，框架结构的房屋墙体不承重，仅起到围护和分隔的作用，如图 C-2 所示。

图 C-2　框架结构建筑 2

能力训练：使用 SketchUp 软件绘制平板式筏形基础

使用 SketchUp 软件绘制平板式筏形基础，如图 C-3 所示。

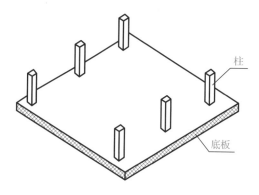

图 C-3 平板式筏形基础

操作步骤如下。

1）参照图示，绘制筏形基础的底板。

2）在底板上绘制 6 根截面尺寸相等的柱子。

巩固提高

问题导向 1：采用_____混凝土框架时，结构的整体性、刚度、抗震效果较好，可以把梁或柱浇筑成各种需要的截面形状。

问题导向 2：对于钢筋混凝土框架，当高度大、层数相对较多时，在材料消耗和造价方面也趋于不合理，故一般适用于建造不超过_____层的房屋。

问题导向 3：_____框架结构常用于大跨度的公共建筑、多层工业厂房和一些特殊用途的建筑物中。

问题导向 4：框架结构建筑的承重以柱、梁、板组成的空间结构体系作为_____骨架。

问题导向 5：框架结构中的承重构件主要为梁、板、柱，墙体不承重，称为_____墙，起到维护和分隔空间的作用。

问题导向 6：填充墙可以使用灰砂砖，也可以使用加气混凝土砌块砌筑，当填充墙过长时，需要添加_____柱，以保证墙体的安全性。

问题导向 7：框架结构由梁和柱以钢筋相连接而成，构成承重体系的结构，即由梁和柱组成框架共同抵抗使用过程中出现的水平荷载和竖向荷载。_____（填"对"或"错"）

问题导向 8：框架结构建筑上部的荷载通过楼板→次梁→主梁→框架柱→基础→地基的受力系统传力。_____（填"对"或"错"）

职业能力 **C1-2** **了解框架结构的基础类型**

【核心概念】

- 独立基础：建筑物上部结构采用框架结构或单层排架结构承重时，基础常采用方形和多边形等形式的独立式基础，这类基础称为独立基础，也称为单独基础。

- 筏形基础：指当建筑物上部荷载较大而地基承载能力又比较弱时，使用简单的独立基础或条形基础已不能适应地基变形的需要，一般将墙或柱下基础连成一片，使整个建筑物的荷载承受在一整块板上，这种满堂式的板式基础称为筏形基础。

【学习目标】

- 掌握框架结构基础的分类方法。
- 熟悉各种基础的构造特点、适用范围。
- 能使用 SketchU 软件绘制各种独立基础。
- 强化安全第一、质量至上的理念，自觉践行行业规范。

基本知识：框架结构基础的常见分类方法_____

框架结构建筑基础可以是独立基础，也可以是柱下条形基础、井格基础、平板式筏形基础、梁板式筏形基础、箱形基础、桩基础等。

C1-2-1   独立基础

独立基础是框架结构建筑中的一种典型基础，主要分为以下 3 种：阶形基础、锥形基础、杯形基础。

当柱为现浇时，独立基础与柱子是整浇在一起的；当柱子为预制时，通常将基础做成杯口形，然后将柱子插入，并用细石混凝土嵌固，此时称为杯形基础，如图 C-4 所示。

动画：独立基础

动画：独立基础制作

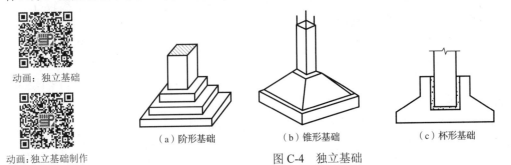

（a）阶形基础　　　（b）锥形基础　　　（c）杯形基础

图 C-4   独立基础

C1-2-2   柱下条形基础

基础为连续的长条形状时称为条形基础。条形基础一般用于墙下，也可用于柱下。当建筑采用柱承重结构，在荷载较大且地基较软弱时，为了提高建筑物的整体性，防止出现不均匀沉降，可将柱下基础沿一个方向连续设置成条形基础，如图 C-5 所示。

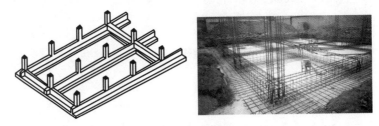

图 C-5   柱下条形基础

C1-2-3   井格基础

当地基条件较差或上部荷载较大时，为了提高建筑物的整体刚度，避免不均匀沉降，常将柱下独立基础用作基础梁，沿纵向和横向连接起来，形成井格基础，这是一种特殊的柱下条形基础，如图 C-6 所示。

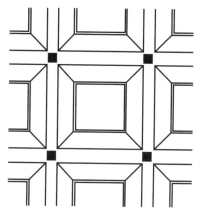

动画：井格基础

图 C-6　井格基础

C1-2-4　筏形基础

筏形基础按结构形式分为平板式筏形基础和梁板式筏形基础两种，如图 C-7 所示。一般根据地基情况、上部结构体系、柱距、荷载大小及施工条件等来确定使用哪种筏形基础。

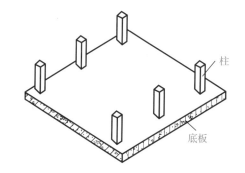

柱

底板

（a）平板式筏形基础

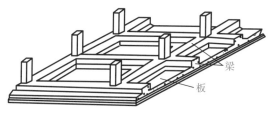

梁

板

动画：梁氏筏板

（b）梁板式筏形基础

图 C-7　筏形基础

C1-2-5　桩基础

当建筑物荷载较大，地基软弱土层的厚度在 5m 以上，基础不能埋在软弱土层内，或对软弱土层进行人工处理较困难时，常采用桩基础，如图 C-8 和图 C-9 所示。桩基础由桩身和承台组成，桩身伸入土中，承受上部荷载，承台用来连接上部结构和桩身。

桩基础的类型很多，按照桩身的受力特点，分为摩擦桩和端承桩。上部荷载如果主要依靠桩身与周围土层的摩擦阻力来承受，则这种桩基础称为摩擦桩；上部荷载如果主要依靠下面坚硬土层对桩端的支承来承受，则这种桩基础称为端承桩。

图 C-8　桩基础的实物图

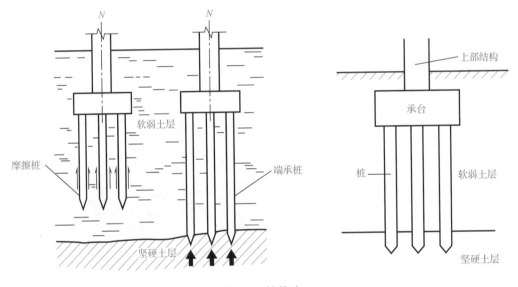

图 C-9　桩基础

　　桩基础按材料不同，可分为木桩、钢筋混凝土桩和钢桩等；按断面形式不同，可分为圆形桩、方形桩、环形桩、六角形桩和工字形桩等；按桩入土方法的不同，可分为打入桩、振入桩、压入桩和灌注桩等。

　　采用桩基础可以减少挖填土方的工程量，改善工人的劳动强度，缩短工期，节省材料。因此，桩基础的应用较为广泛。

C1-2-6　箱形基础

　　当建筑物荷载很大或浅层地质情况较差时，为了提高建筑物的整体刚度和稳定性，基础必须深埋。将常用钢筋混凝土顶板、底板、外墙和一定数量的内墙组成的刚度很大的盒状基础，称为箱形基础，如图 C-10 所示。

　　箱形基础具有刚度大、整体性好、内部空间可用作地下室的特点。由于设计要求高、施工难度大、功能受限，箱形基础一般用于地下人防工程或地下停车场等。

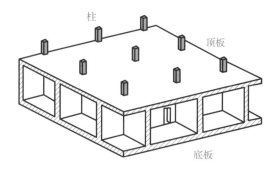

图 C-10 箱形基础

能力训练：使用 SketchUp 软件绘制独立基础

虚拟仿真实训——使用 SketchUp 软件绘制如图 C-11 所示的独立基础。

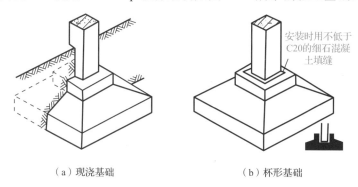

（a）现浇基础　　　　　　　　（b）杯形基础

图 C-11 独立基础

操作步骤如下。

1）设置绘图环境。绘制独立基础的底面，自定义尺寸，如 1600mm×1600mm、2000mm×2000mm。

2）以阶梯独立基础为例，确定基础底座尺寸为 1600mm×1600mm，使用矩形工具绘制正方形并设置拉伸高度尺寸为 150mm。

3）使用偏移复制工具向里收缩 200mm，并设置拉伸高度尺寸为 150mm，以此类推，画出第三层梯阶平台。

4）使用偏移复制工具向里收缩 200mm，并设置拉伸柱子高度尺寸为 600mm。此时，阶梯式独立基础绘制完成。

其他基础的绘制请参照图例和上述步骤进行绘制，这里不再赘述。

巩固提高

问题导向 1：建筑物上部结构采用框架结构或单层排架结构承重时，基础常采用方形和多边形等形式的独立式基础，这类基础称为_____基础。

问题导向 2：将墙或柱下基础连成一片，使整个建筑物的荷载承受在一整块板上，这种满堂式的板式基础称_____基础。

问题导向 3：框架结构建筑基础可以是独立基础，也可以是柱下条形基础、_____

基础、平板式筏形基础、_____式筏形基础、箱形基础、CFG、桩基础等。

问题导向 4：当柱为现浇时，独立基础与柱子是整浇在一起的；当柱子为预制时，通常将基础做成杯口形，然后将柱子插入，并用细石混凝土嵌固，此时称为_____基础。

问题导向 5：为了提高建筑物的整体性，防止出现不均匀沉降，可将柱下基础沿一个方向连续设置成_____基础。

问题导向 6：当建筑物荷载较大，地基软弱土层的厚度在 5m 以上，基础不能埋在软弱土层内，或对软弱土层进行人工处理较困难时，常采用_____基础。

问题导向 7：桩基础的类型很多，按照桩身的受力特点，分为摩擦桩和_____桩。

问题导向 8：柱基础按桩入土方法的不同，分为打入桩、振入桩、压入桩和_____桩等。

问题导向 9：_____基础具有刚度大、整体性好、内部空间可用作地下室的特点。

问题导向 10：一般独立基础需埋入地下_____mm 以下，基础圈梁顶面与室内地坪齐平。

问题导向 11：写出以下基础的名称，并进行虚拟仿真实训——使用 SketchUp 软件绘制如图 C-12 所示基础中的任意一种。

（a）_____基础　　（b）_____基础　　（c）_____基础

（d）_____基础　　（e）_____基础

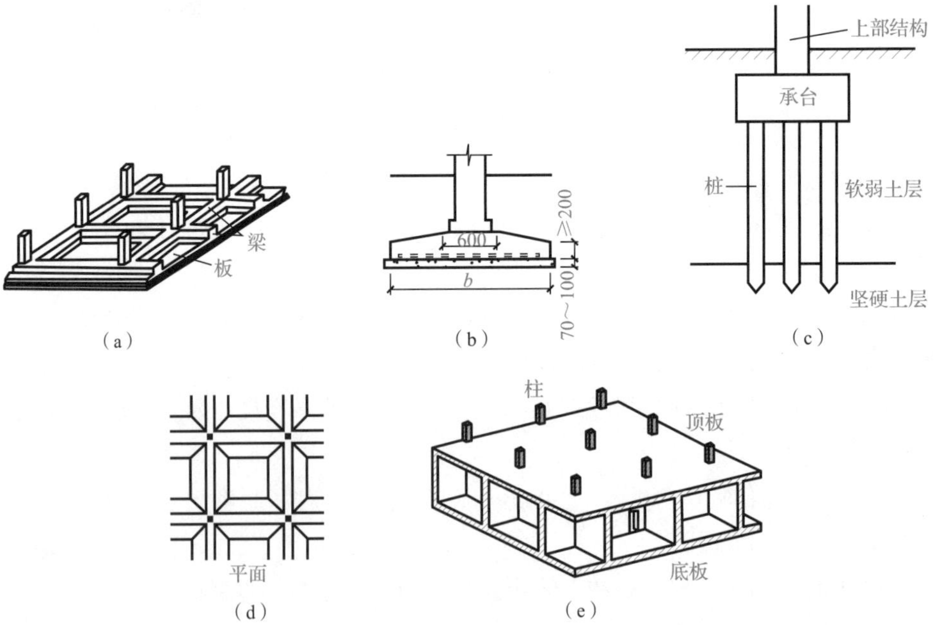

图 C-12　基础类型

考核评价

本工作任务的考核评价如表 C-1 所示。

表 C-1　考核评价

考核内容			考核评分		
项目	内容		配分	得分	批注
理论知识（50%）	掌握框架结构建筑的识别方法及其组成		25		
	掌握框架结构建筑基础类型的分类、特点及不同基础适用范围		25		
能力训练（40%）	能使用 SketchUp 软件绘制平板式筏形基础		20		
	能使用 SketchUp 软件绘制各种独立基础		20		
职业素养（10%）	态度端正，上课认真，无旷课、迟到、早退现象		2		
	与小组成员之间能够做到相互尊重、团结协作、积极交流、成果共享		3		
	言谈举止文明得当，爱护环境，不乱丢垃圾，爱护公共设施		2		
	能够按时、按计划完成工作任务		3		
考核成绩		考评员签字：_____ 日期：_____年_____月_____日			

综合评价：

工作任务 C2 承重结构——框架梁、框架柱、楼板认知

【核心概念】

- 框架梁：指两端与框架柱相连的梁或两端与剪力墙相连但跨高比不小于 5 的梁。
- 框架柱：框架结构中主要的垂直承力构件，能够承受梁和板的荷载，并将荷载传递至基础，是主要的受力结构。

【学习目标】

- 掌握框架梁、柱的分类、特点及钢筋构造要求。
- 了解框架梁、柱的构造，正确识读梁、柱的钢筋配置信息。
- 能使用 SketchUp 软件绘制框架梁。
- 树立规范意识，自觉践行行业规范。

基本知识：框架梁、框架柱的识别_____

框架结构建筑的承重主要由梁、板、柱（即框架梁、楼板、框架柱）完成，如图 C-13 所示。

图 C-13　框架梁、楼板、框架柱

对于现浇框架结构房屋来说，一般楼层屋面板和梁的结构标高采用相同设置，这样构造较简单。梁的高度包含板厚，即为板面（梁顶）标高减去梁底标高；理论上板可以设置在梁高范围内的任何高度位置上，卫生间、厨房、阳台等为避免积水倒灌房间可适当降低板面标高，使其与一般房间的板面形成一定的高差。

传力系统：楼体上部的重量通过楼板、框架梁、框架柱等传递到基础及地基。

框架结构建筑的主体完成后需要做内外墙的抹灰处理和装饰，内墙抹灰做装修的预处理。外墙除了抹灰，还需要做一遍防水处理，然后根据需要选择外部装饰的类型，选择干

挂石材、玻璃幕墙、贴面砖、刷涂料等处理手法，如图 C-14 所示。

图 C-14　框架结构建筑的外墙面处理

C2-1-1　框架梁

框架梁是指两端与框架柱相连的梁或两端与剪力墙相连但跨高比不小于 5 的梁，如图 C-15 所示。

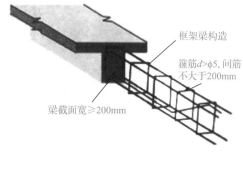

框架梁构造

箍筋$d>\phi5$，间筋不大于200mm

梁截面宽≥200mm

图 C-15　框架结构建筑中的框架梁

框架结构中的梁称为框架梁，框架结构中的柱称为框架柱，框架结构由框架梁和框架柱组成。

框架梁按照所处位置可分为屋面框架梁、楼层框架梁、地下框架梁。它是两端和柱子连接而形成的一种梁，在整个结构当中，框架梁起到抗震的效果。框架梁结构部件名称的图纸代号如表 C-2 所示。

表 C-2　框架梁结构部件名称的图纸代号

名称	图纸代号	名称	图纸代号	名称	图纸代号
屋面框架梁	WKL	悬臂梁	XL	连梁	LL
楼层框架梁	KL	井字梁	JZL	非框架梁（次梁）	L
地下框架梁	DKL	地梁	DL	框架柱	KZ

屋面框架梁：指框架结构屋面最高处的框架梁，图纸代号为 WKL。

楼层框架梁：指各楼面的框架梁，图纸代号为 KL。

地下框架梁：指设置在基础顶面以上且低于建筑标高正负零，即室内地面以下以框架柱为支座的梁，图纸代号为 DKL。

其他的梁如下。

悬臂梁（XL）：不是两端都有支承的，一端埋在或浇筑在支承物上，另一端伸出、挑出支承物的梁，一般为钢筋混凝土材质，如阳台伸出支承部分。

井字梁（JZL）：井字梁就是不分主次、高度相当的梁，同位相交，呈井字形，如图 C-16（a）所示。这种梁一般用在楼板是正方形或长宽比小于 1.5 的矩形楼板上，大厅比较多见，梁间距为 3m 左右。由同一平面内相互正交或斜交的梁所组成的结构构件，又称为交叉梁或格形梁。

次梁（L）：在主梁的上部，主要起传递楼板荷载的作用。

地梁（DL）：地梁一般用于框架结构和框-剪结构中，框架柱落在地梁或地梁的交叉处。其主要作用是支承上部结构，并将上部结构的荷载传递到基础和地基上。

C2-1-2　框架柱

框架柱就是在框架结构中承受梁和板传来的荷载，并将荷载传给基础，是主要的竖向支承结构，如图 C-16（b）所示。

（a）　　　　　　　　　　　（b）

图 C-16　框架结构建筑中的框架柱

框架柱是框架梁的支座，框架柱下面可以是筏形基础，也可以是独立基础。

这种框架形式的承载力优于砌体墙，可以获得较大面积的空间，平面布置及墙体、次梁等结构形式设计更灵活。

能力训练：使用 SketchUp 软件绘制框架梁_____

使用 SketchUp 软件绘制如图 C-17 所示的框架梁。

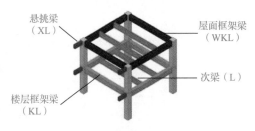

悬挑梁（XL）　　　　　　　屋面框架梁（WKL）

次梁（L）

楼层框架梁（KL）

图 C-17　框架结构建筑中的框架梁

巩固提高

问题导向 1：框架梁按照所处位置，可分为＿＿＿＿＿、＿＿＿＿＿、＿＿＿＿＿。

问题导向 2：设置在基础顶面以上且低于建筑标高正负零，以框架柱为支座的梁称为＿＿＿＿＿。

职业能力　C2-2　认知现浇钢筋混凝土楼板

【核心概念】

- 楼板：承担面荷载、水平分割房屋空间的结构构件。
- 现浇钢筋混凝土楼板：在现场支模、绑扎钢筋、浇筑混凝土经养护而成的楼板。

【学习目标】

- 掌握楼板的分类、特点及钢筋构造要求。
- 了解现浇钢筋混凝土楼板的施工做法。
- 能使用 SketchUp 软件绘制建筑梁、板、柱框架。
- 树立质量意识，自觉践行行业规范。

基本知识：现浇钢筋混凝土楼板的分类与施工做法

C2-2-1　现浇钢筋混凝土楼板的分类

现浇钢筋混凝土楼板具有成形自由、整体性和防水性好的优点，但模板用量大、工序多、工期长、工人劳动强度大，且受施工季节气候的影响较大，如图 C-18 所示。

图 C-18　框架结构建筑中的现浇钢筋混凝土楼板

现浇钢筋混凝土楼板适用于有抗震设防要求的多层房屋和对整体性要求较高的建筑，以及有管道穿越的房间、平面形状不规则的房间、尺度不符合模数要求的房间及防水要求较高房间的楼板。根据受力和传力情况的不同，现浇钢筋混凝土楼板分为板式楼板、梁板式楼板、无梁楼板和压型钢板组合楼板等几种形式。

1. 板式楼板

板内不设梁，板直接搁置在四周墙或梁上，这种楼板称为板式楼板，板式楼板有单向板与双向板之分。这种板所占建筑空间小、顶棚平整、施工简单，但板跨较小，一般为 2～

3m，多用于跨度较小的房间，如厨房、卫生间、走廊等。

2. 梁板式楼板

由板、次梁、主梁组成的楼板称为梁板式楼板，又称为肋梁楼板。板支承在次梁上，次梁支承在主梁上，主梁支承在墙或柱上，如图 C-19 所示。

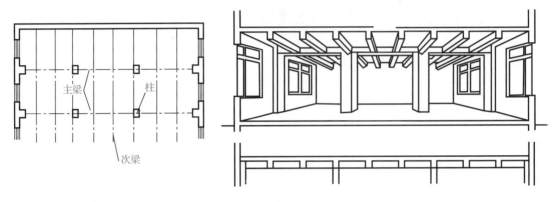

图 C-19　钢筋混凝土梁板式楼板

梁板式楼板的主梁应沿房间的短跨布置，次梁应与主梁垂直布置，梁应避免搁置在门窗洞口上。主梁、次梁、楼板的经济尺寸如表 C-3 所示。

表 C-3　梁板式楼板的主梁、次梁、楼板的经济尺寸　　　　　　　（单位：m）

构件	跨度 L/m	截面高度 h	截面宽度 b
主梁	5~8	$(1/14\sim1/8)L$	$(1/3\sim1/2)h$
次梁	4~7	$(1/18\sim1/12)L$	$(1/3\sim1/2)h$
楼板	1.5~3	$(1/40\sim1/30)L$	—

当房间的尺寸较大，形状近似方形时，常沿两个方向交叉布置等距离、等截面梁，从而形成井格式的梁板结构，称为井式楼板，如图 C-20 所示。这种楼板结构无主次梁之分，中间不设柱子，常用于跨度在 10m 左右、长短边之比小于 1.5 的形状近似方形的门厅、大厅、会议室、餐厅、歌舞厅、小型礼堂等处，有很好的艺术效果。

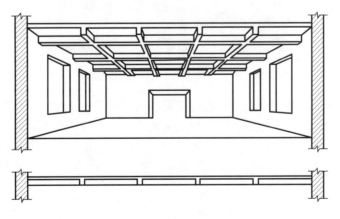

图 C-20　井式楼板

3. 无梁楼板

在框架结构中,将板直接支承在柱上,且不设梁的楼板称为无梁楼板,如图 C-21 所示。无梁楼板一般在柱顶设柱帽以增大柱子的支承面积,减小板的跨度。柱帽一般分为锥形柱帽、折线形柱帽、带托板柱帽。柱应尽量布置成方形或矩形网格,柱距不大于 6m,板厚不宜小于 150mm,板四周应设圈梁。

无梁楼板的顶棚平整,室内净空高度大,采光通风效果好,便于施工,适用于商场、大型餐厅、书库、仓库等楼层或荷载较大的建筑。

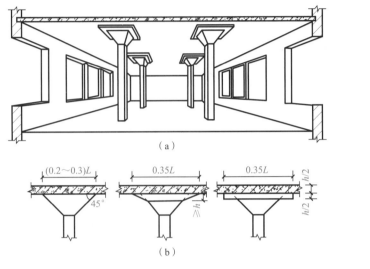

动画:无梁楼板

图 C-21 无梁楼板

4. 压型钢板组合楼板

利用凹凸相间的压型薄钢板作衬板,与混凝土浇筑在一起,搁置在钢梁上构成的整体式楼板,称为压型钢板组合楼板,也称为压型钢衬板组合楼板,如图 C-22 所示。这种楼板主要由楼面层、组合板(包括现浇混凝土和钢衬板)和钢梁 3 部分组成,其强度高,刚度大,耐久性好。压型钢板起到现浇混凝土的永久性模板和受拉钢筋的双重作用,简化了施工程序,加快了施工进度。此外,还可以利用压型钢板筋间的空间敷设电力管线或通风管道,从而充分利用楼板结构。

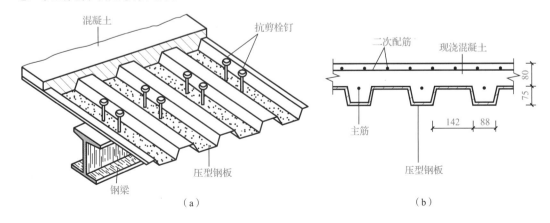

图 C-22 压型钢板组合楼板

C2-2-2　现浇钢筋混凝土楼板的施工做法

现浇钢筋混凝土楼板的施工工艺流程：放线→模板制作安装→插筋钢筋制作绑扎→浇灌混凝土→混凝土振捣→混凝土养护→拆除模板→竣工清理。钢筋混凝土楼板的浇筑施工如图 C-23 所示。

图 C-23　钢筋混凝土楼板的浇筑施工

能力训练：使用 SketchUp 软件绘制建筑梁板柱框架

虚拟仿真实训——使用 SketchUp 软件绘制建筑梁板柱框架，如图 C-24 所示。

图 C-24　梁板柱框架

操作步骤如下。

1）参照图中实例绘制地面，自己定义尺寸。

2）确定柱子尺寸，并定义柱间距，确定横纵向轴间距后，即可确定柱子的位置。

3）根据楼层高度及层高，拉伸柱子的高度。

4）确定二层楼板高度，画出平面并拉伸楼板的厚度，其他楼层的楼板照此进行复制即可。

巩固提高

问题导向 1：_____是承担面荷载、水平分隔房屋空间的结构构件。

问题导向 2：现浇钢筋混凝土楼板根据受力和传力情况的不同，可分为板式楼板、_____楼板、无梁和_____组合楼板等。

考核评价

本工作任务的考核评价如表 C-4 所示。

表 C-4　考核评价

考核内容		考核评分		
项目	内容	配分	得分	批注
理论知识（50%）	掌握框架梁、柱的分类、特点及钢筋构造要求；了解框架柱的构造，正确识读柱的钢筋配置信息	25		
	掌握楼板的分类、特点及钢筋构造要求；了解现浇钢筋混凝土楼板的施工做法	25		
能力训练（40%）	能使用 SketchUp 软件绘制框架梁	20		
	能使用 SketchUp 软件绘制建筑梁、板、柱框架	20		
职业素养（10%）	态度端正，上课认真，无旷课、迟到、早退现象	2		
	与小组成员之间能够做到相互尊重、团结协作、积极交流、成果共享	3		
	言谈举止文明得当，爱护环境，不乱丢垃圾，爱护公共设施	2		
	能够按时、按计划完成工作任务	3		
考核成绩		考评员签字：_____ 日期：_____年_____月_____日		

综合评价：

工作任务 C3　熟知框架结构建筑的非承重墙体

职业能力 C3-1　认知填充墙、构造柱、玻璃幕墙

【核心概念】

- 填充墙：填充墙是框架结构的墙体，起到围护和分隔作用，由梁柱承重，填充墙不承重，多数为加砌块、空心砖、轻质墙等。
- 构造柱：为了增强建筑物的整体性和稳定性，将其与各层圈梁或框架梁相连接，是房屋抗震加固的一种有效措施。

【学习目标】

- 能准确理解各种非承重墙体的作用。
- 掌握填充墙、幕墙、玻璃幕墙的类型、构造要求及组成。
- 能使用 SketchUp 软件绘制填充墙。
- 提升建筑美学素养和建筑艺术鉴赏能力。

基本知识：填充墙、构造柱、玻璃幕墙

C3-1-1　填充墙

1. 填充墙的作用

填充墙是框架结构的墙体，填充墙不承重，但起到围护和分隔的作用。

2. 填充墙砌块的分类

填充墙砌块有烧结空心砖、蒸压加气混凝土砌块、轻骨料混凝土小型空心砌块等。蒸压加气混凝土砌块、轻骨料混凝土小型空心砌块不应与其他块体混砌，不同强度等级的同类块体也不得混砌。

3. 填充墙的构造

门窗洞口处因需要安装门窗，在其两侧填充墙的上、中、下部可采用其他块体局部嵌砌，如图 C-25（a）所示；凡是填充墙较长的都需要增加构造柱，如图 C-25（b）所示。对与框架柱、梁不脱开的填充墙，填充墙顶部与梁之间的缝隙可斜向填塞其他块体，如图 C-25（c）所示。

（a）窗户洞口添加红砖砌块

（b）带马牙槎的加气混凝土砌块填充墙

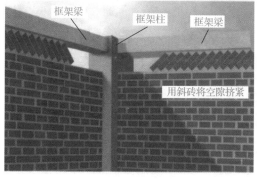
（c）砌体顶部与梁底交接处示意图

（d）加气混凝土砌块填充墙

图 C-25 填充墙构造

C3-1-2 构造柱

框架结构建筑中的构造柱主要起到拉结填充墙墙体的作用，当墙长超过 5m（墙厚不大于 120mm 时为 4m）而无中间横墙或立柱拉结时，应在墙长中间部位设置混凝土构造柱，如图 C-26 所示。

图 C-26 构造柱的位置

构造柱的设置部位在外墙四角、错层部位横墙与外纵墙交接处、较大洞口两侧、大房间内外墙交接处等。此外，房屋的层数不同、地震烈度不同，构造柱的设置要求也不同。构造柱的最小截面尺寸为 240mm×180mm，竖向钢筋多用 4Φ12，箍筋间距不大于 250mm，随烈度和层数的增加建筑四角的构造柱可适当加大截面和钢筋等级。构造柱与其相邻的纵横墙及马牙槎相连接并沿墙高每隔 500mm 设置 2φ6 拉结筋，钢筋伸入墙内的长度，6 度、7 度时宜沿墙全长贯通，8 度、9 度时应全长贯通。一般施工时先砌砖墙后浇筑混凝土柱，这样能增加横墙的结合，可以把砌体的抗剪承载能力提高 10%～30%，提高的幅度虽然不高，但能明显约束墙体开裂，限制裂缝出现。构造柱与圈梁的共同工作，可以把砖砌体分割包围，当砌体开裂时能迫使裂缝在所包围的范围之内，而不至于进一步扩展。

C3-1-3 玻璃幕墙

建筑幕墙是以装饰板材为基准面，以内部框架体系为支承，通过一定的连接件和紧固件结合而成的一种新形式的建筑物外墙，从外看形似挂幕，故称为幕墙，如图 C-27 所示。

图 C-27 玻璃幕墙

1. 幕墙的材料

（1）幕墙面材

幕墙面板多使用玻璃、金属和石材等材料，这些材料可单一使用，也可混合使用。幕墙用的玻璃面材必须是安全玻璃，如钢化玻璃、夹层玻璃或使用上述玻璃组成中空玻璃等。还有一些有特殊功能的新型玻璃，如偏光玻璃、热致变色玻璃、光致变色玻璃、电致变色玻璃等，如图 C-28 所示。

幕墙所使用的金属面板多为铝合金和钢材。铝合金可做成单层的、复合型的及蜂窝铝板几种，表面可用氟碳树脂涂料进行防腐处理。钢材可使用高耐候性材料，或者在表面进行镀锌、烤漆等处理。

幕墙石材一般使用花岗石等，其质地均匀且耐腐蚀性和抗风化能力强。为减轻自重，也可以选用与蜂窝状材料符合的石材。

图 C-28　杭州西湖广场某建筑的玻璃幕墙

（2）幕墙用连接材料

幕墙通常会通过金属杆件系统、拉索及小型连接件与主体结构相连接，同时为了满足防水及适应变形等功能的要求，还会用到许多胶黏和密封材料。

① 金属连接材料。用作连接杆件及拉索的金属连接材料有铝合金、钢和不锈钢。

② 胶黏和密封材料。幕墙使用的胶黏和密封材料有硅酮结构胶和硅酮耐候胶。前者用于幕墙玻璃与铝合金杆件系统的连接固定，后者则通常用来嵌缝，作用是提高幕墙的气密性和水密性。为了防止材料之间因接触而发生化学反应，胶黏和密封材料与幕墙其他材料之间必须先进行相容性的试验，经检验合格后方能配套使用。

2. 玻璃幕墙的类型及构造

（1）玻璃幕墙的类型

玻璃幕墙以其构造方式分为有框和无框两类。在有框玻璃幕墙中，又有显框和隐框两种。显框玻璃幕墙也称为明框玻璃幕墙，其金属框暴露在室外；隐框玻璃幕墙的金属框隐蔽在玻璃的背面，室外看不见金属框。隐框玻璃幕墙又可分为全隐框玻璃幕墙和半隐框玻璃幕墙两种，半隐框玻璃幕墙可以是横明竖隐，也可以是竖明横隐。无框玻璃幕墙则不设边框，以高强黏结胶将玻璃连接成整片墙，即全玻幕墙。近年来又出现了一种支点式连接安装的无框玻璃幕墙。无框幕墙具有透明、轻盈、空间渗透强等优点，因此受到许多建筑师的钟爱，有着广泛的应用前景。

玻璃幕墙按施工方法分为现场组装（分件式幕墙）和预制装配（单元式幕墙）两种。有框玻璃幕墙可现场组装，也可预制装配，无框玻璃幕墙则只能现场组装。

玻璃幕墙的构造分为有框式玻璃幕墙构造、支点式玻璃幕墙构造和全玻式玻璃幕墙构造。

（2）有框式玻璃幕墙的构造

1）外墙板的布置方式。外墙板可以布置在框架外侧或框架之间，也可以安装在附加墙架上，如图 C-29 所示。轻型墙板通常需安装在附加墙架上，以使外墙具有足够的刚度，保证在风力和地震力的作用下不会变形。

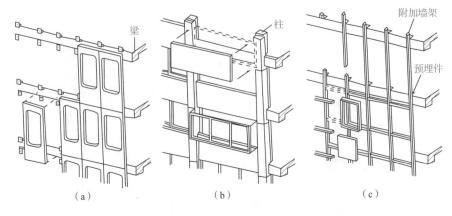

图 C-29　外墙板的布置方式

2）外墙板与框架的连接。如图 C-30 所示，外墙板可以使用上挂或下承两种方式支承于框架柱、梁或楼板上。根据不同的板材类型和板材的布置方式，可采取焊接法、螺栓连接法、插筋锚固法等将外墙板固定在框架上。

图 C-30　幕墙框架与梁的连接

无论采用何种方法，均应注意以下构造要点。

① 外墙板与框架连接时应安全可靠。

② 不要出现"冷桥"现象，防止产生结露。

③ 构造简单，施工方便。

（3）支点式玻璃幕墙的构造

支点式玻璃幕墙和有框式玻璃幕墙不同，有框式玻璃幕墙面板与框格之间为条状的连接。支点式玻璃幕墙采用在面板上穿孔的方法，如图 C-31 所示。这种方法多用于需要大片通透效果的玻璃幕墙上，每片玻璃通常开孔 4～6 个。金属爪可以安装在连接杆件上，也可以安装在具有柔韧性的钢索上。一切连接构件与主体结构之间均为铰接，玻璃之间留出不小于 10mm 的缝来打胶。这样在使用过程中有可能产生的变形应力就可以消耗在各层次的柔性节点上，而不至于导致玻璃本身的破坏。

（4）全玻式玻璃幕墙的构造

这种玻璃幕墙在视线范围内不出现铝合金框料，它为观赏者提供了宽广的视域，并加强了室内外空间的交融，受到广大建筑师的喜爱，在国内外都得到了广泛的应用，如图 C-32 所示。

图 C-31 支点式玻璃幕墙的构造 　　　　图 C-32 全玻式玻璃幕墙的构造

　　为增强玻璃刚度，每隔一定距离使用条形玻璃板作为加强肋板，玻璃板加强肋垂直于玻璃幕墙表面设置。因其设置的位置如同板的肋一样，又称为肋玻璃，形成幕墙的玻璃称为面玻璃。面玻璃和肋玻璃有多种相交方式。面玻璃与肋玻璃相交部位宜留出一定的间隙，用硅酮系列密封胶注满，间隙尺寸根据玻璃的厚度而略有不同。

能力训练：绘制一个完整的填充墙

　　参照图 C-33，使用 SketchUp 软件绘制一个完整的填充墙。

（a）加气混凝土砌块填充墙　　　　　　　（b）混合式填充墙（加气混凝土砌块+红砖）

图 C-33 填充墙实例

巩固提高

　　问题导向 1：框架结构的墙体是_____，它不承重，但起到围护和分隔作用。

　　问题导向 2：填充墙砌块有烧结空心砖、_____混凝土砌块、轻骨料混凝土小型空心砌块等。

　　问题导向 3：凡是填充墙较长的都需要增加_____。

　　问题导向 4：构造柱的最小截面尺寸为 240mm×180mm，竖向钢筋多用 4Φ12，箍筋间距不大于_____mm。

　　问题导向 5：建筑幕墙是以装饰板材为基准面，以内部_____体系为支承，通过一定的连接件和紧固件结合而成的一种新形式的建筑物外墙。

问题导向 6：幕墙用的玻璃面材必须是_____玻璃。

问题导向 7：幕墙铝合金可做成单层的、复合型的及蜂窝铝板几种，表面可用_____树脂涂料进行防腐处理。

问题导向 8：幕墙使用的胶粘和密封材料有硅酮_____胶和硅酮耐候胶。

问题导向 9：玻璃幕墙以其构造方式分为有框和无框两类。在有框玻璃幕墙中，又有_____和隐框两种。

问题导向 10：玻璃幕墙分为有框式玻璃幕墙、_____式玻璃幕墙、全玻式玻璃幕墙。

考核评价

本工作任务的考核评价如表 C-5 所示。

表 C-5　考核评价

考核内容			考核评分		
项目	内容	配分	得分	批注	
理论知识 （50%）	理解各种非承重墙的作用	25			
	掌握填充墙、幕墙、玻璃幕墙的类型、构造要求及组成	25			
能力训练 （40%）	能使用 SketchUp 软件绘制填充墙	40			
职业素养 （10%）	态度端正，上课认真，无迟到、早退、旷课现象	2			
	与小组成员之间能够做到相互尊重、团结协作、积极交流、成果共享	3			
	言谈举止文明得当，爱护环境，不乱丢垃圾，爱护公共设施	2			
	能够按时、按计划完成工作任务	3			
考核成绩		考评员签字：_____ 日期：_____年_____月_____日			

综合评价：

工作任务 C4　剪力墙结构认知

【核心概念】

- 剪力墙结构：用钢筋混凝土墙板来代替框架结构中的梁柱，用以承担各类荷载引起的内力，并能够有效控制建筑结构的水平力，这种用钢筋混凝土墙板来承受竖向和水平力的结构称为剪力墙结构。
- 剪力墙：指利用建筑外墙和内墙隔墙位置布置的钢筋混凝土结构墙，竖向荷载在墙体内主要产生向下的压力，侧向力在墙体中产生水平剪力和弯矩，因为这类墙体具有较大的承受水平力（水平剪力）的能力，所以称为剪力墙。

【学习目标】

- 掌握剪力墙结构建筑的组成及构造特点。
- 理解剪力墙、框架-剪力墙、框支-剪力墙的承重方式。
- 能使用 SketchUp 软件绘制剪力墙的三维结构效果图。
- 养成良好的学习习惯和行为习惯。

基本知识：剪力墙的认知_____

C4-1-1　剪力墙基础

剪力墙又称抗风墙、抗震墙或结构墙，是房屋或构筑物中主要承担风荷载或地震作用引起的水平荷载和竖向荷载的墙体，防止结构因受剪而遭到破坏。其一般使用钢筋混凝土制作而成。这种结构在高层建筑中被大量使用，如图 C-34 所示。

图 C-34　某小区住宅框架——剪力墙结构建筑

剪力墙一般分为平面剪力墙和筒体剪力墙。

在抗震结构设计中，框剪结构建筑中的剪力墙是第一道防线，框架是第二道防线。

当整个建筑达到一定的高度后，框架结构无法满足抗震和侧面风荷载的稳定支承要求，应该改为框架-剪力墙结构，如图 C-35 所示。

（a）剪力墙结构大厦　　　（b）施工中的剪力墙结构高层住宅

图 C-35　剪力墙结构建筑

当剪力墙墙体处于建筑物中的合适位置时，它们能形成一种有效抵抗水平作用的结构体系，同时又能起到对空间的分割作用。剪力墙的高度一般与整个房屋的高度相等，自基础直至屋顶，高达几十米或一百多米，其宽度则视建筑平面的布置而定，一般为几米到十几米。剪力墙的厚度很薄，一般仅为 200～300mm，最小可达 160mm。因此，剪力墙在其墙身平面内的抗侧移刚度很大，而其墙身平面外的刚度却很小，一般可以忽略不计。所以，建筑物上大部分的水平作用或水平剪力通常被分配到结构墙上，这也是剪力墙名称的由来。

C4-1-2　剪力墙结构建筑的特点

剪力墙结构建筑具有以下特点。

1）剪力墙的主要作用是承担竖向荷载重力，抵抗风、地震等的水平荷载。

2）剪力墙结构中的墙与楼板组成受力体系，缺点是剪力墙不能拆除或破坏，不利于形成大空间，住户对室内布局的改造空间较小。

3）短肢剪力墙结构的应用越来越广泛，它采用宽度（肢厚比）较小的剪力墙，住户可以在一定范围内改造室内布局，增加了灵活性。

4）剪力在楼体下部最大。

5）纯剪力墙结构工程造价高，施工难度大，耗钢量较大。

总的来说，剪力墙的主要优点是增加建筑对水平剪力的承载能力。具体地说，剪力墙可以使整个建筑在水平横向上更加有韧性，而地震的主要影响就是对建筑结构的横向毁坏。其缺点是空间划分不灵活。

C4-1-3　剪力墙结构的常见种类

剪力墙结构的常见种类主要有以下几种。

1. 剪力墙结构

剪力墙其实就是现浇钢筋混凝土墙，主要承受水平地震荷载，这样的水平荷载对墙、柱产生一种水平剪切力，剪力墙结构由纵横方向的墙体组成抗侧向力体系，它的刚度很大，空间整体性好，房间内不外露梁、柱棱角，便于室内布置，方便使用，如图 C-36 所示。剪力墙结构有较好的抗震性能，其不足之处是结构自重大，预应力剪力墙结构通常可以做到大空间住宅布局，剪力墙结构形式是高层住宅采用最广泛的一种结构形式。房间的分隔墙和预应力厨房、卫生间分隔墙可采用预制的轻质隔墙来分隔空间，此种方式为装修改造带来了较大的方便，也深受广大住户的欢迎。

图 C-36　剪力墙结构

2. 框支-剪力墙结构

框支-剪力墙是指在框架剪力墙结构（在转换层的位置）上部布置剪力墙体系，部分剪力墙不落地，如图 C-37 所示。一般多用于下部要求大开间，上部住宅、酒店且房间内不能出现柱角的综合高层房屋中。框支-剪力墙结构的抗震性能差、造价高，应尽量避免使用。但它能满足现代建筑不同功能组合的需要，有时结构设计又不可避免此种结构形式，对此应采取措施积极改善其抗震性能，尽可能减少材料消耗以降低工程造价。

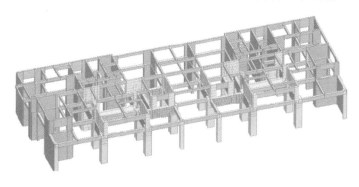

图 C-37　框支-剪力墙结构

3. 框架-剪力墙结构

框架-剪力墙结构简称为框剪结构。它是框架结构和剪力墙结构两种体系的结合，吸取了两者的长处，既能为建筑平面布置提供较大的使用空间，又具有良好的抗侧力性能。框剪结构中的剪力墙可以单独设置，也可以利用电梯井、楼梯间、管道井等墙体来设置。因此，这种结构已被广泛地应用于各类房屋建筑，如图 C-38 所示。

框架-剪力墙结构房屋集成了框架结构和剪力墙结构的优点，空间布置灵活，抗震性能好。

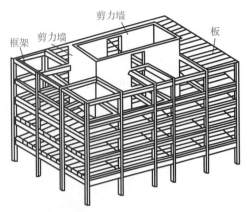

图 C-38　框架剪力墙结构

能力训练：绘制剪力墙的三维结构效果图_____

　　根据提供的剪力墙结构平面图和三维图，绘制剪力墙三维结构效果图，如图 C-39 所示。

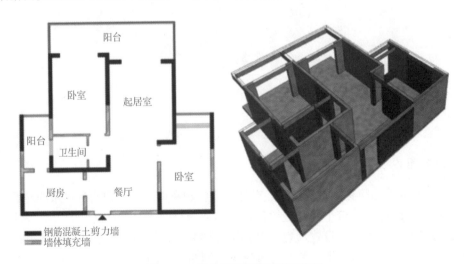

图 C-39　剪力墙的平面图和三维图

操作步骤如下。

1）使用 AutoCAD 软件绘制 CAD 平面图，并将图导入 SketchUp 软件中。也可以直接在 SketchUp 软件中导入图片描图绘制平面图。

2）在 SketchUp 软件中根据剪力墙位置拉伸墙体为 3000mm，并添加混凝土材质。

3）制作红砖填充墙。

4）完成一层的剪力墙绘制。

5）绘制楼板，拉伸厚度为 120mm。

6）选中所有模型，使用移动工具并按住 Ctrl 键进行复制，在右下角的文本框中输入"X20"，然后按 Enter 键，向上复制 20 个（楼层）。

7）完成 21 层剪力墙的主体工程，达到"万丈高楼平地起"的效果。

巩固提高_____

问题导向 1：_____结构是用钢筋混凝土墙板来代替框架结构中的梁柱，来承担各类荷载引起的内力，并能有效控制结构的水平力。

问题导向 2：剪力墙一般分为平面剪力墙和_____剪力墙。

问题导向 3：_____墙的高度一般与整个房屋的高度相等，自基础直至屋顶，高达几十米或一百多米。

问题导向 4：_____剪力墙结构通常可以做到大空间住宅布局，剪力墙结构形式是高层住宅采用最为广泛的一种结构形式。

问题导向 5：框支-剪力墙结构的抗震性能差、造价高，应尽量避免使用。_____（填"对"或"错"）

问题导向 6：剪力墙可以使整个建筑在水平横向上更加有韧性，而地震的主要影响就是对建筑结构的_____毁坏。

问题导向 7：剪力墙结构有较好的_____性能，其不足之处是结构自重大。

问题导向 8：使用钢筋混凝土墙板来承受竖向和水平力的结构称为剪力墙结构。这种结构在高层房屋中被大量运用。_____（填"对"或"错"）

问题导向 9：当剪力墙墙体处于建筑物中合适的位置时，它们能形成一种有效抵抗水平作用的结构体系，同时又能起到对空间的分隔作用。_____（填"对"或"错"）

问题导向 10：剪力墙结构中的墙与楼板组成受力体系，缺点是剪力墙不能拆除或破坏，不利于形成大空间，住户对室内布局改造空间较小。_____（填"对"或"错"）

职业能力 C4-2　了解剪力墙结构基础及承重方式

【核心概念】

- 地下连续墙：利用各种挖槽机械，借助于泥浆的护壁作用，在地下挖出窄而深的沟槽，清槽后，在槽内吊放钢筋笼，然后用导管法灌筑水下的混凝土筑成一个单元槽段，如此逐段进行，地下筑成一道连续的钢筋混凝土墙壁，进而形成一道具有防渗、防水、挡土和承重功能的连续的地下墙体。

【学习目标】

- 掌握剪力墙结构基础的分类、特点及钢筋构造要求。
- 掌握剪力墙基础的承重方式及特点。
- 能使用 SketchUp 绘制框架-剪力墙的三维结构效果图。
- 养成严谨细致、一丝不苟的工作作风。

基本知识：剪力墙结构基础的认知

C4-2-1　剪力墙基础

框架-剪力墙结构建筑多为高层住宅、写字楼等，住宅地下部分 1～2 层多为储藏室、车库和车位，写字楼地下部分 1～2 层多为停车场。车位和停车场为框架柱网分布，垂直电梯部分一般为剪力墙结构。框架-剪力墙结构建筑的基础与框架结构建筑的基础基本一样。

常用的浅基础有单独基础、条形基础、筏形基础、箱形基础和壳体基础等；常用的深基础有桩基础、地下连续墙等。单独基础、条形基础、筏形基础、箱形基础、桩基础已在前面做了介绍。

1. 地下连续墙

地下连续墙可以作为主体结构的一部分，也可以作为基坑围护结构使用。目前，地下连续墙更多地用于高地下水位的软土场地的基坑围护。按施工方法不同，地下连续墙分为桩排式［图 C-40（a）］、槽段式［图 C-40（b）］和预制拼装式［图 C-40（c）］，常用的是槽段式地下连续墙。

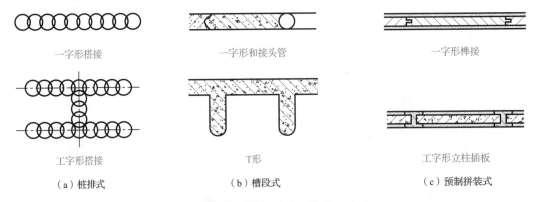

一字形搭接　　　　　一字形和接头管　　　　　一字形榫接

工字形搭接　　　　　T形　　　　　工字形立柱插板

（a）桩排式　　　　　（b）槽段式　　　　　（c）预制拼装式

图 C-40　地下连续墙的平面形式

地下连续墙须根据使用功能进行设计，以满足防渗、支护及承重的要求。在做支护结构时，要计算土压力和水压力，必要时应选择土层锚杆或内支承等稳定措施。

地下连续墙有以下几个优点。

1）具有多种功能，如防渗、承重、挡土、防爆等。

2）结构刚度大，用于基坑支护时变形小，无须设置井点降水，有效保护了邻近建筑物。

3）无噪声，无振动，特别适宜在城市内与密集的建筑群中施工。

4）浇筑混凝土无须支模和养护，成本低。

5）施工机械化，速度快。

地下连续墙有以下几个缺点。

1）施工工序多，技术要求高。

2）有些土层槽壁易坍塌，墙体厚薄不均或质量达不到要求。

3）泥浆的污染。

2. 筏板基础

剪力墙结构下为筏板基础，如图 C-41 所示。

图 C-41　筏板基础

C4-2-2　剪力墙、框剪-剪力墙、框支-剪力墙的承重方式

1. 剪力墙建筑的承重方式——剪力墙承重

剪力墙结构用钢筋混凝土墙板来代替框架结构中的梁柱，能承担各类荷载引起的内力，并能有效地控制结构的水平力。钢筋混凝土墙板能承受竖向和水平力，它的刚度很大，空间整体性好，房间内不外露梁、柱棱角，便于室内布置，方便使用。剪力墙结构形式是高层住宅采用最为广泛的一种结构形式。

随着时代经济的发展，建筑用地越来越少，高层建筑越来越受到青睐。单纯的框架结构无法满足高层建筑对受力的要求。当楼层很高时，底层柱子的受力会非常大，相应的底层柱子的截面也会非常大，从而影响底层空间的布局。这样一方面会浪费材料，另一方面是柱子截面大，构件面积随之增大，使用空间就会减小。

在这种背景下，剪力墙结构形式得到了很大的发展。用很薄的剪力墙代替很粗的柱子受力，就可以解决高层建筑的柱子受力截面大且占用建筑内部空间的问题，如图 C-42 所示。

图 C-42　剪力墙施工

剪力墙的墙体同时也作为房屋分隔构件。剪力墙主要用在高层建筑结构，如 12～30 层的住宅和酒店建筑中。

剪力墙的主要优点是增加建筑对水平剪力的承载能力。具体来说，剪力墙就是使整个建筑在水平横向上更加有韧性，而地震的主要影响就是对建筑结构的横向毁坏。其缺点是空间划分不灵活。

2. 框架-剪力墙结构的承重方式——框架与剪力墙承重

框架-剪力墙结构是指在框架结构中设置适当的剪力墙的结构。它具有框架结构平面的布置灵活、有较大空间的优点，又具有侧向刚度较大的优点。在框架-剪力墙结构中，剪力墙主要承受水平荷载，竖向荷载由框架承担。该结构一般适用于 10～20 层的建筑，如图 C-43 所示。

图 C-43　剪力墙承重

3. 框支-剪力墙结构

框支-剪力墙结构建筑中部件的名称、图纸代号如表 C-6 所示。

表 C-6　部件的名称、图纸代号

名称	图纸代号	名称	图纸代号
框支梁	KZL	连梁	LL
边框梁	BKL	过梁	GL
框支柱	KZZ	地梁	DL
悬臂梁	XL	平台梁	PTL

1）框支梁。框剪结构中的上部为剪力墙结构，下部的框架梁和框架柱一般称为框支梁和框支柱。因为建筑功能要求，下部大空间，上部的竖向构件不能直接连续贯通落地，需通过水平转换结构与下部的竖向构件连接。当布置的转换梁支承上部的剪力墙时，转换梁称为框支梁。

框架梁出现在框架结构和框剪结构中，框支梁出现在框支-剪力墙结构中。

2）边框梁。框架梁伸入剪力墙区域时就变成边框梁。

3）框支柱。因为建筑功能要求，下部大空间，上部的竖向构件不能直接连续贯通落地，而通过水平转换结构与下部的竖向构件连接。支承框支梁的柱子称为框支柱。

4）悬臂梁。悬臂梁的一端为不产生轴向、垂直位移和转动的固定支座，另一端为自由端（可以产生平行于轴向和垂直于轴向的力）。

5）连梁。连梁是指两端与剪力墙相连且跨高比小于 5 的梁。连梁一般具有跨度小、截面大，与连梁相连的墙体刚度大等特点。一般在风荷载和地震荷载的作用下，连梁的内力往往很大。

6）过梁。当墙体上开设门窗洞口时，为了支承洞口上部砌体所传来的各种荷载，并将这些荷载传递给窗间墙，常在门窗洞口上设置横梁，该梁称为过梁。

7）地梁。地梁一般指梁板式筏形基础和柱下条形基础中的梁，该梁的最大弯矩在上部跨中及下部支座处，纵向钢筋的接头应尽量避免在内力较大的地方，选择在内力较小的部位，宜采用机械连接和搭接，不应采用现场电弧焊接。

8）平台梁。平台梁是指通常在楼梯段与平台相连处设置的梁，以支承上、下楼梯和平台板传来的荷载。

C4-2-3　墙体的外部装饰

剪力墙结构的外墙装饰一般使用玻璃幕墙或干挂瓷砖、大理石、花岗石，部分使用涂料，如图 C-44 所示。

图 C-44　外墙瓷砖+涂料

能力训练：绘制框架-剪力墙的三维结构效果图_____

根据提供的平面图，如图 C-45 所示，绘制框架-剪力墙的三维结构效果图。

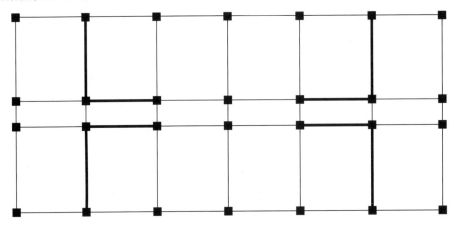

图 C-45　框架-剪力墙平面图

操作步骤如下。

1）使用 CAD 软件绘制建筑平面图，或将图导入 SketchUp 软件中。也可以直接在 SketchUp 软件中导入图片描图绘制平面图。

2）在 SketchUp 软件中根据剪力墙的位置拉伸墙体为 3000mm，并添加混凝土材质。

3）完成一层的框架柱、剪力墙绘制。

4）绘制楼板，拉伸厚度为 120mm。

5）选中所有模型，使用移动工具并按住 Ctrl 键进行复制，在右下角的文本框中输入"X20"，然后按 Enter 键，向上复制 20 个（楼层）。

6）完成 21 层框架-剪力墙的主体工程，达到"万丈高楼平地起"的效果。

巩固提高_____

问题导向 1：地下_____墙可以作为主体结构的一部分，也可以作为基坑围护结构使用。

问题导向 2：地下连续墙分为桩排式、_____式和预制拼装式。

问题导向 3：框支梁的代表符号是_____。

问题导向 4：剪力墙结构的外墙装饰一般使用幕墙或干挂瓷砖、大理石、花岗岩，部分使用涂料。_____（填"对"或"错"）

▮ 考核评价

本工作任务的考核评价如表 C-7 所示。

表 C-7　考核评价

考核内容		考核评分		
项目	内容	配分	得分	批注
理论知识（50%）	掌握剪力墙及剪力墙基础的基本定义、组成、特点，理解不同剪力墙的承重方式	25		
	掌握剪力墙结构基础的分类、特点及结构要求	25		
能力训练（40%）	能使用 SketchUp 软件绘制剪力墙的三维结构效果图	20		
	能使用 SketchUp 绘制框架-剪力墙的三维结构效果图	20		
职业素养（10%）	态度端正，上课认真，无旷课、迟到、早退现象	2		
	与小组成员之间能够做到相互尊重、团结协作、积极交流、成果共享	3		
	言谈举止文明得当，爱护环境，不乱丢垃圾，爱护公共设施	2		
	能够按时、按计划完成工作任务	3		
考核成绩		考评员签字：_____ 日期：_____年_____月_____日		

综合评价：

工作任务 C5 楼梯认知

【核心概念】

- 楼梯：指建筑物中楼层间垂直交通用的构件，一般由梯段、平台和栏杆扶手组成。
- 楼梯段：楼梯的主要使用和承重部分，它由若干个连续的踏步组成，称为楼梯段，简称梯段。

【学习目标】

- 掌握楼梯的组成及构造特点。
- 熟悉楼梯结构的类型、尺寸。
- 能使用 SketchUp 软件绘制三维楼梯。
- 树立规范意识、安全意识，自觉践行行业规范。

基本知识：楼梯的认知_____

C5-1-1 楼梯的组成

楼梯一般由楼梯段、楼梯平台、栏杆（栏板）扶手等组成，是垂直交通设施，供人们上、下楼层和紧急疏散使用，如图 C-46 所示。

楼梯段：楼梯的主要使用和承重部分，它由若干个连续的踏步组成。

动画：楼梯

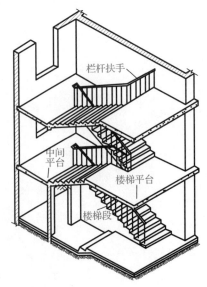

图 C-46　楼梯的组成

楼梯平台：楼梯段两端的水平段，起到转向和上、下楼层缓冲休息的作用。

楼梯井：相邻楼梯段和平台所围成的上、下连通的空间。

栏杆（栏板）扶手：设置在楼梯段和平台临空侧的围护构件，应有一定的强度和安全度，并应在上部设置。

楼梯除了满足交通和疏散要求，还应符合结构、施工、防火、经济和美观等方面的要求。

C5-1-2　楼梯的类型

按照楼梯的形式分，其可分为直跑楼梯、双跑转角楼梯、双跑平行楼梯、双跑直楼梯、三跑楼梯、四跑楼梯、双分式楼梯、双合式楼梯、八角形楼梯、圆形楼梯、螺旋形楼梯、弧形楼梯、剪刀式楼梯、交叉式楼梯等，如图 C-47 所示。

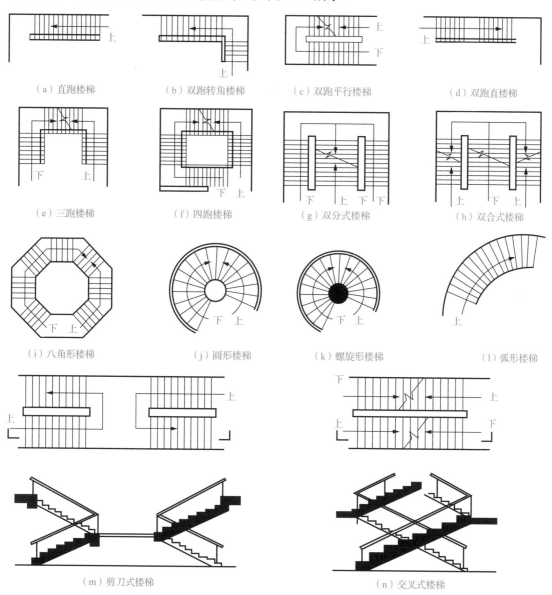

图 C-47　楼梯形式 1

按照楼梯间的消防要求分，其可分为封闭式楼梯、非封闭式楼梯、防烟楼梯等，如图 C-48 所示。

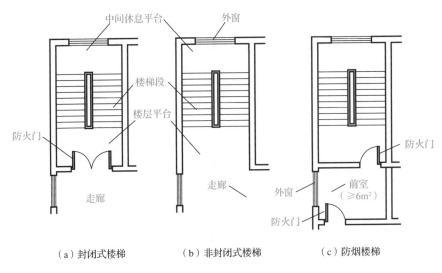

（a）封闭式楼梯　　　　　（b）非封闭式楼梯　　　　　（c）防烟楼梯

图 C-48　楼梯形式 2

C5-1-3　楼梯的设计与尺寸

楼梯的设计要求有：坚固耐久、安全、防火，有足够的通行宽度和疏散能力，美观。

（1）楼梯的踏步尺寸

一个楼梯梯段的踏步数不宜超过 18 个，也不宜少于 3 个。

1）楼梯坡度。楼梯的坡度是指楼梯段沿水平面倾斜的角度。在确定楼梯坡度时，应综合考虑人行走的舒适度与方便性、建筑物的使用性质与层高、经济等因素的影响。

楼梯坡度有两种表示方法：一种是角度法，即用楼梯段和水平面的夹角表示；另一种是比值法，即用楼梯段在水平面上的投影长度与在垂直面上的投影高度之比来表示（也可用楼梯踏步的踏面宽与踢面高的比值来表示）。由于踏步尺寸变化较大，用角度法表示比较麻烦，因此在实际工程中常常采用比值法来表示。

一般楼梯的坡度为 23°～45°，正常情况下应当把楼梯的坡度控制在 38°以内，一般认为 30°左右较为适宜。坡度小于 23°时，应设置台阶或坡道；坡度大于 45°时，应设置爬梯，如图 C-49 所示。

2）踏步尺寸。楼梯踏步尺寸的大小实质上决定了楼梯的坡度，因此踏步尺寸是否合适就显得非常重要。影响踏步尺寸的因素有使用性质、人流行走的舒适度、安全感等。

一般认为踏面宽度应大于成年男子的脚长，而踢面高度则取决于踏面的宽度，通常可按以下经验公式进行计算。

$$2h+b=600～620mm（人的平均步距）$$

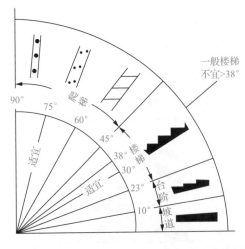

图 C-49　坡道、台阶、楼梯和爬梯的坡度范围

或

$$h+b=450mm$$

式中，b——踏步宽度（相邻两踏步前缘线之间的水平距离）；

h——踏步高度（相邻两踏步面之间的垂直距离）。

楼梯踏步尺寸一般应根据建筑的使用性质及楼梯的通行状况综合确定，楼梯踏步的高宽比应符合表 C-8 的规定。

表 C-8　楼梯踏步最小宽度和最大高度　　　　　　　　　　（单位：mm）

楼梯类别	最小宽度	最大高度
住宅共用楼梯	260	175
幼儿园、小学校等楼梯	260	150
电影院、剧场、体育馆、商场、医院、旅馆和大、中学校等楼梯	280	160
其他建筑楼梯	260	170
专用疏散楼梯	250	180
服务楼梯、住宅套内楼梯	220	200

注：无中柱螺旋楼梯和弧形楼梯距内侧扶手中心 0.25m 处的踏步宽度不应小于 0.22m。

同一部楼梯各级的踏步尺寸相同。由于踏步的宽度往往受到楼梯间进深的限制，在不改变楼梯坡度的情况下，可以采用如图 C-50 所示的措施来增加踏面宽度，以增加人们上、下楼梯时的舒适度。螺旋楼梯的踏步平面通常是扇形的，对疏散不利，因此螺旋楼梯不宜用于疏散。

（a）正常处理的踏步　　　　　（b）踢面倾斜　　　　　（c）出挑踏步檐

图 C-50　踏步尺寸的处理

在建筑工程中，踏面宽度一般为 260～300mm，踢面高度一般为 150～175mm。常见的民用建筑楼梯的适宜踏步尺寸如表 C-9 所示。

表 C-9　常见的民用建筑楼梯的适宜踏步尺寸　　　　　　　　（单位：mm）

名称	住宅	学校、办公楼	剧院、食堂	医院	幼儿园
踏步高 h	150～175	140～160	120～150	150	120～150
踏步宽 b	250～300	280～340	300～350	300	260～300

（2）梯段尺寸的确定

楼梯的宽度包括楼梯段的宽度和平台宽度。从保证安全疏散出发，《建筑设计防火规范（2018 年版）》（GB 50016—2014）规定了疏散楼梯的总宽度。学校、商店、办公楼等一般民用建筑疏散楼梯的总宽度，应通过计算确定。

1）楼梯梯段的宽度：指墙面到扶手中心线的水平距离，或扶手中心线之间的水平距离。楼梯梯段宽度除应符合防火规范的规定外，供日常主要交通使用的楼梯的梯段宽度应根据建筑物使用特征，按每股人流宽度为 550mm 的人流股数确定，并且不应少于两股人流。0～150mm 为人流在行进中人体的摆幅，公共建筑人流众多的场所应取上限值。住宅建筑公用楼梯的梯段净宽不应小于 1100mm。建筑高度不大于 18m 的住宅，一边设有栏杆的梯段净宽不应小于 1m。楼梯井净宽大于 110mm 时，必须采取防止儿童攀滑的措施。住宅套内楼梯的梯段净宽，当一边临空时，不应小于 750mm；当两侧有墙时，不应小于 900mm，如表 C-10 所示（计算依据为每股人流宽度为 550mm）。

表 C-10　楼梯梯段宽度

类别	梯段宽度/mm	备注
单人通过	>900 或 750	单人双墙（单人单墙）
双人通过	1100～1400	—
三人通过	1650～2100	—

2）楼梯平台的宽度：梯段改变方向时，扶手转向端处的平台最小宽度不应小于梯段宽度，并不得小于 1200mm，当有搬运大型物件的需求时应适当加宽。平台上设有消防栓时，应扣除其所占的宽度。

$$中间平台的宽度 D_1 \geqslant 梯段宽$$
$$楼层平台的宽度 D_2 \geqslant 梯段宽$$

（3）楼梯净空高的控制

楼梯的净空高包括楼梯梯段的净空高和平台的净空高，如图 C-51 所示。

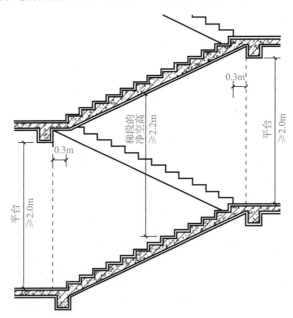

图 C-51　楼梯的净空高

楼梯梯段的净空高：指踏步前缘到上部结构底面之间的垂直距离，应不小于 2200mm。住宅建筑入口处的地坪与室外地面应有高度差，并不应小于 100mm。

平台的净空高：确定平台的净空高时，平台的计算范围应从楼梯段最前和最后踏步前缘分别往外 300mm 算起。

平台的净空高指平台表面到上部结构最低处之间的垂直距离，应不小于 2000mm。

当楼梯底层中间平台下设置通道，中间平台下的净空高不能满足不小于 2000mm 的要求时，可采取以下措施进行解决。

1）将底层楼梯设计成"不等跑楼梯"，即增加底层楼梯第一个梯段的踏步数量，达到提高底层中间平台标高的目的，如图 C-52（a）所示。

2）局部降低底层中间平台下的地坪标高，即充分利用建筑的室内外高差，降低底层楼梯间的地坪，将部分室外台阶移至室内，如图 C-52（b）所示。但也应注意以下两方面的问题：一是降低后的地面标高至少应比室外地面高出一级台阶的高度，即 150mm 左右；二是移至室内的台阶前缘线与顶部平台梁的内缘线之间的水平距离不应小于 500mm。

3）不等跑楼梯与局部降低底层中间平台下的地坪标高相结合，这样既增加了底层楼梯第一个梯段的踏步数量，又局部降低了底层中间平台下的地坪标高，如图 C-52（c）所示。

4）底层楼梯采用直跑楼梯，即将建筑物底层楼梯设计成单跑直梯的形式，如图 C-52（d）所示，但要注意入口处雨篷底面标高的位置，保证通行净空高的要求。

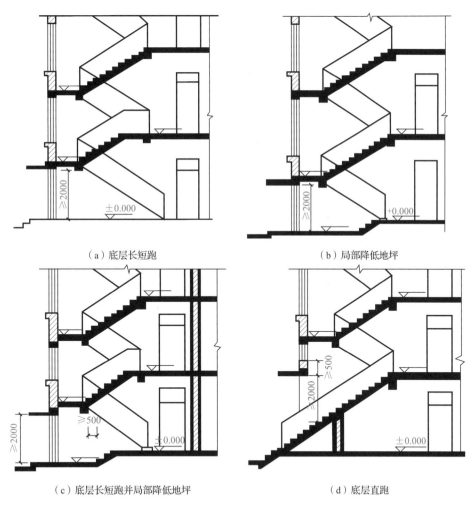

（a）底层长短跑 （b）局部降低地坪

（c）底层长短跑并局部降低地坪 （d）底层直跑

图 C-52 底层楼梯设计

（4）梯井和栏杆扶手

梯井宽度 C 为 60～200mm，建筑内的公共疏散楼梯，梯井的净宽不宜小于 150mm。

楼梯应至少一侧设扶手，梯段净宽达 3 股人流时应两侧设扶手，达 4 股人流时宜加设中间扶手。

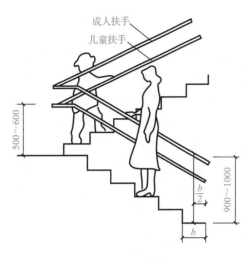

图 C-53　儿童楼梯扶手

楼梯扶手高度指踏步前缘至扶手顶面的垂直高度。室内楼梯扶手高度不宜小于 900mm，室外楼梯扶手高度不宜小于 1100mm，靠梯井一侧的水平扶手长度超过 500mm 时，其高度不应小于 1050mm。幼托建筑的扶手高度不能降低，可增加一道不高于 600mm 的幼儿扶手，如图 C-53 所示。

托儿所、幼儿园、中小学及少年儿童专用活动场所的楼梯，梯井净宽大于 200mm 时，必须采取防止少年儿童攀爬的措施，楼梯栏杆应采取不易攀登的构造。当使用垂直杆件作为栏杆时，杆件净距不应大于 110mm。

（5）楼梯尺寸的计算

根据楼梯的性质和用途，设计楼梯的步骤如下。

1）确定一层的踏步数，$N=H/h$。

2）选定梯段水平投影长度 L，$L=(0.5N-1)b$。

3）选定梯井 C。

4）确定梯宽 a，$a=(A-C)/2$。

5）选定平台宽度 D_1、D_2。

6）确定楼梯间的进深尺寸。

7）设计栏杆形式及其尺寸。

C5-1-4　楼梯的表达方式

楼梯的平面表达：底层、中间层和顶层，如图 C-54 所示。

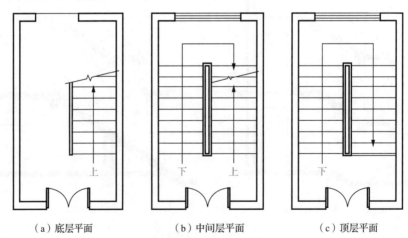

（a）底层平面　　　　（b）中间层平面　　　　（c）顶层平面

图 C-54　楼梯的平面表达

楼梯的剖面表达：层数、梯段数和步级数，如图 C-55 所示。

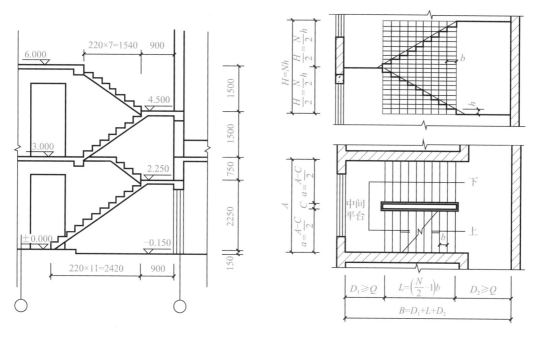

图 C-55　楼梯的剖面表达

能力训练：绘制三维楼梯

操作步骤如下。

1）参照图 C-56（a），将图 C-56（b）楼梯剖面图导入 SketchUp 软件中并描图。

2）将绘制的断面图进行左右拉伸，制作出三维楼梯。

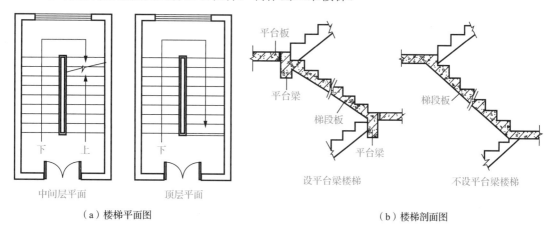

（a）楼梯平面图

（b）楼梯剖面图

图 C-56　现浇混凝土楼梯平面及剖面图

巩固提高

问题导向 1：楼梯平台的宽度应大于或等于梯段的宽度，并且不小于＿＿＿＿＿＿＿。

问题导向 2：一个楼梯梯段的踏步数不宜超过 16 个，也不宜少于 3 个。＿＿＿＿＿＿＿（填"对"或"错"）

问题导向 3：在建筑工程中，踏步的踏面宽度一般为＿＿＿＿＿＿＿mm，踢面高度一般为 150～175mm。

问题导向 4：楼梯一般由_____、_____和栏杆扶手 3 部分组成。

问题导向 5：住宅、托幼、小学及儿童活动场所的楼梯栏杆净距不应大于_____。

问题导向 6：楼梯平台深度不应_____楼梯宽度。

问题导向 7：楼梯的适用坡度一般不宜超过_____。

问题导向 8：楼梯段部位的垂直净高不应小于_____。

问题导向 9：楼梯栏杆扶手的高度通常为_____mm。

问题导向 10：坡道的坡度一般控制在_____以下。

职业能力 C5-2　掌握现浇钢筋混凝土楼梯的分类及细部构造

【核心概念】

- 梁板式楼梯：楼梯段由踏步板和斜梁组成，踏步板把荷载传给斜梁，斜梁两端支承在平台梁上。当楼梯段为板式楼梯段时称为板式楼梯；当楼梯段为梁板式楼梯段时，称为梁板式楼梯。
- 现浇梁承式楼梯：指平台梁与梯段连接成一个整体的楼梯形式。

【学习目标】

- 掌握现浇钢筋混凝土楼梯的分类方法。
- 熟悉现浇钢筋混凝土楼梯的细部构造。
- 能使用 SketchUp 软件绘制梁板式楼梯。
- 养成严谨细致、一丝不苟的工作作风。

基本知识：现浇钢筋混凝土楼梯的分类_____

现浇钢筋混凝土楼梯是指将楼梯段和平台整体浇筑在一起的楼梯。

现浇钢筋混凝土的特点：消耗模板量大，施工工序多，施工速度慢，但整体性好、刚度大、有利于抗震。

现浇钢筋混凝土楼梯按结构形式可分为板式楼梯、梁板式楼梯和扭板式楼梯。

C5-2-1　板式楼梯

板式楼梯可分为有平台梁和无平台梁两种情况，如图 C-57 所示。

有平台梁的板式楼梯的梯段两端放置在平台梁上，平台梁之间的距离为楼梯段的跨度。其传力过程为楼梯段→平台梁→楼梯间墙或柱。

无平台梁的板式楼梯是将楼梯段和平台板组合成一块折板，这时板的跨度为楼梯段的水平投影长度与平台宽度之和。

C5-2-2　梁板式楼梯

楼梯段由踏步板和斜梁组成，踏步板把荷载传给斜梁，斜梁两端支承在平台梁上。楼梯荷载的传力过程为踏步板→斜梁→平台梁→楼梯间墙，如图 C-58 所示。

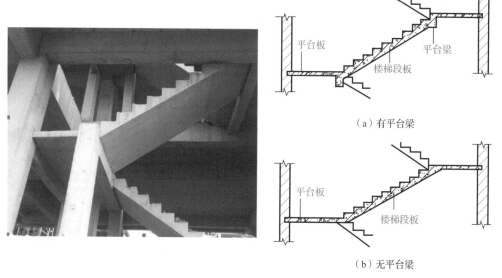

图 C-57　现浇钢筋混凝土板式楼梯

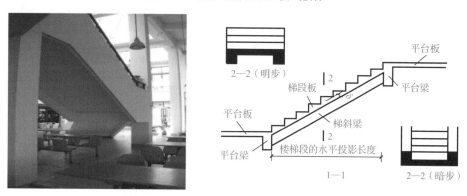

图 C-58　现浇钢筋混凝土梁板式楼梯

　　斜梁有时只设一根，通常有两种形式：一种是在踏步板的一侧设斜梁，将踏步板的另一侧搁置在楼梯间墙上；另一种是将斜梁布置在踏步板的中间，踏步板向两侧悬挑，如图 C-59 所示。

　　单梁式楼梯受力较复杂，但外形轻巧、美观，多用于对建筑空间造型有较高要求时。

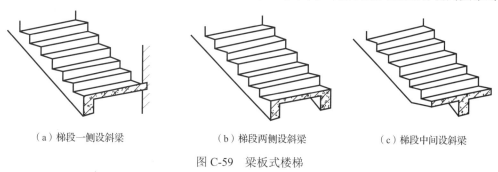

　（a）梯段一侧设斜梁　　　　　（b）梯段两侧设斜梁　　　　　（c）梯段中间设斜梁

图 C-59　梁板式楼梯

C5-2-3　扭板式楼梯

扭板式楼梯的底面平整、造型美观、施工难度大，适用于标准高的建筑。扭板式楼梯如图 C-60 所示。

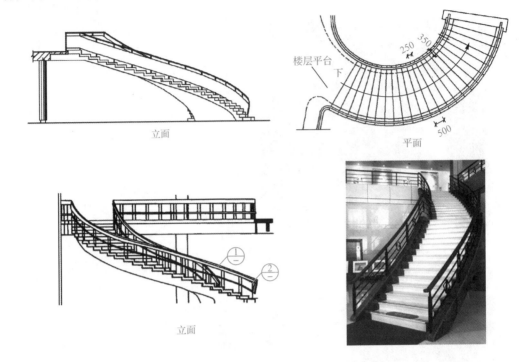

立面

平面

立面

图 C-60   扭板式楼梯

C5-2-4   现浇梁悬臂式楼梯

现浇梁悬臂式楼梯指踏步板从梯斜梁两边或一边悬挑的楼梯形式。这种楼梯一般为单梁或双梁悬臂支承踏步板和平台板,多用于框架结构建筑的室内外楼梯,如图 C-61 所示。

图 C-61   现浇梁悬臂式楼梯

能力训练:绘制梁板式楼梯

从图 C-59 中选择一种梁板式楼梯进行绘制。

操作步骤如下。

1)计算楼梯的侧面平行四边形尺寸,在 SketchUp 软件的左视图中绘制楼梯的侧面平行四边形。

2)根据踏步尺寸绘制辅助线,在平行四边形中绘制踏步。

3）在断面图中将楼梯踏步截图进行拉伸。

4）在正视图中按照楼梯类型绘制斜梁。

巩固提高_____

问题导向 1：现浇钢筋混凝土楼梯按结构形式可分为_____楼梯、_____式楼梯和扭板式楼梯。

问题导向 2：把楼梯段看作一块斜放的板，板式楼梯可分为_____和无平台梁两种情况。

问题导向 3：楼梯段由踏步板和_____组成，踏步板把荷载传给斜梁，斜梁两端支承在平台梁上。

问题导向 4：_____式楼梯受力较复杂，但外形轻巧、美观，多用于对建筑空间造型有较高要求时。

考核评价

本工作任务的考核评价如表 C-11 所示。

表 C-11　考核评价

考核内容		考核评分		
项目	内容	配分	得分	批注
理论知识（50%）	掌握楼梯的组成及构造特点，熟悉楼梯的各部分设计要求及适宜尺寸	25		
	熟悉现浇混凝土楼梯的分类、细部构造、各部分的设计要求及适宜尺寸	25		
能力训练（40%）	能使用 SketchUp 软件绘制三维楼梯	20		
	能使用 SketchUp 软件绘制梁板式楼梯	20		
职业素养（10%）	态度端正，上课认真，无旷课、迟到、早退现象	2		
	与小组成员之间能够做到相互尊重、团结协作、积极交流、成果共享	3		
	言谈举止文明得当，爱护环境，不乱丢垃圾，爱护公共设施	2		
	能够按时、按计划完成工作任务	3		
考核成绩		考评员签字：_____ 日期：_____年_____月_____日		

综合评价：

工作任务 C6　屋顶及平屋顶认知

职业
能力　**C6-1**　**了解屋顶的作用、类型及设计要求**

【核心概念】

- 屋顶：也称为屋盖，位于建筑物的最顶部，是建筑物最上层的覆盖构件。一般屋顶由屋面、保温隔热层、屋顶承重结构和顶棚 4 部分组成。
- 平屋顶：指屋面排水坡度小于或等于 3% 的屋顶。

【学习目标】

- 了解屋顶的作用、类型及设计要求。
- 能绘制女儿墙泛水处理结构详图。
- 树立规范意识、标准意识，自觉践行行业规范。

基本知识：屋顶的认知_____

C6-1-1　屋顶的作用

屋顶也称为屋盖，位于建筑物的最顶部，是建筑物最上层的覆盖构件。一般屋顶由屋面、保温隔热层、屋顶承重结构和顶棚 4 部分组成。

屋顶的主要作用有以下三个。

1）承重作用，承受屋顶自重及作用于屋顶上的风、雨、雪，以及检修、设备等各种荷载。

2）围护作用，防御自然界风、雨、雪、太阳辐射、气温变化等不利因素的影响，保证建筑内部有一个良好的环境。

3）装饰美化作用，屋顶的形式对建筑立面和整体造型有很大的影响，是体现建筑风格的重要手段。

C6-1-2　屋顶的类型

1. 按排水坡度与外形分类

屋顶的类型有很多，按排水坡度、结构形式和建筑形象，一般可分为平屋顶、坡屋顶和曲面屋顶 3 种类型。

（1）平屋顶

平屋顶是指屋面排水坡度小于或等于 3% 的屋顶，一般常用坡度为 2%～3%，上人屋顶坡度通常为 1%～2%。目前平屋顶的承重结构大多采用现浇钢筋混凝土板，也是在当前建筑工程中应用最广泛的屋顶形式，如图 C-62（a）所示。

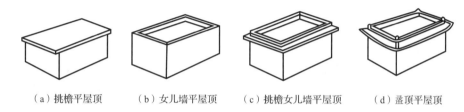

（a）挑檐平屋顶　　（b）女儿墙平屋顶　　（c）挑檐女儿墙平屋顶　　（d）盝顶平屋顶

图 C-62　平屋顶的形式

（2）坡屋顶

《坡屋面工程技术规范》（GB 50693—2011）的第 2.0.1 条规定，坡屋顶是指坡度大于 3% 的屋面。传统的坡屋顶常采用木梁，木屋架为承重结构，上放檩条及屋面基层。现在建筑中的坡屋顶常采用钢筋混凝土屋架或屋顶人字梁为承重结构，上置钢筋混凝土屋面板，或者直接现浇钢筋混凝土屋盖结构。坡屋顶有单坡、硬山双坡、悬山双坡、四坡顶等多种形式，如图 C-63 所示。坡屋顶是我国传统的建筑屋顶形式，在民用建筑中的应用较广泛。在现代城市建筑中，某些建筑为满足景观要求或建筑风格要求也常采用各种形式的坡屋顶。

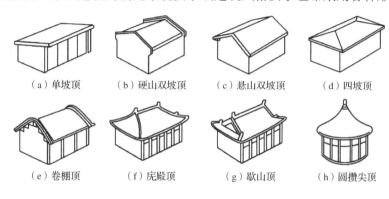

（a）单坡顶　　（b）硬山双坡顶　　（c）悬山双坡顶　　（d）四坡顶

（e）卷棚顶　　（f）庑殿顶　　（g）歇山顶　　（h）圆攒尖顶

图 C-63　坡屋顶的形式

（3）曲面屋顶

曲面屋顶是指由各种薄壳结构或悬索结构等空间结构为屋顶承重结构的屋顶，如双曲拱屋顶、球形网壳屋顶等。这类屋顶结构的内力分布均匀、合理，节约材料，但施工复杂，造价高，一般用于大跨度、大空间和造型特殊的建筑屋顶，如图 C-64 所示。

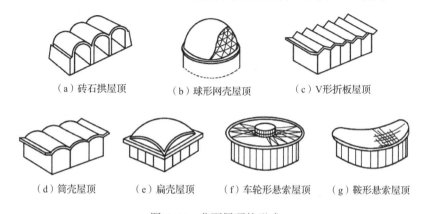

（a）砖石拱屋顶　　（b）球形网壳屋顶　　（c）V形折板屋顶

（d）筒壳屋顶　　（e）扁壳屋顶　　（f）车轮形悬索屋顶　　（g）鞍形悬索屋顶

图 C-64　曲面屋顶的形式

2. 按屋面防水材料分类

按屋面使用的防水材料不同，屋面可分为柔性防水屋面、刚性防水屋面、构件自防水屋面和瓦屋面等。柔性防水屋面以防水卷材作为屋面的防水层，具有一定的柔韧性。刚性防水屋面以细石混凝土等刚性材料作为屋面的防水层，无韧性。构件自防水屋面是屋面板缝用嵌缝材料防水、屋面采用涂料防水的一种屋面。瓦屋面是以瓦材作为防水层的屋面。

C6-1-3 屋顶的设计要求

屋顶应满足坚固耐久、防水排水、保温隔热、抵御侵蚀等要求，同时还应做到构造简单、施工方便、造价经济、自重轻，并且与建筑整体形象协调，其中防水是屋顶最基本的要求，也是屋顶构造设计的核心。

我国现行的国家标准《屋面工程技术规范》（GB 50345—2012）根据建筑物的类别、重要程度、使用功能要求确定防水等级，将屋面防水划分为两个等级，如表 C-12 所示。对防水有特殊要求的建筑屋面，应进行专项防水设计。

表 C-12　屋面防水等级和设防要求

防水等级	建筑类别	设防要求
I 级	重要建筑和高层建筑	二道防水设防
II 级	一般建筑	一道防水设防

能力训练：绘制女儿墙泛水处理构造详图

绘制如图 C-65 所示的女儿墙泛水处理构造详图。

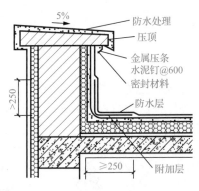

图 C-65　低女儿墙泛水处理构造详图

巩固提高

问题导向 1：屋顶的作用有 3 个：一是_____作用，二是_____作用，三是装饰美化作用。

问题导向 2：平屋顶是指屋面排水坡度小于或等于_____的屋顶，一般常用坡度为 2%。

问题导向 3：屋顶也称为屋盖，位于建筑物的最顶部，一般由屋面、屋顶承重结构、保温隔热层和顶棚 4 部分组成。_____（填"对"或"错"）

问题导向 4：我国现行的国家标准《屋面工程技术规范》（GB 50345—2012）根据建筑物的类别、重要程度、使用功能要求确定防水等级，将屋面防水划分为_____个等级。

职业能力 C6-2　认知平屋顶

【核心概念】

- 柔性防水：指相对于刚性防水（如防水砂浆和防水混凝土等）而言的一种防水材料形态，柔性防水通过柔性防水材料（如卷材防水、涂膜防水）来阻断水的通路，以达到建筑防水的目的或增加抗渗漏的能力。

【学习目标】

- 掌握平屋顶的组成及承重结构。
- 熟悉平屋顶的屋面构造。
- 了解柔性防水屋面的细部构造。
- 能绘制檐口排水做法构造详图。
- 树立以人为本的设计理念。

基本知识：平屋顶的组成及构造

C6-2-1　平屋顶的组成及承重结构

1. 平屋顶的组成

微课：平屋顶认知

屋面排水坡度不大于 3% 的屋顶称为平屋顶。平屋顶既是承重构件，又是围护结构。平屋顶是大量民用建筑广泛采用的一种屋顶形式，该屋顶易于协调建筑与结构的关系。

2. 平屋顶的承重结构

平屋顶的承重结构主要用来承受屋面顶传来的荷载，承重部件主要是平屋顶结构的屋面板和屋面梁。承重结构类型有以下两种。

（1）墙承重

建筑面积小，通过四面纵横墙均匀承担来自屋顶的荷载。

（2）梁承重

承重部件梁将来自屋面顶传来的荷载向下传递到墙或柱。

C6-2-2　平屋顶的屋面构造

由于平屋顶的屋面坡度较小，雨水在屋顶上停留的时间较长，所以需要加强屋面防水，应采用整体性较好的材料整体覆盖来做屋面防水层。屋面防水层的做法有很多，本节主要介绍柔性防水屋面的构造，如图 C-66 所示。

微课：平屋顶的屋面构造

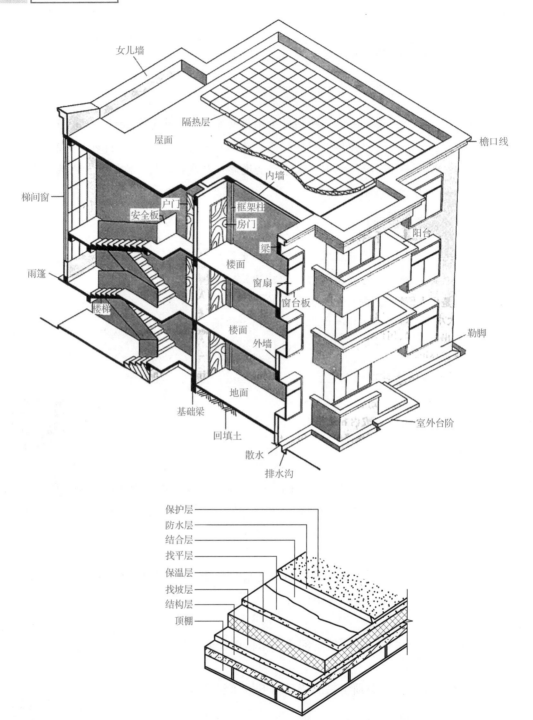

女儿墙
隔热层
屋面
檐口线
内墙
梯间窗
户门
安全板
框架柱
房门
梁
阳台
楼面
窗扇
雨篷
窗台板
楼梯
楼面
外墙
勒脚
地面
基础梁
回填土
室外台阶
散水
排水沟

保护层
防水层
结合层
找平层
保温层
找坡层
结构层
顶棚

图 C-66　平面屋顶及其防水构造

柔性防水屋面具有优良的防水性，适应性较强，防渗漏效果较好，但构造层次多，施工繁杂，受气候影响较大，维修麻烦，是目前广泛采用的一种屋面。

1. 柔性防水屋面的基本构造

按功能要求不同，柔性防水屋面又分为保温屋面和非保温屋面、上人屋面和不上人屋面、有架空通风层屋面和无架空通风层屋面。带保温层的柔性防水屋面，基本构造层次如表 C-13 所示，其主要构造层次有结构层、找平（坡）层、保温层、防水层和保护层，如图 C-67 所示。

表 C-13　屋面基本构造层次

屋面类型		基本构造层次（自上而下）
卷材、涂膜屋面	倒置式屋面	保护层、隔离层、防水层、找平层、保温层、找平层、找坡层、结构层
	正置式屋面	保护层、保温层、防水层、找平层、找坡层、结构层
	种植屋面	种植隔热层、保护层、耐根穿刺防水层、防水层、找平层、保温层、找平层、找坡层、结构层
	架空隔热屋面	架空隔热层、防水层、找平层、保温层、找平层、找坡层、结构层
	蓄水隔热屋面	蓄水隔热层、隔离层、防水层、找平层、保温层、找平层、找坡层、结构层

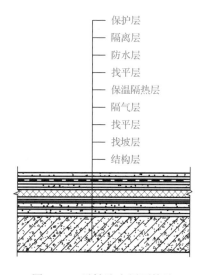

　　　　　　　　—— 保护层
　　　　　　　　—— 隔离层
　　　　　　　　—— 防水层
　　　　　　　　—— 找平层
　　　　　　　　—— 保温隔热层
　　　　　　　　—— 隔气层
　　　　　　　　—— 找平层
　　　　　　　　—— 找坡层
　　　　　　　　—— 结构层

图 C-67　柔性防水屋面构造

① 承重结构层。各种类型的钢筋混凝土楼板均可作为柔性防水屋面的承重结构层。目前一般采用现浇钢筋混凝土板，承重结构层要求具有足够的强度和刚度。

② 找坡层。当屋顶采用材料找坡时，找坡层一般位于结构层之上。找坡材料宜采用质量轻、吸水率低和有一定强度的材料，通常是将适量水泥浆与陶粒、焦渣或加气混凝土碎块拌和而成。找坡层宜采用轻骨料混凝土，找坡材料应分层铺设和适当压实，表面平整，形成屋面坡度。找坡层最薄处的厚度不宜小于 30mm。

当屋顶采用结构找坡时，不需要设置找坡层，结构坡度不应小于 3%。

③ 找平层。为了使柔性防水层或隔气层有一个平整坚实的基层，避免防水卷材凹陷或被穿刺，卷材、涂膜的基层宜设找平层。同时，在结构层、找坡层或保温层上必须设置找平层。找平层的厚度和技术要求应符合表 C-14 的规定。

表 C-14　找平层的厚度和技术要求

找平层分类	适用的基层	厚度/mm	技术要求
水泥砂浆	整体现浇混凝土板	15～20	（1:3）～（1:2.5）水泥砂浆，水泥强度等级不低于 32.5
	整体材料保温层	20～25	
细石混凝土	装配式混凝土板	30～35	C20 混凝土，宜加钢筋网片
	板状材料保温层		C20 混凝土

续表

找平层分类	适用的基层	厚度/mm	技术要求
沥青砂浆	整体混凝土	15～20	质量比为1:8
	装配式混凝土板、整体或板状材料保温层	20～25	

　　找平层要求平整、密实、干净、干燥（含水率≤9%），不允许有酥松、起砂和裂缝等现象，否则会直接影响防水层和基层的黏结质量并导致防水层开裂。

　　④ 保温层。保温层应根据屋面所需传热系数，选择轻质、高效的保温材料，保温层及其保温材料应符合表C-15的规定。屋顶保温层通常设置在结构层以上，其厚度应通过热工计算确定。

表 C-15　保温层及其保温材料

保温层	保温材料
板状材料保温层	聚苯乙烯泡沫塑料，硬质聚氨酯泡沫塑料，膨胀珍珠岩制品，泡沫玻璃制品，加气混凝土砌块，泡沫混凝土砌块
纤维材料保温层	玻璃棉制品，岩棉、矿渣棉制品
整体材料保温层	喷涂硬泡聚氨酯，现浇泡沫混凝土

　　⑤ 隔气层。隔气层是指为了防止室内水蒸气渗入保温层，降低保温效果，在结构层上面设置的一层气密性、水密性好的防护材料。

　　⑥ 防水层。防水层是隔绝水或防止雨水等向建筑物内部渗透的构造层。目前常用的防水材料有卷材防水、涂膜防水、复合防水3类，如表C-16所示。卷材厚度及搭接宽度应符合表C-17和表C-18的规定。

表 C-16　防水等级和防水做法

防水等级	防水做法
Ⅰ级	卷材防水层和卷材防水层、卷材防水层和涂膜防水层、复合防水层
Ⅱ级	卷材防水层、涂膜防水层、复合防水层

注：在Ⅰ级屋面防水做法中，防水层仅作单层卷材时，应符合有关单层防水卷材屋面技术的规定。

表 C-17　每道卷材防水层的最小厚度　　　　　（单位：mm）

防水等级	合成高分子防水卷材	高聚物改性沥青防水卷材		
		聚酯胎、玻纤胎、聚乙烯胎	自粘聚酯胎	自粘无胎
Ⅰ	1.2	3.0	2.0	1.5
Ⅱ	1.5	4.0	3.0	2.0

表 C-18　卷材搭接宽度　　　　　单位：mm

卷材类别		搭接宽度
合成高分子防水卷材	胶黏剂	80
	胶黏带	50
	单缝焊	60，有效焊接宽度不小于25
	双缝焊	80，有效焊接宽度10×2+空腔宽
高聚物改性沥青防水卷材	胶黏剂	100
	自黏	80

高分子聚合物改性沥青防水卷材一般可分为弹性体改性沥青防水卷材（即 SBS）、塑性体改性沥青防水卷材（即 APP）、高聚物改性沥青聚乙烯胎防水卷材、SBR（丁苯橡胶）改性沥青防水卷材、SBR 改性氧化沥青聚乙烯胎防水材料等。防水卷材如图 C-68 所示。

图 C-68　防水卷材

为了使防水层与基层黏结牢固，应使用卷材黏合剂。卷材黏合剂的材料宜根据防水卷材材质的不同来选择，如高聚物改性沥青防水卷材一般采用冷底子油作为结合层。卷材基层处理剂及胶黏剂的选用如表 C-19 所示。

表 C-19　卷材基层处理剂及胶黏剂的选用

卷材类别	基层处理剂	卷材胶黏剂
高聚物改性沥青防水卷材	石油沥青冷底子油或橡胶改性沥青冷胶黏剂稀释液	橡胶改性沥青冷胶黏剂或生产厂家指定的产品
合成高分子防水卷材	卷材生产厂家随卷材配套供应产品或指定的产品	

⑦ 隔离层。隔离层是消除相邻两层材料之间黏结力、机械咬合力、化学反应等不利影响的构造层。在刚性保护层（块体材料、水泥砂浆、细石混凝土保护层）与卷材、涂膜防水层之间应设隔离层。

⑧ 保护层。为保护卷材防水层，延长其使用寿命，需要在防水层上设置保护层。保护层分为不上人屋面和上人屋面两种做法。保护层材料的适用范围和技术要求如表 C-20 所示。

表 C-20　保护层材料的适用范围和技术要求

保护层材料	适用范围	技术要求
浅色涂料	不上人屋面	丙烯酸系反射涂料
铝箔	不上人屋面	0.5mm 厚的铝箔反射膜
矿物粒料	不上人屋面	不透明的矿物粒料
水泥砂浆	不上人屋面	20 厚 1∶2.5 或 M15 水泥砂浆
块体材料	上人屋面	地砖或 30mm 厚 C20 细石混凝土预制块
细石混凝土	上人屋面	40mm 厚 C20 细石混凝土或 50mm 厚 C20 细石混凝土内配 Φ4@100 双向钢筋网片

保护层的施工应待卷材铺贴完成或涂料固化成膜，并经检验合格后进行。使用水泥砂浆作为保护层时，表面需抹平压光；使用细石混凝土作为保护层时，混凝土应振捣密实，表面应抹平压光。

2. 柔性防水屋面的细部构造

防水层的转折和结束部位是防水层被切断的地方或边缘部位，是防水的薄弱环节，应特别加以处理以完善其防水功能，这些部位的构造处理称为细部构造。

1）泛水。泛水是指屋面与垂直面交接处的防水构造处理，是水平防水层在垂直面上的延伸。

泛水的构造处理要点有以下几个。

① 泛水高度不小于 250mm，一般为 300mm。

② 立墙与屋面相交处应做成圆弧形，由于合成高分子防水卷材比高聚物改性沥青防水卷材的柔性好且卷材薄，所以找平层圆弧半径可以减小，高聚物改性沥青防水卷材的圆弧半径采用 50mm，合成高分子防水卷材的圆弧半径为 20mm，使卷材紧贴于找平层上，不致出现空鼓现象。

③ 将屋面的卷材防水层继续铺设至垂直面上，形成卷材防水，并在其下加铺附加卷材一层。

④ 做好泛水上口的卷材收头固定处理，防止卷材在垂直墙面上滑落。高女儿墙泛水处的防水层泛水高度大于 250mm，泛水上部的墙体做防水处理；低女儿墙泛水处的防水层可直接铺贴或涂刷至压顶下，卷材收头应用金属压条钉压固定，并应用密封材料封严。女儿墙泛水处理如图 C-69 所示。

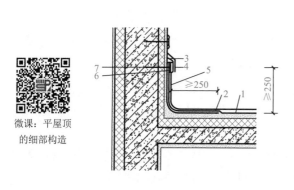
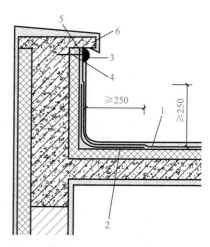

微课：平屋顶
的细部构造

（a）高女儿墙泛水图

1—防水层；2—附加层；3—密封材料；
4—金属盖板钉；5—保护层；
6—金属压条；7—水泥钉。

（b）低女儿墙泛水图

1—防水层；2—附加层；3—密封材料；
4—水泥钉；5—金属压条；6—保护层。

图 C-69　女儿墙泛水处理

2）檐口。挑檐口无组织排水构造的要点是檐口 800mm 范围内的卷材应采取满贴法，在混凝土檐口上用细石混凝土或水泥砂浆先做一凹槽，然后将卷材贴在槽内，将卷材收头用水泥钉钉牢，上面用防水油膏嵌填，下端做滴水处理，如图 C-70（a）所示。

有组织排水沟内的转角部位找平层应做成圆弧形或 45°斜坡；檐沟和天沟的防水层下应增设附加层，附加层伸入屋面的宽度不应小于 250mm；檐沟防水层和附加层应由沟底翻至外侧顶部，卷材收头应用金属压条钉压，并应用密封材料封严；檐沟外侧下端应做滴水槽；檐沟外侧高于屋面结构板时，应设置溢水口，如图 C-70（b）所示。

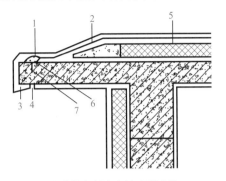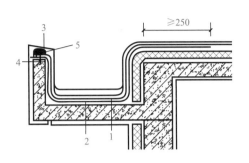

（a）卷材防水屋面无组织排水檐口

1—密封材料；2—卷材防水层；3—鹰嘴；
4—滴水槽；5—保温层；6—金属压条；
7—水泥钉。

（b）卷材防水屋面有组织排水檐口

1—卷材防水层；2—附加层；3—密封材料；
4—水泥钉；5—金属压条。

图 C-70　檐口排水做法

3）上人孔。不上人屋面需设屋面上人孔，以便于对屋面进行检修和设备安装。上人孔的平面尺寸不小于 600mm×700mm，且应位于靠墙处，以方便设置爬梯。上人孔的孔壁一般应高出屋面至少 250mm，孔壁与屋面之间做成泛水，孔口用木板加钉 0.6mm 厚的镀锌钢板进行盖孔。屋面上人孔如图 C-71 所示。

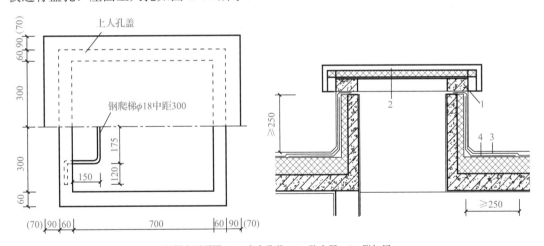

1—混凝土压顶圈；2—上人孔盖；3—防水层；4—附加层。

图 C-71　屋面上人孔

4）水平出入口。屋面是建筑的重要组成部分，有出入口的是上人屋面，不上人屋面也有检修口，即上人孔。出入口主要起人员和材料的交通作用，火灾时有重要的疏散作用，一般位于步行楼梯顶端楼顶出口处。屋面水平出入口的泛水处应增设附加层和护墙，附加层在平面上的宽度不应小于 250mm；防水层收头应压在混凝土踏步下，如图 C-72 所示。

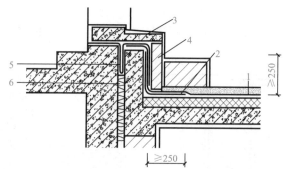

1—防水层；2—附加层；3—踏步；4—护墙；5—防水卷材封盖；6—不燃保温材料。

图 C-72　水平出入口踏步的防水构造

5）分格缝又称为分隔缝，是刚性防水层在大面积施工时为防止受外力作用、温度和湿度变化及结构层变形等因素的影响产生开裂而设置的缝隙。

在保温层上的找平层应留设分格缝，兼作排气道。缝宽宜为 5～20mm，纵横缝的间距不宜大于 6m。

保护层采用块体材料时，宜设置分格缝，分格缝的纵横间距不应大于 10m，分格缝的宽度宜为 20mm；使用水泥砂浆时，应设表面分格缝，分格面积宜为 1m²；使用细石混凝土时，分格缝的纵横间距不应大于 6m，分格缝的宽度宜为 10～20mm。

分格缝应设置在温度变形允许的范围内和结构变形敏感的部位。一般设置不同类型的刚性防水层分格缝间距时，除应满足计算需要外，还应在下列部位设置分格缝：屋面结构变形敏感部位，屋脊及屋面排水方向变化处，防水层与凸出屋面结构的交接处。一般情况下，每个开间承重墙处宜设置分格缝。防水层与承重或非承重女儿墙或山墙之间应设置分格缝，并在节点构造上进行适当的处理，如图 C-73 所示。

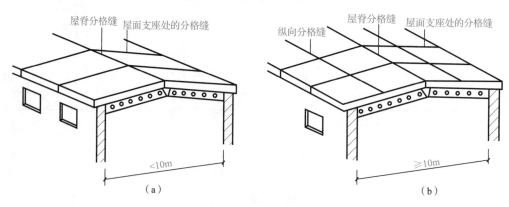

（a）　　　　　　　　　　　　　　　（b）

图 C-73　刚性屋面分格缝

分格缝有平缝和凸缝两种，平缝适用于纵向分格缝，凸缝适用于横向分格缝和屋脊处的分格缝。分格缝的宽度为 20～40mm，缝内嵌填防水密封材料，上部铺贴附加防水卷材一层，卷材宽度为 200～300mm，如图 C-74 所示。

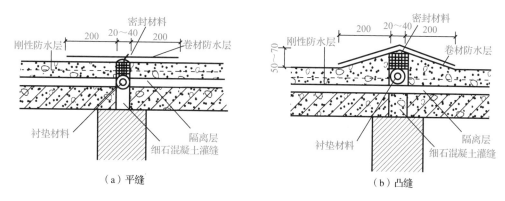

图 C-74 刚性屋面的分格缝构造

能力训练：绘制檐口排水做法构造详图

绘制如图 C-75 所示的檐口排水做法构造详图。

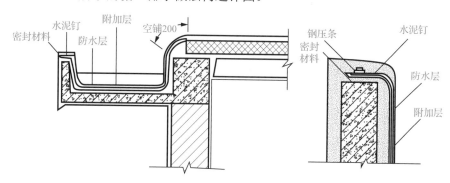

图 C-75 檐口排水做法构造详图

巩固提高

问题导向 1：屋顶泛水高度一般不小于_____mm。

问题导向 2：_____防水屋面具有优良的防水性，适应性较强，防渗漏效果较好，是目前广泛采用的一种屋面。

问题导向 3：屋顶是建筑物最上面起围护和承重作用的构件，平屋顶构造设计的核心是保温隔热。_____（填"对"或"错"）

问题导向 4：根据图 C-76 写出下列数字代表的各层。

1. _____；3. _____；5. _____；7. _____；9. _____。

问题导向 5：根据图 C-77 写出下列数字代表的各层。

1. _____；2. _____；3. _____；4. _____；5. _____。

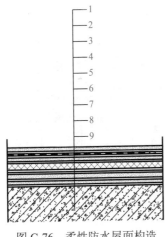

图 C-76　柔性防水屋面构造

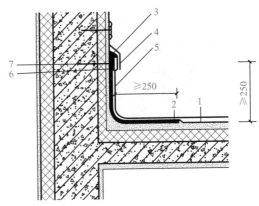

图 C-77　泛水构造

职业
能力　**C6-3**　**了解平屋顶的排水**

【核心概念】

- 有组织排水: 指在屋顶设置与屋面排水方向垂直的纵向天沟, 将雨水汇集起来, 经雨水口和雨水管有组织地排到室外地面或室内地下排水系统的排水方式, 也称为天沟排水。

【学习目标】

- 掌握屋面坡度的表示方法。
- 熟悉屋面的排水方式和排水构造。
- 能绘制直式和横式雨水口详图。
- 养成严谨细致、一丝不苟的工作作风。

基本知识: 平屋顶的坡度及排水

C6-3-1　屋面坡度及其形成

为了保证雨水能尽快排出, 屋面应设有一定的排水坡度。屋面排水坡度应根据屋顶的结构形式、屋面的基层类别、防水构造形式、材料性能及当地气候等条件确定, 并应符合表 C-21 的规定。

表 C-21　屋面的排水坡度

屋面类别	屋面排水坡度/%
卷材防水、刚性防平水	≥2
平瓦	20～50
波形瓦	10～50
油毡瓦	≥20
金属屋面	10～35

注: 1. 卷材屋面的坡度不宜超过 25%, 当坡度超过 25%时应采取防止下滑的措施。
　　2. 卷材防水屋面天沟、檐沟纵向坡度不应小于 1%; 沟底水落差不得超过 200mm。天沟、檐沟排水不得流经变形缝和防火墙。
　　3. 当屋面坡度超过 25%时, 不宜采用沥青基防水涂料及成膜时间过长的涂料。
　　4. 当平瓦、波形瓦屋面坡度超过 50%, 油毡瓦屋面超过 150%时, 应采取固定加强措施。
　　5. 架空隔热屋面坡度不宜超过 5%, 种植屋面坡度不宜超过 3%。

　　1）屋面坡度的表示方法。常用的坡度表示方法有斜率法、百分比法和角度法。斜率法以屋顶倾斜面的垂直投影长度与水平投影长度之比来表示，百分比法以屋顶倾斜面的垂直投影长度与水平投影长度之比的百分比值来表示，角度法以倾斜面与水平面的夹角的大小来表示。平屋顶多采用百分比法，坡屋顶多采用斜率法，角度法很少采用。

　　2）屋面坡度的形成方法。平屋顶屋面坡度的形成方法有材料找坡和结构找坡，如图 C-78 所示。

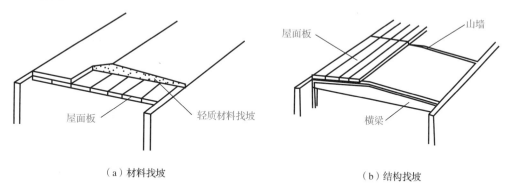

（a）材料找坡　　　　　　　　　　　　　（b）结构找坡

图 C-78　平屋顶屋面坡度的形成

　　① 材料找坡。材料找坡也称为垫置坡度，是在水平搁置的屋面板上铺设轻质材料形成屋面的排水坡度。这种找坡方式的特点是结构底面平整，容易保证室内空间的完整性，但屋面荷载加大，坡度不宜过大。在北方地区，当屋顶设置保温层时，常利用保温层兼作找坡层，但这种做法会使保温材料消耗增多，屋顶荷载增大和造价升高。

　　② 结构找坡。结构找坡也称为搁置坡度，是将屋面板搁置在倾斜的梁上或墙上形成屋面的排水坡度。这种找坡方法的特点是减轻了屋面的荷载，省工省料，较为经济，但屋顶结构底面倾斜，在一般民用建筑中较少采用，多用于生产性建筑和有吊顶的公共建筑。

C6-3-2　屋顶的排水方式

屋顶的排水方式主要分为无组织排水和有组织排水两大类。

1. 无组织排水

　　屋面雨水经挑檐自由下落至室外地面的排水方式，称为无组织排水，也称为自由落水，如图 C-79 所示。这种排水方式构造简单、造价低，但沿檐口下落的雨水会溅湿墙脚，有风时雨水还会污染墙面。无组织排水一般用于低层或次要建筑及降雨量较小地区的建筑。

2. 有组织排水

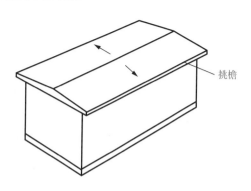

图 C-79　平屋顶的无组织排水

　　有组织排水是指在屋顶设置与屋面排水方向垂直的纵向天沟，将雨水汇集起来，经雨水口和雨水管有组织地排到室外地面或室内地下排水系统的排水方式，也称为天沟排水。有组织排水的屋顶构造复杂，造价高，但避免了雨水自由下落对墙面和地面的冲刷与污染。按照雨水管的位置不同，有组织排水分为外排水和内排水，以及内外排水相结合的方式。

1）外排水。外排水是屋顶雨水由室外雨水管排到室外的排水方式。这种方式构造简单、造价较低，被广泛应用。按照檐沟在屋顶的位置，外排水有挑檐沟外排水 [图 C-80（a）]、女儿墙内檐沟外排水 [图 C-80（b）]、女儿墙挑檐沟外排水 [图 C-80（c）]、暗管外排水和长天沟外排水等方式。

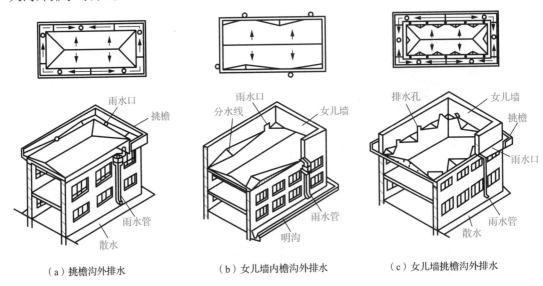

（a）挑檐沟外排水　　　　　（b）女儿墙内檐沟外排水　　　　　（c）女儿墙挑檐沟外排水

图 C-80　平屋顶的有组织外排水

2）内排水。内排水是屋顶雨水由设在室内的雨水管排到地下排水系统的排水方式。这种排水方式构造复杂，造价及维修费用高，雨水管占室内空间，一般适用于大跨度建筑、高层建筑、严寒地区及对建筑立面有特殊要求的建筑。雨水管可设在跨中的管道井内，如图 C-81（a）所示；也可设在外墙内侧，如图 C-81（b）所示；当屋顶空间较大，设有较高的吊顶时，也可采用内落外排的排水方式，如图 C-81（c）所示。

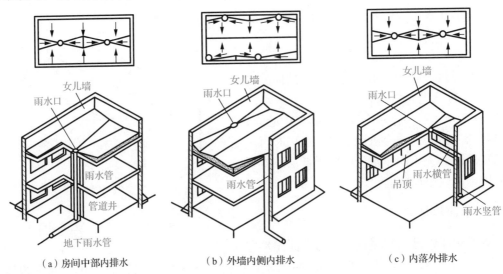

（a）房间中部内排水　　　　　（b）外墙内侧内排水　　　　　（c）内落外排水

图 C-81　平屋顶的有组织内排水

总之，在民用建筑中，应根据建筑物的高度、地区年降雨量及气候等其他情况，恰当地选用排水方式。采用无组织排水，必须做挑檐；采用有组织排水，必须设置天沟。

3）虹吸式屋面排水。目前在屋面工程中大部分采用重力流排水，但随着建筑技术的不断发展，一些超大型建筑不断涌现，常规的重力流排水方式就很难满足屋面排水的要求，为了解决这一问题，目前国家正在推广使用虹吸式屋面排水系统。

虹吸排水的原理是利用建筑屋面的高度和雨水所具有的势能，产生虹吸现象，通过雨水管道变径，在该管道处形成负压，屋面雨水在管道内负压的抽吸作用下，以较高的流速迅速排出屋面雨水，如图 C-82 所示。

图 C-82　虹吸排水示意图

相对于普通重力流排水，虹吸式雨水排水系统的排水管道均按满流有压状态设计，悬吊横管可以无坡度铺设。由于产生虹吸作用时，管道内的水流流速很高，相对于同管径的重力流排水量大，所以可减少排水立管的数量，同时可减小屋面的雨水负荷，以最大限度地满足建筑的使用功能要求。

3. 屋顶的排水构造

1）天沟。天沟是汇集屋面雨水的沟槽，有钢筋混凝土槽形天沟（也称为矩形天沟）和在屋面板上用找坡材料形成的三角形天沟两种，如图 C-83 所示。当天沟位于檐口处时称为檐沟。天沟的断面尺寸应根据地区降雨量和汇水面积的大小确定，一般天沟净宽不小于 200mm，沟底的纵向排水坡度一般为 0.5%～1%。

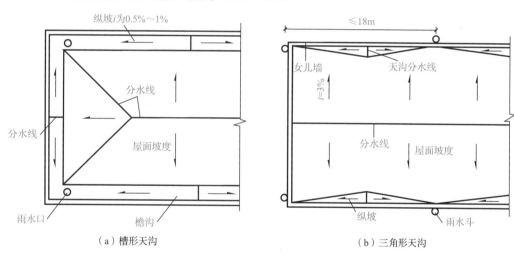

（a）槽形天沟　　　　　　　　　　（b）三角形天沟

图 C-83　天沟构造

2）雨水口。雨水口是将天沟的雨水汇集到雨水管的连通构件，要求其排水通畅、不易堵塞、防止渗漏。雨水口可采用塑料或金属制品，金属配件均应进行防锈处理。雨水口周围直径 500mm 范围内的坡度不应小于 5%，防水层下应增设涂膜附加层；防水层和附加层伸入水落口杯内不应小于 50mm，并应黏结牢固。雨水口有直式雨水口和横式雨水口两种，如图 C-84 所示。

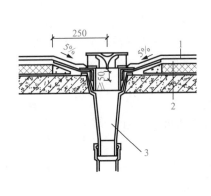 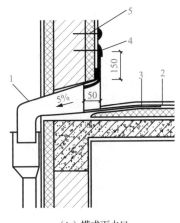

（a）直式雨水口

1—防水层；2—附加层；3—水落斗。

（b）横式雨水口

1—水落斗；2—防水层；3—附加层；
4—密封材料；5—水泥钉。

图 C-84　雨水口

3）雨水管。雨水管按材料不同有镀锌铁皮管、PVC 管、铸铁管等，直径一般有 50mm、75mm、100mm、125mm、150mm 和 200mm 等几种规格。在一般民用建筑屋面排水中，常用直径为 100mm 的镀锌铁皮管和 PVC 管。

4. 屋面排水组织设计

屋面排水组织设计的目的是迅速排出屋面雨水，使屋面不积水，减少渗水、漏水的可能。其设计要求是使排水线路简单，雨水口负荷均匀，排水顺畅。

屋面排水组织设计一般可按以下步骤进行。

1）确定屋面排水坡度。屋面排水坡度的确定应综合考虑屋顶的结构形式、屋面的基层类别、防水构造形式、使用性质、防水材料的性能与尺度及当地气候条件等因素的影响。

2）确定排水方式。屋顶的排水方式应根据建筑物的高度、地区年降雨量、屋顶形式及气候等情况来确定。屋面排水宜优先采用外排水；高层建筑、多跨及集水面积较大的屋面宜采用内排水。

3）划分排水区域。排水区域的划分应注意使每个排水区的面积大小均衡，一般不宜大于 200m^2，同时要考虑雨水口的位置设置。雨水口的位置设置要尽量避开门窗洞口的垂直上方，一般设置在窗间墙部位。

4）确定天沟的断面形状、尺寸及纵向坡度。天沟的断面形状有槽形和三角形两种。一般天沟净宽不小于 200mm，天沟上口距分水线的垂直高度不小于 120mm，沟底的纵向排水坡度一般为 0.5%～1%，卷材防水屋面沟底的纵向排水坡度不应小于 1%，沟底水落差不得超过 200mm。天沟排水不得流经变形缝和防火墙。

5）确定雨水管所用材料、规格和雨水管间距。目前民用建筑屋面排水管常采用 PVC 管、PVC-U（硬塑）管和镀锌铁皮管。屋面排水雨水管的管径一般为 100mm，阳台、露台、雨篷排水管的管径一般为 50mm 或 75mm。雨水管的间距一般为：挑檐沟排水不宜大于 24m，其他方式排水不宜大于 18m。

6）檐口、雨水口、泛水、变形缝等细部节点构造设计。

7）绘制屋顶排水平面图及各节点详图。

能力训练：绘制直式和横式雨水口详图

根据图 C-85 绘制直式和横式雨水口详图。

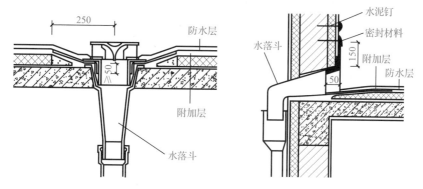

图 C-85 直式和横式雨水口

巩固提高

问题导向 1：平屋顶多采用的屋面坡度表示方法是_____。

问题导向 2：平屋顶屋面坡度的形成可通过材料找坡或_____找坡来实现。

问题导向 3：屋顶的排水方式分为_____排水和有组织排水两大类。有组织排水又分为外排水和内排水，以及内外排水相结合的形式。

问题导向 4：无组织排水一般用于低层或次要建筑及降雨量较小地区的建筑。_____（填"对"或"错"）

问题导向 5：外排水一般适用于大跨度建筑、高层建筑、严寒地区及对建筑立面有特殊要求的建筑。_____（填"对"或"错"）

问题导向 6：一般民用建筑屋面排水中常用直径为_____mm 的镀锌薄钢管和 PVC 管。

问题导向 7：一般天沟净宽不小于_____mm，沟底的纵向排水坡度一般为 0.5%～1%。

问题导向 8：根据图 C-86 写出下列数字代表的含义。

1._____；2._____；3._____；4._____；5._____。

问题导向 9：根据图 C-87 写出下列数字代表的含义。

1._____；2._____；3._____；4._____；5._____。

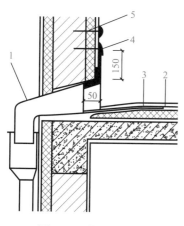

图 C-86 横式雨水口

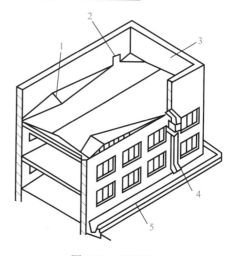

图 C-87 屋顶排水

问题导向 10：下列关于屋面无、有组织的排水方式中，说法错误的是_____。

A．无组织排水方式就是自由落水，其构造简单，造价低廉

B．有组织排水方式就是通过排水系统，将屋面积水有组织地排到地面

C．有组织排水方式广泛用于多层及高层建筑，高标准的低层建筑、临街建筑和严寒地区的建筑多用无组织排水

D．无组织排水方式多用于低层的中、小型建筑物或少雨地区的建筑

职业能力 C6-4　认知坡屋顶

【核心概念】

- 横墙承重：将横墙顶部按屋面坡度大小砌成三角形，直接搁置檩条以承受屋顶荷载，这种承重方式又称为硬山搁檩。
- 梁架承重：我国传统建筑屋顶的结构形式之一，一般由立柱和横梁组成屋顶和墙身部分的承重骨架，并利用檩条和连系梁使整个建筑形成一个整体骨架。

【学习目标】

- 熟悉坡屋顶的组成、承重结构、屋面构造、细部构造。
- 能绘制立墙和山墙的防水构造详图。
- 提升对我国传统建筑的审美素养，弘扬中华优秀传统文化。

基本知识：坡屋顶的组成及构造_____

C6-4-1　坡屋顶的组成

坡屋顶具有坡度大、排水快、防水功能好的特点，是我国传统建筑中广泛采用的屋面形式之一。坡屋顶的组成与平屋顶的组成基本相同，一般由承重结构、屋面和顶棚等基本部分组成，必要时可设保温隔热层等，但坡屋顶的构造与平屋顶相比有明显的不同。

C6-4-2　坡屋顶的承重结构

坡屋顶的承重结构与平屋顶的承重结构有明显不同，其结构层顶面坡度较大，直接形成屋顶的排水坡度。坡屋顶的结构大体上分为檩式、板式和椽式 3 种。本节主要介绍檩式结构。

檩式结构是以檩条为主要支承结构，直接支承在屋架或山墙上，檩条上支承屋面板或椽条。常见的檩条的支承结构有以下 3 种。

1．横墙承重

将横墙顶部按屋面坡度大小砌成三角形，直接搁置檩条以承受屋顶荷载，这种承重方式称为横墙承重，又称为硬山搁檩，如图 C-88 所示。

2．屋架承重

一般建筑屋顶的屋架承重常采用三角形屋架，上面搁置檩条以承受屋面荷载，如图 C-89 所示。

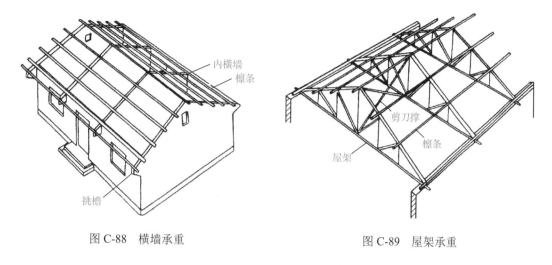

图 C-88　横墙承重　　　　　　　　　　　图 C-89　屋架承重

3. 梁架承重

梁架承重是我国传统建筑屋顶的结构形式之一，一般由立柱和横梁组成屋顶和墙身部分的承重骨架，并利用檩条和连系梁使整个建筑形成一个整体骨架，如图 C-90 所示。

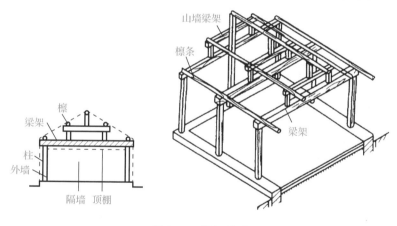

图 C-90　梁架承重

C6-4-3　坡屋顶的屋面构造

1. 屋面类型、坡度和防水垫层

我国传统坡屋面的构造防水，一般是靠屋面瓦片的构造形式及挂瓦的构造工艺来实现的。现代建筑的坡屋面向以材料防水和构造方式相结合及多种工艺并进的方向发展。

根据《坡屋面工程技术规范》（GB 50693—2011）的规定，坡屋面工程设计应根据建筑物的性质、重要程度、地域环境、使用功能要求，以及坡屋面防水层的设计使用年限，分为一级防水和二级防水，如表 C-22 所示。

表 C-22　坡屋面的防水等级

坡屋面的防水等级	一级	二级
防水层的设计使用年限	≥20 年	≥10 年

注：1. 大型公共建筑、医院、学校等重要建筑屋面的防水等级为一级，其他为二级。

　　2. 工业建筑屋面的防水等级按使用要求确定。

根据表 C-23 确定屋面类型、坡度和防水垫层。在坡屋面中，将防水材料统一定义为防水垫层。防水垫层主要使用的材料有以下 3 种。

1）沥青类防水垫层（自黏聚合物沥青防水垫层、聚合物改性沥青防水垫层、波形沥青通风防水垫层等）。

2）高分子类防水垫层（铝箔复合隔热防水垫层、塑料防水垫层、透气防水垫层和聚乙烯丙纶防水垫层等）。

3）防水卷材和防水涂料。

表 C-23　屋面类型、坡度和防水垫层

坡度与垫层	屋面类型						
	沥青瓦屋面	块瓦屋面	波形瓦屋面	金属板屋面		卷材防水屋面	装配式轻型屋面
				压型金属板屋面	夹芯板屋面		
适用坡度/%	≥20	≥30	≥20	≥5	≥5	≥3	≥20
防水垫层	应选	应选	应选	一级应选 二级宜选	—	—	应选

2. 块瓦屋面

根据屋面材料的不同，坡屋面可分为沥青瓦屋面、块瓦屋面、波形瓦屋面、防水卷材屋面、金属板屋面和装配式轻型坡屋面等几种类型。块瓦分为平瓦、小青瓦和筒瓦，适用于防水等级为一级和二级的坡屋面，广泛应用于我国的坡屋面中，如图 C-91 所示。

图 C-91　块瓦

平瓦尺寸一般为长 380～420mm，宽 240mm，净厚 20mm。根据基层的不同有以下 3 种常见做法。

1）冷摊瓦屋面，是指在檩条上搁置椽条，在椽条上钉挂瓦条后直接挂瓦的屋面，如图 C-92（a）所示。这种屋面构造简单、经济，但易飘雨雪。

2）木望板平瓦屋面，是指在檩条或椽条上钉木望板，木望板上干铺一层油毡，用顺水条固定后，再钉挂瓦条挂瓦所形成的屋面，如图 C-92（b）所示。这种屋面的防水和保温效果均比冷摊瓦屋面好。

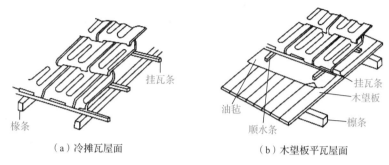

（a）冷摊瓦屋面　　　　　　　　　　　　（b）木望板平瓦屋面

图 C-92　冷摊瓦与木望板平瓦屋面

3）钢筋混凝土板瓦屋面：将预制钢筋混凝土空心板或现浇平板作为瓦屋面的基层，其上盖瓦，如表 C-24 所示。当防水垫层采用波形沥青板通风防水板时，可以不用顺水条。

表 C-24　钢筋混凝土板瓦屋面

简图	屋面构造	备注	简图	屋面构造	备注
	1）平瓦 2）挂瓦条 3）顺水条 4）C20 细石混凝土找平层 5）防水垫层 6）1∶3 水泥砂浆找平层 7）保温或隔热层 8）钢筋混凝土屋面板	1）屋面防水等级为二级 2）屋面有保温隔热层		1）平瓦 2）挂瓦条 3）波形沥青板通风防水垫层 4）钢筋混凝土屋面板	1）不用顺水条 2）屋面防水等级为一级 3）屋面无保温隔热层
				1）平瓦 2）挂瓦条 3）波形沥青板通风防水垫层 4）保温或隔热层 5）钢筋混凝土屋面板	1）不用顺水条 2）屋面防水等级为一级 3）屋面有保温隔热层

3. 平（块）瓦屋面构造

1）保温隔热层上铺设细石混凝土保护层作为持钉层时，防水垫层应铺设在持钉层上，构造层依次为块瓦、挂瓦条、顺水条、防水垫层、持钉层、保温隔热层、屋面板 [图 C-93（a）]。

2）保温隔热层镶嵌在顺水条之间时，应在保温隔热层上铺设防水垫层，构造层依次为块瓦、挂瓦条、防水垫层或隔热防水垫层、保温隔热层、顺水条、屋面板 [图 C-93（b）]。

3）屋面为内保温隔热构造时，防水垫层应铺设在屋面板上，构造层次依次为块瓦、挂瓦条、顺水条、防水垫层、屋面板 [图 C-93（c）]。

4）采用具有挂瓦功能的保温隔热层时，在屋面板上做水泥砂浆找平层，防水垫层应铺设在找平层上，保温板应固定在防水垫层上，构造层依次为块瓦、有挂瓦功能的保温隔热层、防水垫层、找平层（兼作持钉层）、屋面板 [图 C-93（d）]。

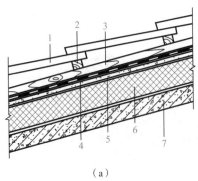

（a）

1—块瓦；2—挂瓦条；3—顺水条；4—防水垫层；
5—持钉层；6—保温隔热层；7—屋面板。

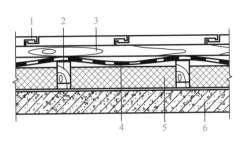

（b）

1—块瓦；2—顺水条；3—挂瓦条；4—防水垫层或隔
热防水垫层；5—保温隔热层；6—屋面板。

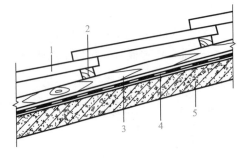

（c）

1—块瓦；2—挂瓦条；3—顺水条；4—防水垫层；
5—屋面板。

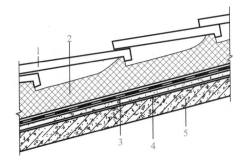

（d）

1—块瓦；2—带挂瓦条的保温板；3—防水垫层；
4—找平层；5—屋面板。

图 C-93　块瓦屋面构造

C6-4-4　坡屋顶的细部构造

1. 屋脊的细部构造

屋脊部位应增设防水垫层附加层，宽度不应小于 500mm；防水垫层应顺流水方向铺设和搭接，如图 C-94 所示。

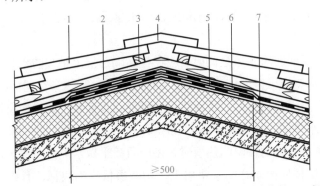

1—瓦；2—顺水条；3—挂瓦条；4—脊瓦；5—防水垫层附加层；6—防水垫层；7—保温隔热层。

图 C-94　屋脊

2. 檐口的细部构造

檐口部位应增设防水垫层附加层。严寒地区或大风区域，应采用自黏聚合物沥青防水垫层加强，下翻宽度不应小于 100mm，屋面铺设宽度不应小于 900mm；金属泛水板应铺设在防水垫层的附加层上，并伸入檐口内；在金属泛水板上应铺设防水垫层，如图 C-95 所示。

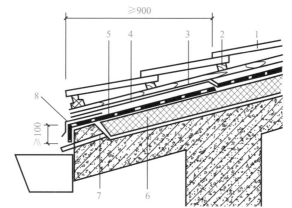

1—瓦；2—挂瓦条；3—顺水条；4—防水垫层；5—防水垫层附加层；
6—保温隔热层；7—排水管；8—金属泛水板。

图 C-95　檐口

3. 钢筋混凝土檐沟的细部构造

檐沟部位应增设防水垫层附加层，檐口部位的防水垫层附加层应延展铺设到混凝土檐沟内，如图 C-96 所示。

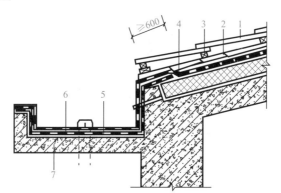

1—瓦；2—顺水条；3—挂瓦条；4—保护层（持钉层）；5—防水垫层；
6—防水垫层附加层；7—钢筋混凝土檐沟。

图 C-96　钢筋混凝土檐沟

4. 天沟的细部构造

天沟部位应沿天沟中心线增设防水垫层附加层，宽度不应小于 1000mm；铺设防水垫层和瓦材时，应顺流水方向进行，如图 C-97 所示。

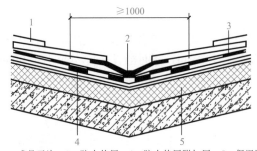

1—瓦；2—成品天沟；3—防水垫层；4—防水垫层附加层；5—保温隔热层。

图 C-97 天沟

5. 立墙的细部构造

阴角部位应增设防水垫层附加层；防水垫层应满粘铺设，沿立墙向上延伸不小于 250mm；金属泛水板或耐候型泛水带覆盖在防水垫层上，泛水带与瓦之间应采用胶黏剂满粘；泛水带与瓦搭接应不小于 150mm，并应黏结在下一排瓦的顶部；非外露型泛水的立面防水垫层宜采用钢丝网聚合物水泥砂浆层保护，并用密封材料封边，如图 C-98 所示。

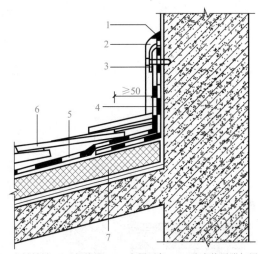

1—密封材料；2—保护层；3—金属压条；4—防水垫层附加层；
5—防水垫层；6—瓦；7—保温隔热层。

图 C-98 立墙

6. 山墙的细部构造

阴角部位应增设防水垫层附加层；防水垫层应满粘铺设，沿立墙向上延伸应不小于 250mm；金属泛水板或耐候型泛水带覆盖在瓦上，用密封材料封边，泛水带与瓦搭接应不小于 150mm，如图 C-99 所示。

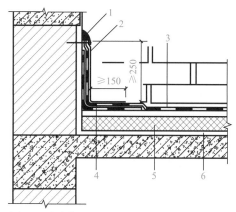

1—密封材料；2—泛水；3—防水垫层；4—防水垫层附加层；5—保温隔热层；6—找平层。

图 C-99　山墙

7. 女儿墙的细部构造

女儿墙的细部构造如图 C-100 所示。

1）阴角部位应增设防水垫层附加层。

2）防水垫层应满粘铺设，沿立墙向上延伸应不小于 250mm；屋面与山墙连接部位的防水垫层上应铺设自黏聚合物沥青泛水带。

3）金属泛水板或耐候型自黏柔性泛水带覆盖在防水垫层或瓦上，泛水带与防水垫层或瓦搭接应不小于 300mm，并应压入上一排瓦的底部；在沿墙屋面瓦上应做耐候型泛水材料。

4）泛水宜采用金属压条固定，并进行密封处理。

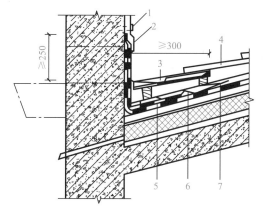

1—耐候密封胶；2—金属压条；3—耐候型自黏柔性泛水带；4—瓦；
5—防水垫层附加层；6—防水垫层；7—顺水条。

图 C-100　女儿墙

8. 穿出屋面管道的细部构造

穿出屋面管道的细部构造如图 C-101 所示。

1）穿出屋面管道上坡方向：应采用耐候型自黏泛水与屋面瓦搭接，宽度应不小于 300mm，并应压入上一排瓦片的底部。

2）出屋面管道下坡方向：应采用耐候型自黏泛水与屋面瓦搭接，宽度应不小于 150mm，并应黏结在下一排瓦片的上部，与左右面的搭接宽度应不小于 150mm。

3）穿出屋面管道的泛水上部应用密封材料封边。

4）金属泛水板、耐候型自黏柔性泛水带表面可覆盖瓦材或其他装饰材料。

5）应使用密封材料封边。

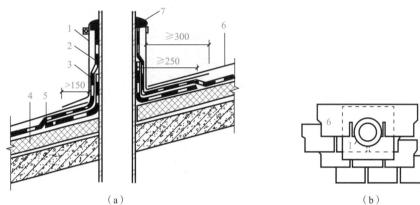

（a）　　　　　　　　　　　　　　　　（b）

1—成品泛水件；2—防水垫层；3—防水垫层附加层；4—保温隔热层；5—保护层（持钉层）；6—瓦；7—密封材料。

图 C-101　穿出屋面管道

能力训练：绘制立墙和山墙的防水构造详图

绘制如图 C-102 所示的立墙、山墙的防水构造详图。

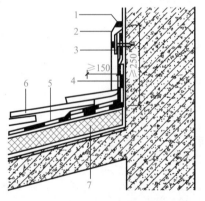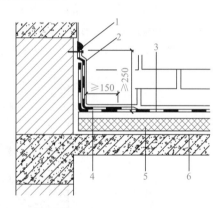

1—密封材料；2—保护层；3—金属压条；
4—防水垫层附加层；5—防水垫层；6—瓦；
7—保温隔热层。

1—密封材料；2—泛水；3—防水垫层；
4—防水垫层附加层；5—保温隔热层；
6—找平层。

图 C-102　立墙、山墙的防水构造

巩固提高

问题导向 1：_____是我国传统建筑屋顶的结构形式，一般由立柱和横梁组成屋顶和墙身部分的承重骨架，并利用檩条和连系梁使整个建筑形成一个整体骨架。

问题导向 2：大型公共建筑、_____、_____等重要建筑屋面的防水等级为一级，其他为二级。

问题导向 3：_____是指在檩条上搁置椽条，在椽条上钉挂瓦条后直接挂瓦的屋面。

问题导向 4：屋脊部位应增设防水垫层附加层，宽度不应小于_____mm；防水垫层应顺水流方向铺设和搭接。

问题导向 5：天沟部位应沿天沟中心线增设防水垫层附加层，宽度不应小于_____mm。

问题导向 6：立墙、女儿墙的阴角部位应增设防水_____层；防水垫层应满粘铺设，沿立墙向上延伸不小于_____mm。

考核评价

本工作任务的考核评价如表 C-25 所示。

表 C-25　考核评价

考核内容			考核评分		
项目	内容	配分	得分	批注	
理论知识（50%）	了解屋顶的作用、类型，掌握屋顶的组成及承重结构，熟悉屋顶排水的构造	25			
	熟悉坡屋顶的承重结构、屋面构造、细部构造	25			
能力训练（40%）	能绘制女儿墙泛水处理构造详图	10			
	能绘制檐口排水做法构造详图	10			
	能绘制直式和横式雨水口详图	10			
	能绘制立墙和山墙的防水构造详图	10			
职业素养（10%）	态度端正，上课认真，无旷课、迟到、早退现象	2			
	与小组成员之间能够做到相互尊重、团结协作、积极交流、成果共享	3			
	言谈举止文明得当，爱护环境，不乱丢垃圾，爱护公共设施	2			
	能够按时、按计划完成工作任务	3			
考核成绩			考评员签字：_____ 日期：_____年_____月_____日		

综合评价：

【核心概念】

- 变形缝：为防止建筑物在外界因素（温度变化、地基不均匀沉降及地震）作用下产生变形，导致开裂甚至破坏而预留的构造缝隙。
- 伸缩缝：建筑物受温度变化影响时，会产生胀缩变形，建筑物的体积越大，变形就越大，当建筑物的长度超过一定限度时，会因变形过大而开裂。为避免发生这种情况，通常沿建筑物长度方向设置缝隙，将建筑物断开，使建筑物分隔成几个独立的部分，各部分可自由胀缩，这种构造缝称为伸缩缝。
- 沉降缝：为防止建筑物因其高度、荷载、结构及地基承载力的不同而出现不均匀沉降，以致发生错动开裂，沿建筑物高度方向设置竖向缝隙将建筑划分成若干个可以自由沉降的单元，这种垂直缝称为沉降缝。

【学习目标】

- 掌握变形缝的类型。
- 能使用 SketchUp 软件绘制墙体伸缩缝详图、沉降缝构造示意图。
- 树立安全第一、质量至上的理念。

基本知识：变形缝的产生原因及类型

C7-1-1　墙体裂缝产生的原因

房屋墙体产生裂缝的原因有很多，主要有以下几种情况。

1. 温差裂缝

温差裂缝的轻重程度与室内外温度、施工质量、伸缩缝间距大小、屋顶保温情况、开窗大小、墙体厚度等有关。温差裂缝虽然与建筑物体型、材料性能、施工质量等多种因素有关，但主要原因是温差变化。

2. 不均匀沉降裂缝

建筑物不均匀沉降会引起建筑物纵横向不规则弯曲变形，当建筑物整体刚度较差，基础不足以调整因沉降差而产生的应力时，便会产生裂缝。

不均匀沉降通常伴随地面开裂，严重者可使房屋倾斜。

3. 地震作用产生的裂缝

《建筑抗震设计规范》适用于 6～9 度地区。通常将其概括为"小震不坏，中震可修，大震不倒"。结构物在强烈地震中不损坏是不可能的，抗震设防的底线是建筑物不倒塌，只要不倒塌就可以极大地减少生命财产的损失，减轻灾害。

C7-1-2　变形缝的类型

变形缝按其作用不同分为 3 种类型：伸缩缝、沉降缝和防震缝。

1. 伸缩缝

伸缩缝的宽度一般为 20～30mm，其位置和间距与建筑物的结构类型、材料、施工条件及当地的温度变化情况有关。墙体伸缩缝视墙体厚度、材料及施工条件不同，可做成平缝（墙厚在一砖以内）、错口缝、企口缝（墙厚在一砖以上）等截面形式，如图 C-103 所示。

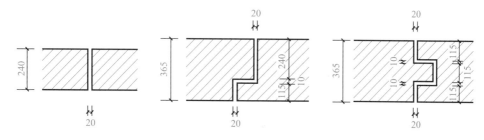

图 C-103　墙体伸缩缝的构造

伸缩缝要求把建筑物的墙体、楼板层、屋顶等地面以上部分全部断开，基础因埋在土中，受温度变化影响较小，不需要断开。

除设置伸缩缝外，一般为减小温度和混凝土对结构的影响，混凝土板宜每 30～40m 间距留出施工后浇带，带宽为 800～1000mm，钢筋采用搭接接头，后浇带混凝土宜在 45 天后浇筑，如图 C-104 所示。

图 C-104　后浇带

2. 沉降缝

沉降缝是解决由于建筑物高度不同、质量不同、平面转折部位等而产生的不均匀沉降的变形。设置沉降缝时，要求从基础到屋顶的所有构件均设缝断开，其宽度与地基的性质和建筑物的高度有关，地基越软弱、建筑的高度越大，沉降缝的宽度也越大。

符合下列条件之一者应设置沉降缝：①当建筑物相邻两部分有高差时；②相邻两部分的荷载相差较大；③建筑体形复杂，连接部位较为薄弱；④结构形式不同；⑤基础埋深相差悬殊；⑥地基土的地耐力相差较大。沉降缝的设置示意图如图 C-105 所示。

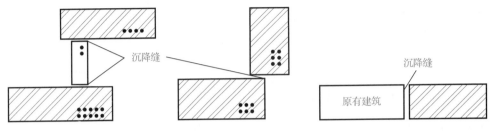

图 C-105　沉降缝的设置示意图

沉降缝可兼起伸缩缝的作用，而伸缩缝却不能代替沉降缝，故沉降缝在构造设计时应满足伸缩和沉降的双重要求。

3. 防震缝

钢筋混凝土房屋需要设置防震缝时，应符合下列规定：各类房屋的防震缝宽度，当高度不超过 15m 时，最小缝宽取 100mm；当高度超过 15m 时，应在 70mm 的基础上按表 C-26 的规定增加缝宽。必要时可按计算校核防震缝的宽度。

表 C-26　防震缝的宽度

设防烈度	建筑物高度	缝宽
6 度	每增加 5m	在 70mm 的基础上增加 20mm
7 度	每增加 4m	在 100mm 的基础上增加 20mm
8 度	每增加 3m	在 100mm 的基础上增加 20mm
9 度	每增加 2m	在 100mm 的基础上增加 20mm

设置防震缝时，一般基础可不断开，但在平面复杂的建筑中，当建筑各相连部分的刚度差别很大时，必须将基础分开，具有沉降缝要求的防震缝也应将基础分开。在地震设防区，防震缝应与伸缩缝、沉降缝统一布置，并满足防震缝的设计要求，防震缝的构造及要求与伸缩缝相似，但墙体不应处理成错口缝和企口缝。

防震缝因缝隙较宽，在构造处理时，应考虑盖缝条的牢固性及适应变形的能力，通常采取覆盖的做法，盖板和钢钉之间留有上、下少量活动的余地，以适应沉降要求。

能力训练：绘制墙体伸缩缝详图、沉降缝构造示意图

【实训 1】绘制墙体伸缩缝详图。

使用 SketchUp 软件绘制如图 C-106 所示的墙体伸缩缝详图。

时间：15 分钟。

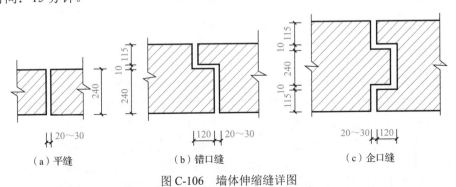

（a）平缝　　　　　　　（b）错口缝　　　　　　　（c）企口缝

图 C-106　墙体伸缩缝详图

【实训 2】绘制沉降缝构造示意图。

参照图 C-107 使用 SketchUp 软件绘制沉降缝构造示意图，手绘完成也可。

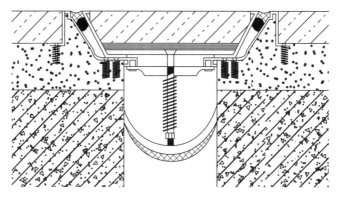

图 C-107　沉降缝构造示意图

巩固提高

问题导向 1：变形缝根据其影响因素的不同，可分为_____、_____和_____三大类。

问题导向 2：设置_____时，必须将建筑的基础、墙体、楼层及屋顶等部分全部在垂直方向断开。

问题导向 3：伸缩缝的宽度一般为_____，以保证缝两侧的建筑构件能在水平方向自由伸缩。

问题导向 4：墙体伸缩缝视墙体厚度、材料及施工条件的不同，可做成_____、_____、_____企口缝等截面形式。

问题导向 5：_____要求把建筑物的墙体、楼板层、屋顶等基础以上的部分全部断开，基础部分因受温度变化影响太小，不必断开。

问题导向 6：除设置伸缩缝外，一般为减小温度和混凝土对结构的影响，混凝土板宜每 30~40m 间距留出施工后浇带，带宽为 800~1000mm，钢筋采用搭接接头，后浇带混凝土宜在 45 天后浇筑。_____（填"对"或"错"）

问题导向 7：_____的宽度与地基的性质和建筑物的高度有关，地基越软弱、建筑物高度越大，缝宽也就越大。

问题导向 8：_____可兼起伸缩缝的作用，而伸缩缝却不能代替沉降缝，故沉降缝在构造设计时应满足伸缩和沉降的双重要求。

问题导向 9：当建筑物的结构形式不同、地基土的地耐力相差较大时，宜设置伸缩缝。_____（填"对"或"错"）

问题导向 10：当建筑体形复杂，连接部位较为薄弱或基础埋深相差悬殊时，宜设置沉降缝。_____（填"对"或"错"）

问题导向 11：设置防震缝时，当建筑高度不超过 15m 时，可采用_____为最小宽度。

C7-2 掌握变形缝的构造

【核心概念】

- 防震缝：在地震高发的地区，当建筑体形复杂或各部分的结构刚度、高度、质量相差较大时，应在变形敏感部位设缝，将建筑物分为若干个体形规整、结构单一的单元，防止在地震波的作用下互相挤压、拉伸，造成变形破坏，这种缝隙称为防震缝。

【学习目标】

- 掌握变形缝的不同构造。
- 能使用 SketchUp 软件绘制屋面变形缝构造详图。
- 树立规范意识，自觉践行行业规范。

基本知识：变形缝的构造及要求

建筑物的变形缝可采用由施工单位现场制作的变形缝，也可以采用变形缝装置。建筑变形缝应具有足够的强度和刚度，以及隔声、防火、防水等功能。然而施工现场制作的变形缝，难以达到我们今后对建筑的要求，因此变形缝朝着变形缝装置方向发展，是建筑业发展的趋向。《建筑外墙防水工程技术规程》（JGJ/T 235—2011）中规定：变形缝部位应增设合成分子防水卷材附加层，卷材两端应满粘于墙体，满粘的宽度不应小于 150mm，并应用钉固定；卷材收头应用密封材料密封。变形缝装置如图 C-108 所示。

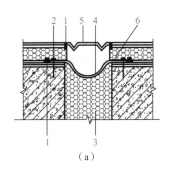
（a）

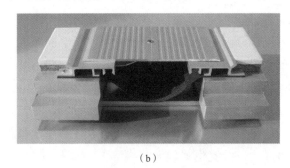
（b）

1—密封材料；2—锚栓；3—衬垫材料；4—合成高分子防水卷材（两端黏结）；5—不锈钢板；6—压条。

图 C-108 变形缝装置

C7-2-1 墙体的变形缝构造

外墙变形缝根据使用要求做防水构造，外墙缝部位在室内外相通时，必须做防水构造。外墙变形缝的保温构造位置应与所在墙体的保温层位置一致，如图 C-109 所示。

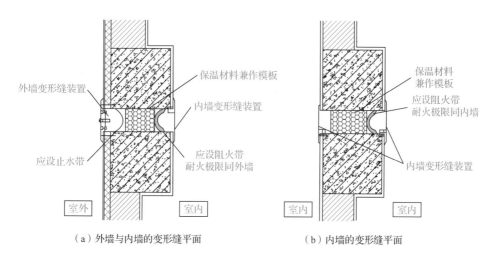

（a）外墙与内墙的变形缝平面　　　　　（b）内墙的变形缝平面

图 C-109　墙体变形缝装置构造示意图

C7-2-2　楼地层的变形缝构造

楼地层变形缝的位置和缝宽应与墙体变形缝一致。变形缝也常以沥青麻丝、油膏、金属调节片等弹性材料填缝或盖缝，上铺与地面材料相同的活动盖板、铁板或橡胶板等以防灰尘下落，盖板下方应设水带和阻火带，卫生间等有水的房间中的变形缝还应做好防水处理。顶棚的缝隙盖板一般为木质或金属，木盖板一般固定在一侧以保证两侧结构的自由伸缩和沉降缝，如图 C-110 所示。

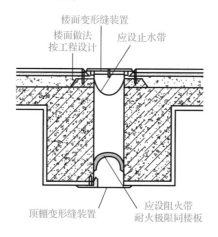

图 C-110　楼面与顶棚的变形缝

C7-2-3　屋面的变形缝构造

屋面变形缝的位置与缝宽亦与墙体、楼地层的变形缝一致。一般设在同一标高屋顶或建筑物的高低错落处。变形缝泛水处的防水层下应增设附加层，附加层在平面和立面的宽度不应小于 250mm；防水层应铺贴或涂刷至泛水墙的顶部；变形缝内应预填不燃保温材料，上部应采用防水卷材封盖，并放置衬垫材料，再在其上干铺一层卷材。

等高变形缝顶部宜加扣混凝土或金属盖板；高低跨变形缝在立墙泛水处，应采用有足够变形能力的材料和构造进行密封处理，如图 C-111 所示。

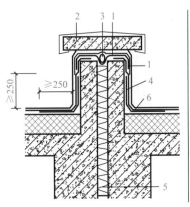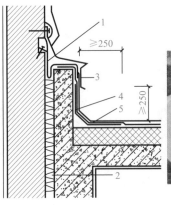

（a）等高屋面变形缝构造　　　（b）高低跨屋面变形缝构造　　　（c）屋面变形缝实景

1—卷材封盖；2—混凝土盖板；3—衬垫　　　1—卷材封盖；2—不燃保温材料；
材料；4—附加层；5—不燃保温材料；　　　3—金属盖板；4—附加层；
6—防水层。　　　　　　　　　　　　　5—防水层。

图 C-111　屋面变形缝构造

能力训练：绘制屋面变形缝构造详图_____

　　绘制屋面变形缝构造详图——参照图 C-112 所示，任选一个用 SketchUp 软件绘制屋面变形缝模型，手绘完成也可。

　　时间：65 分钟。

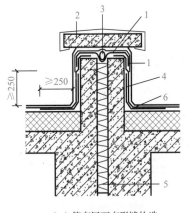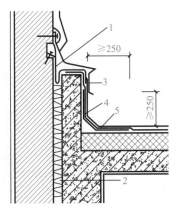

（a）等高屋面变形缝构造　　　　　（b）高低跨屋面变形缝构造

图 C-112　屋面变形缝构造详图

巩固提高_____

　　问题导向 1：外墙_____缝的保温构造位置应与所在墙体的保温层位置一致。

　　问题导向 2：变形缝泛水处的防水层下应增设附加层，附加层在平面和立面的宽度不应小于_____mm。

　　问题导向 3：屋面_____缝的位置与缝宽亦与墙体、楼地层的变形缝一致。

考核评价

本工作任务的考核评价如表 C-27 所示。

表 C-27　考核评价

| 考核内容 | | 考核评分 | | |
项目	内容	配分	得分	批注
理论知识 （50%）	掌握变形缝的类型及要求	25		
	掌握变形缝的构造及要求	25		
能力训练 （40%）	能使用 SketchUp 软件绘制墙体伸缩缝详图、沉降缝构造示意图	20		
	能使用 SketchUp 软件绘制屋面变形缝构造详图	20		
职业素养 （10%）	态度端正，上课认真，无旷课、迟到、早退现象	2		
	与小组成员之间能够做到相互尊重、团结协作、积极交流、成果共享	3		
	言谈举止文明得当，爱护环境，不乱丢垃圾，爱护公共设施	2		
	能够按时、按计划完成工作任务	3		
考核成绩		考评员签字：_____ 日期：_____年_____月_____日		

综合评价：

学习笔记

工作领域

装配式建筑构造认知

【内容导读】

装配式建筑是指把传统建造方式中的大量现场作业工作转移到工厂进行，在工厂加工制作好建筑用构配件（如楼板、墙板、楼梯、阳台等），然后运输到建筑施工现场，通过可靠的连接方式在现场装配安装而成的建筑。如图 D-1 所示为预制墙板现场吊装。

图 D-1　预制墙板现场吊装

装配式建筑在 20 世纪初就开始引起人们的兴趣，到 20 世纪 60 年代得以实现。装配式建筑的建造速度快，综合成本相对较低，因此迅速在世界各地推广开来。

早期的装配式建筑外形比较呆板，设计千篇一律。后来人们在设计上做了改进，增加了灵活性和多样性，使装配式建筑不仅能够成批建造，而且样式丰富。例如，国外有一种活动住宅，是比较先进的装配式建筑，每个住宅单元就像是一辆大型的拖车，只要用特殊的汽车将其运至现场，再由起重机吊装到地板垫块上，和预埋好的水道、电源、电话等系统相接后就能使用。活动住宅内部有暖气、浴室、厨房、餐厅、卧室等设施。活动住宅既能独成一个单元，也能互相连接起来。

装配式建筑主要包括装配式木结构建筑、装配式钢结构建筑、装配式混凝土建筑等，因为采用标准化设计、工厂化生产、装配化施工、信息化管理、智能化应用，所以装配式建筑是现代建筑工业化生产方式的代表。

【学习目标】

通过本工作领域的学习，要达成以下学习目标。

知识目标	能力目标	职业素养目标
1）了解装配式木结构、钢结构、混凝土建筑构造。 2）熟悉各类型装配式建筑的结构体系。 3）掌握装配式建筑的基本构造组成及连接方式	1）能够区分各类型装配式建筑的结构形式。 2）能够知道装配整体式与预制装配式的区别。 3）能准确认知装配式混凝土建筑常用构件及连接形式	1）了解我国古建筑的发展历程，坚定文化自信，增强民族自豪感。 2）树立环保意识、成本意识和可持续发展理念，践行节能减排和绿色施工。 3）了解我国建筑业发展规划，坚定道路自信。 4）培养良好的学习态度和工作态度，传承和弘扬鲁班精神
对接 1+X 装配式建筑构件制作与安装职业技能等级证书（初级、中级、高级）的知识要求和技能要求		

工作任务 D1 装配式木结构建筑认知

D1-1 了解传统木结构建筑

【核心概念】

- 抬梁式：也称为叠梁式，是木构架的主要形式。叠梁式是在柱上搁置梁头，梁上置矮柱，矮柱支承较短的梁，梁头上搁置檩条，如此层叠而上，一般可达3～5根梁。
- 穿斗式：沿房屋的进深方向立柱，用穿枋将柱子贯穿起来，形成一榀屋架；柱头上直接架檩，不用梁；每两榀屋架之间使用斗枋连接。
- 干栏式：干栏式建筑一般为二层及以上，底层用于防潮、防虫，不住人，下部空间也可利用。先用柱子在底层做一高台，台上放梁、铺板，再住人。

【学习目标】

- 了解传统木结构建筑的优点、组成及结构体系。
- 能识别所在地区的传统木结构建筑的结构形式。
- 了解我国古建筑的发展历程，坚定文化自信，增强民族自豪感。

基本知识：传统木结构建筑的优缺点、组成及架构体系

D1-1-1 传统木结构建筑介绍

中国古建筑在结构方面尽木材应用之能事，创造出独特的木结构形式，以此为骨架，既满足了实际的功能要求，同时又创造出了优美的建筑形体及相应的建筑风格。

1. 木构架的优点

木构架之所以能成为中国长期广泛使用的主流建筑类型的主要结构体系，必然有其独特的优势，北方有句通行的谚语，即"墙倒屋不塌"，形象地表达了中国木构架抗震性能优良的特点。具体表现在以下几个方面。

1）承重与围护结构分工明确。房屋荷载由木构架来承担，外墙不承重，仅起到遮风挡雨、保温隔热等围护作用。

2）适应性强。由于墙壁不承重，从而赋予建筑物极大的灵活性。

3）有较强的抗震性能。例如，天津市蓟州区的独乐寺观音阁，建于辽代，历经多次地震，至今仍巍然屹立。

4）施工速度快，维修方便，甚至可以整体搬迁。例如，山西省运城市芮城县的永乐宫就是从山西省永济市整体搬迁而来的。

木构架也存在一些缺点，如木材消耗量大，易燃易朽；木构架属简支梁体系，难以适应更大、更复杂的空间需求，因而现在应用得较少。

2. 木构架的结构组成

在木构架体系中，木构架建筑的主要结构部分被称为"大木作"。大木作是木建筑形体和比例尺度的决定因素。大木作由柱、梁、枋、檩、椽、斗拱等组成，如图 D-2 所示。

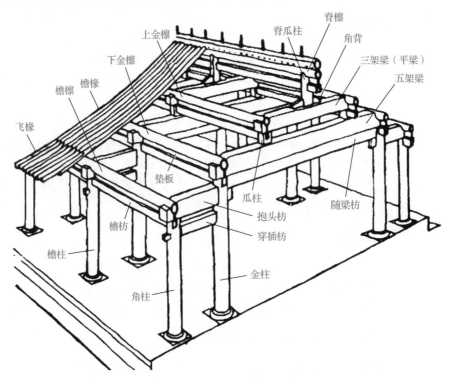

图 D-2 木构架的结构组成

大木作各组成构件的作用如下。

柱：垂直承重构件。

梁：主要的水平受力构件。

枋：置于柱间或柱顶的横木，起稳定柱梁和辅助承重的作用。

檩：又称为桁，承受屋面荷载，并将荷载传给梁和枋。

椽：垂直搁置在檩上，是直接承受屋面荷载的构件。

斗拱：中国木构架建筑中特有的构件，主要承托屋面荷载并传递给柱，同时又有很好的装饰作用。

D1-1-2 传统木结构建筑的组成

传统中国建筑在单体造型上讲究比例匀称，尺度适宜。以现存较为完整的明清建筑为例，在造型上为三段式划分：台基、屋身与屋顶。建筑的下部一般为一个砖石的台基，台基上立柱子与墙，其上覆盖两坡或四坡的屋顶，如图 D-3 所示。

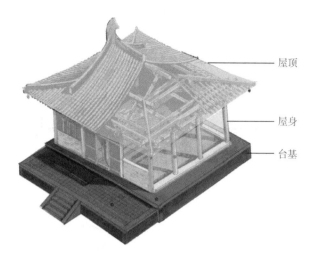

图 D-3　木结构建筑的组成

1. 台基

台基是建筑下面用砖石砌成的突出的平台，是建筑的底座。传统建筑中的石工制作以台基为重点。台基四周压条石虽不直接承重，但有利于基座的维护与加固，而且有衬托美观的作用。砌筑台基最早是为了防潮防水，后来则出于美观及等级制度的需要。

（1）台基的组成

台基包括台明、台阶、栏杆、月台 4 个基本组成要素，如图 D-4 所示。

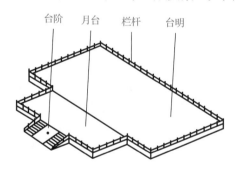

图 D-4　台基的组成

（2）台基的分类

按台基的形式，台基可分为普通台基、须弥座台基、复合型台基 3 种，如图 D-5 所示。

① 普通台基：一般为长方形，是普通房屋建筑台基的通用形式。

② 须弥座台基：须弥座台基的侧面呈凸凹状，是宫殿、坛庙建筑台基的常见形式，该形式除了用于建筑台基，还用于墙体的下碱部位，作为基座类砌体或作为水池、花坛单独使用。

③ 复合型台基：普通台基和须弥座台基两种台基的重叠复合，用于比较重要的宫殿或坛庙建筑。其组合形式有双层普通台基、双层或三层须弥座台基、普通台基与须弥座台基的组合。

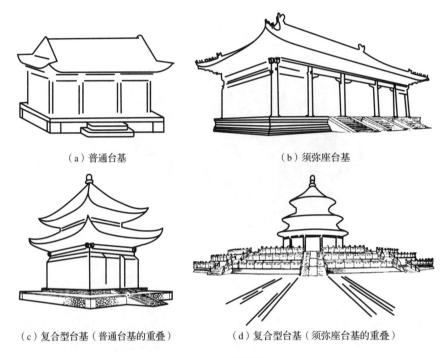

（a）普通台基　　　　　　　　　　　　（b）须弥座台基

（c）复合型台基（普通台基的重叠）　　　（d）复合型台基（须弥座台基的重叠）

图 D-5　台基的形式

2. 屋身

中国建筑的屋身结构以木柱为主，用立柱的方式在柱上架横梁，梁上又再架木柱，层层叠叠，柱子是支承屋身的重要构件。屋身结构如图 D-6 所示。

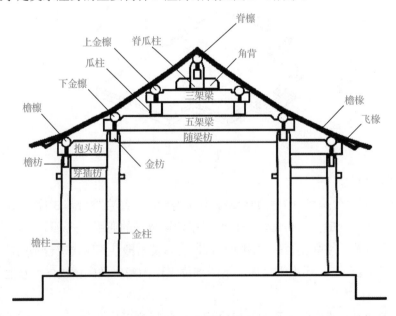

图 D-6　木结构建筑的屋身结构

（1）柱子

古建筑中的柱子起承重的作用。按照柱子所在位置的不同，柱子可分为檐柱、金柱、角柱、中柱、山柱等，如图 D-7 所示。

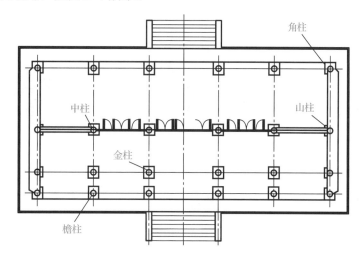

图 D-7　柱子的种类

（2）墙体

在古建筑中墙体基本不承重，主要起围护、保温隔热的作用。按所在位置的不同，墙体大致可分为檐墙、山墙、檐墙等。

（3）梁架

梁架是古建筑中上部的主要承重部分，由梁枋、瓜柱、檩条、椽子、望板等组成。

（4）斗拱

斗拱是中国古建筑独有的构件，由坐斗、瓜拱、万拱、昂、三才升等构件组成斗拱的基本造型，汉唐斗拱硕大宏伟，明清斗拱繁杂细腻，各有千秋。明清斗拱按其所在位置，大致可分为 3 种：平身科斗拱、柱头科斗拱和角科斗拱，如图 D-8 所示。

图 D-8　斗拱的种类

平身科斗拱：位于柱子之间的平板枋上。

柱头科斗拱：位于柱子上方的平板枋上。

角科斗拱：位于角上柱子上方的平板枋上。

3. 屋顶

中国古代建筑的屋顶被称为中国建筑之冠冕，最显著的特征是屋顶流畅的曲线和飞檐，最初的功能是快速排泄屋顶的积水，后来逐步发展成等级的象征，如图 D-9 所示。

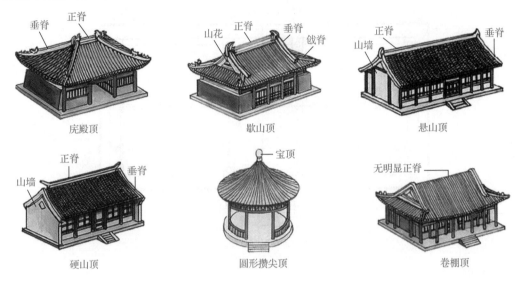

图 D-9　常见屋顶样式

（1）庑殿顶

庑殿顶建筑是古建筑中等级最高的一种建筑样式，庑殿顶又称为四阿顶，五脊四坡式庑殿顶又称为五脊顶。前后两坡相交处是正脊，左右两坡有 4 条垂脊，分别交于正脊的一端。庑殿顶分为单檐和重檐两种，重檐庑殿顶是在庑殿顶之下又有短檐，四角各有一条短垂脊，共九脊。重檐庑殿顶庄重雄伟，是古建筑屋顶的最高等级，多用于皇宫或寺观的主殿，如故宫太和殿就是重檐庑殿顶，开间 11 间，带有 3 个汉白玉栏杆的台基座，整座建筑拔地而起，气势恢宏，体量巨大。

（2）歇山顶

歇山顶又称为九脊顶，有一条正脊、4 条垂脊、4 条戗脊。前后两坡为正坡，左右两坡为半坡，半坡以上的三角形区域为山花。重檐歇山顶等级仅次于重檐庑殿顶，多用于规格很高的殿堂中，如故宫的天安门、太和门、保和殿、钟楼、鼓楼等。一般的歇山顶应用非常广泛，故宫中的其他建筑，以及祠庙社坛、寺观衙署等官家、公共殿堂等都使用歇山顶。

（3）悬山顶

悬山顶又称为挑山顶，有五脊二坡。屋顶两侧伸出山墙之外，并由下面伸出的桁（檩）承托。因其桁（檩）悬挑出山墙之外，故名"挑山""悬山"。悬山顶两面出檐，也是两面坡屋顶的早期做法，但在中国重要的古建筑中不被采用。

（4）硬山顶

硬山顶建筑是古建筑中等级较低的建筑，多用在四合院、农村建筑、故宫中等级较低的房屋中。

（5）攒尖顶

攒尖顶建筑的几条屋脊汇到一个尖上，有四角攒尖、八角攒尖、圆形攒尖等。

（6）卷棚顶

卷棚顶没有屋脊，给人一种秀丽的感觉，较多地用在园林当中。

其他的屋顶样式如图 D-10 所示。

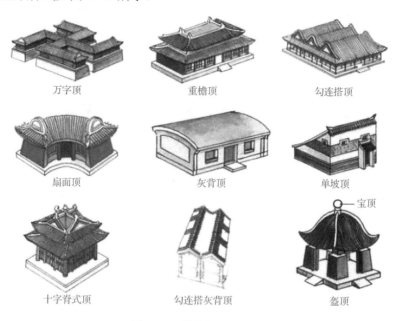

图 D-10　其他的屋顶样式

D1-1-3　传统木结构建筑的结构体系

中国古代建筑以木构架结构为主，结构形式主要有抬梁式、穿斗式、井干式、叠梁穿斗式、干栏式等。抬梁式、穿斗式、井干式建筑如图 D-11 所示。

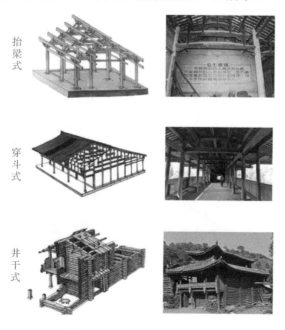

图 D-11　抬梁式、穿斗式、井干式建筑

1. 抬梁式

抬梁式也称为叠梁式，是木构架的主要形式，使用范围最广。

抬梁式的特点是在柱上搁置梁头，梁上置矮柱，矮柱支承起较短的梁，梁头上搁置檩条，如此层叠而上，一般可达 3～5 根梁。当柱头有斗拱时，梁头搁在斗拱上。抬梁式的优点是室内少柱，可获得较大的室内空间；缺点是柱、梁等用材较多且施工相对复杂。

2. 穿斗式

穿斗式的特点是沿房屋的进深方向立柱，用穿枋将柱子贯穿起来，形成一榀榀屋架；柱头上直接架檩，不用梁；每两榀屋架之间使用斗枋连接。穿斗式的优点是用料较小，山墙面抗风性能好；缺点是室内空间不够开阔，柱子较密。

3. 井干式

井干式以圆木或矩形、六角形木料平行向上层层叠置，在转角处木料端部交叉咬合，形成房屋四壁，形如古代井上的木围栏，再在左右两侧壁上立矮柱承脊檩构成房屋。井干式结构耗用木材多，绝对尺度和门窗开设都受限制，因此仅用于少数森林地区。

4. 叠梁穿斗式

当人们逐渐发现抬梁式与穿斗式这两种结构各自的优点后，就出现了将两者相结合使用的房屋，即：两头靠山墙处用穿斗式木构架，可以不使用直径大的木料；而中间使用抬梁式木构架，就能增加室内的使用空间。这种混合构架不全部使用大型木料，但和全部使用大型木料的效果相同，如图 D-12 所示。

5. 干栏式

干栏式构架先用柱子在底层做一高台，台上放梁、铺板，再于其上建房子。这种结构的房子高出地面，可以避免地面湿气的侵入。但是后期的干栏式木构架实际上是穿斗的形式，只不过建筑底层架空不封闭而已，如图 D-13 所示。

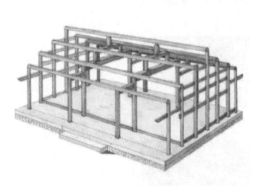

图 D-12　叠梁穿斗式

图 D-13　干栏式

能力训练：识别所在地区的传统木结构建筑的结构形式＿＿＿＿＿＿＿＿＿＿＿＿＿＿＿＿＿＿

你所在地区有哪些著名的传统木结构建筑？根据所学知识分析其结构形式。

巩固提高＿＿＿

问题导向 1：传统木结构建筑的三大部分是指＿＿＿＿＿、＿＿＿＿＿、＿＿＿＿＿。

问题导向 2：按台基的形式，台基可分为普通台基、＿＿＿＿＿台基、复合型台基。

问题导向 3：按照柱子所在位置的不同，柱子可分为＿＿＿＿＿柱、＿＿＿＿＿柱、角柱、中柱、山柱等。

问题导向 4：明清斗拱按其所在位置，基本上可分为＿＿＿＿＿科斗拱、＿＿＿＿＿科斗拱、角科斗拱。

问题导向 5：中国古代建筑大多以木结构为主要结构形式，梁架结构的构架形式最常见的是＿＿＿＿＿、＿＿＿＿＿、＿＿＿＿＿。

职业能力 D1-2 认知装配式木结构建筑构造

【核心概念】

- 装配式木结构建筑：由木结构承重构件组成的装配式建筑。
- 木混合结构建筑：木结构构件与钢结构构件、混凝土结构构件等其他材料构件组合而成的混合承重的结构形式，主要包括上下混合木结构建筑、混凝土核心筒木结构建筑等类型。

【学习目标】

- 了解装配式木结构建筑的结构体系。
- 能分析传统木结构建筑与装配式木结构建筑的异同。
- 树立环保意识、成本意识和可持续发展理念。

基本知识：装配式木结构建筑的结构体系及胶合木材料＿＿＿＿＿＿＿＿＿＿＿＿＿＿＿＿

装配式木结构建筑是指主要的木结构承重构件、木组件和部品在工厂预制生产，并通过现场安装而成的木结构建筑。由于国内木材缺乏且生长周期长，从设计深化、工业拆分到施工建设技术要求都相对较高，木结构单位造价远高于混凝土，而且没有大梁承重，木结构适用于一些低层建筑，所以国内木结构的住宅较少。

D1-2-1 装配式木结构建筑的结构体系

装配式木结构按承重构件选用的材料可分为胶合木结构、轻型木结构、方木原木结构及木混合结构。

1. 胶合木结构

根据现行国家标准《木结构设计标准》（GB 50005—2017），胶合木结构可分为层板胶合木和正交胶合木两种形式。层板胶合木由 20～50mm 厚的木板经干燥、表面处理、拼接和顺纹胶合等工艺制作而成，可应用于单层、多层及大跨度的空间木结构建筑。

正交胶合木一般是采用厚度为 15～45mm 的木质层板相互叠层而成的木制品，力学性能优越，且适合工业化生产，主要应用于多高层木结构建筑的墙体、楼板和屋面板等。

2. 轻型木结构

轻型木结构主要指由木构架、木楼盖和木屋盖系统构成的结构体系，适用于三层及三层以下的民用建筑，具有施工简便、材料成本低、抗震性能好的优点。轻型木结构可分为平台式骨架结构和一体通柱式骨架结构。

3. 方木原木结构

方木原木结构是指主要承重构件采用方木或原木制作的单层或多层建筑结构，常用结构形式包括井干式结构、木框架剪力墙结构和传统梁柱式结构等。

4. 木混合结构

木混合结构建筑是木结构构件与钢结构构件、混凝土结构构件等其他材料构件组合而成的混合承重的结构形式，主要包括上下混合混凝土木结构建筑、混凝土核心筒木结构建筑等类型。

D1-2-2　胶合木材料

胶合木是采用单板实木直接交错层压，在压力和高强度的黏合剂的作用下由二层或二层以上的木板叠层胶合在一起形成的构件，一般用于房屋跨梁、承重梁、立柱。装配式木结构建筑中的胶合木材料有胶合直梁、胶合圆柱、胶合异形梁、正交胶合木等，如图 D-14～图 D-17 所示。

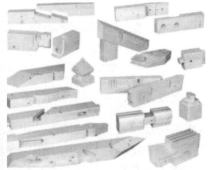

图 D-14　胶合直梁

图 D-15　胶合圆柱

图 D-16　胶合异形梁

图 D-17　正交胶合木

正交胶合木采用木方正交叠放胶合成实木板材,面积和厚度可以定制。大块的正交胶合木可以直接切口后作为建筑的外墙、楼板等,可以极大地提高工程的施工效率。

能力训练:分析传统木结构建筑与装配式木结构建筑的异同_____

通过两部分内容的学习,分析传统木结构建筑与装配式木结构建筑的区别。

巩固提高_____

问题导向 1:装配式木结构按承重构件选用的材料可分为_____、_____、方木原木结构及_____。

问题导向 2:木混合结构建筑主要包括_____、混凝土核心筒木结构建筑等类型。

问题导向 3:装配式木结构建筑中的胶合木材料有_____、胶合圆柱、胶合异形梁、_____等。

职业能力　D1-3　认知预制木结构组件及连接

【核心概念】

- 预制木结构组件:由工厂制作、现场安装,并具有单一或复合功能的,用于组合成装配式木结构的基本单元,简称木组件。
- 板销连接:用板片状硬木销阻止被拼合构件的相对移动,板销主要在顺纹受弯条件下传力,具有较高的承载能力,故应注意使其木纹垂直于拼合缝。

【学习目标】

- 掌握预制木结构组件的组成及连接方式。
- 能识别传统木结构建筑的连接方式。
- 弘扬鲁班精神，坚定文化自信。

基本知识：预制木结构的组件及连接

D1-3-1 预制木结构的组件

预制木结构的组件由工厂制作、现场安装，并具有单一或复合功能，是用于组合成装配式木结构的基本单元，简称为木组件。木组件包括柱、梁、预制墙体、预制楼盖、预制屋盖、木桁架、空间组件等。

1）预制木骨架组合墙体是由规格材制作的木龙骨，外部覆盖纸面石膏板，并在木龙骨间填充保温、隔声材料制作的非承重墙体。

2）预制木墙板是安装在主体结构上，起承重、围护、装饰或分隔作用的木质墙板，按功能可分为承重墙板和非承重墙板。

3）预制板式组件是指在工厂加工制作完成的墙体、楼盖和屋盖等预制板式单元，包括开放式组件和封闭式组件。

4）预制空间组件是指在工厂加工制作完成的由墙体、楼盖或屋盖等共同构成具有一定建筑功能的预制空间单元。

5）开放式组件是在工厂加工制作完成的，如墙骨柱、搁栅和覆面板外露的板式单元。该组件可包含保温隔热材料、门和窗户。

6）封闭式组件是指在工厂加工制作完成的，采用木基结构板或石膏板将开放式组件完全封闭的板式单元。该组件可包含所有安装在组件内的设备元件、保温隔热材料、空气隔层、各种线管和管道。

7）金属连接件是指用于固定、连接、支承的装配式木结构专用金属构件，如托梁、螺栓、柱帽、直角连接件、金属板等。

图 D-18 板销连接

D1-3-2 预制木结构组件的连接方式

1）板销连接：使用板片状硬木销阻止被拼合构件的相对移动，板销主要在顺纹受弯条件下传力，具有较高的承载能力，故应注意使其木纹垂直于拼合缝，如图 D-18 所示。

2）裂环连接：应用最早的连接方式，其特点是连接点对木材的受力面积削弱较小，具有较高的承载能力，但连接主要靠木材受剪传力，韧性较差。

能力训练：识别传统木结构建筑的连接方式

榫卯连接是中国古代匠师创造的一种连接方式，其特点是利用木材承压传力，以简化梁柱连接的构造；利用榫卯嵌合作用，使结构在承受水平外力时，能有一定的适应能力。因此，这种连接至今仍在中国传统的木结构建筑中得到广泛应用。其缺点是对木料的受力面积削弱较大，用料不甚经济。

选择如图 D-19 所示的榫卯连接中的 1～2 种，使用 SketchUp 软件绘制，或手绘。

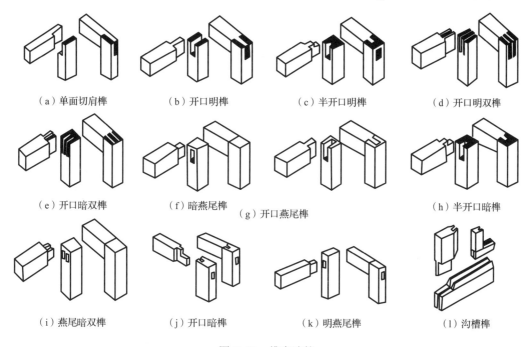

（a）单面切肩榫   （b）开口明榫   （c）半开口明榫   （d）开口明双榫

（e）开口暗双榫   （f）暗燕尾榫   （g）开口燕尾榫   （h）半开口暗榫

（i）燕尾暗双榫   （j）开口暗榫   （k）明燕尾榫   （l）沟槽榫

图 D-19 榫卯连接

操作步骤如下。

1）参照图 D-19（a）～（l）中的左侧图，自行确定两个木方的截面尺寸，进行绘制。

2）绘制好后，将每两个构件组成图 D-19（a）～（l）中右侧图示的样式即可。

巩固提高_____

问题导向 1：预制木墙板按功能可分为_____和非承重墙板。

问题导向 2：预制木结构组件有哪些？

问题导向 3：金属连接件有什么作用？

问题导向 4：预制木结构组件的连接方式有哪些？

考核评价

本工作任务的考核评价如表 D-1 所示。

表 D-1　考核评价

考核内容		考核评分		
项目	内容	配分	得分	批注
理论知识（50%）	了解传统木结构建筑的优点、组成及结构体系	20		
	了解装配式木结构建筑的构造体系	15		
	掌握预制木结构组件的组成及连接方式	15		
能力训练（40%）	能识别所在地区的传统木结构建筑的结构形式	10		
	能分析传统木结构建筑与装配式木结构建筑的异同	15		
	能识别传统木结构建筑的连接方式	15		
职业素养（10%）	态度端正，上课认真，无旷课、迟到、早退现象	2		
	与小组成员之间能够做到相互尊重、团结协作、积极交流、成果共享	3		
	言谈举止文明得当，爱护环境，不乱丢垃圾，爱护公共设施	2		
	能够按时、按计划完成工作任务	3		
考核成绩		考评员签字：_____ 日期：_____年_____月_____日		

综合评价：

工作任务 D2　装配式钢结构建筑构造认知

职业能力 D2-1　装配式钢结构建筑认知

【核心概念】

- 装配式钢结构建筑：由钢部（构）件构成的装配式建筑。

【学习目标】

- 了解装配式钢结构建筑的优缺点及应用。
- 掌握装配式钢结构建筑的组成及结构体系。
- 能分析装配式建筑在国内外的发展趋势。
- 树立绿色发展理念，践行节能减排和绿色施工。

基本知识：装配式钢结构建筑

　　装配式钢结构建筑是指结构系统（如梁、柱等承重结构及围护结构等）均由钢构配件构成，在工厂生产构配件并运至工地现场拼装而成的建筑。各构件或部件之间通常采用焊缝、螺栓或铆钉连接。装配式钢结构建筑如图 D-20 所示。

图 D-20　装配式钢结构建筑

D2-1-1　装配式钢结构建筑的优缺点

1. 装配式钢结构建筑的优点

1）钢结构建筑自重轻，只有传统钢筋混凝土建筑的 30%～50%，而且强度很大。

2）钢结构建筑占用面积小，空间利用率高，得房率较传统钢筋混凝土住宅增加 5%～8%。

3）钢结构建筑的延展性好，抗震性能优越。

4）钢结构建筑的施工效率高，建设周期只有传统建筑的三分之一，30～50 层的钢结构工程可以缩短施工工期 8～12 个月。

5）钢结构建筑节能环保，能够有效降低建筑垃圾数量，可实现三分之一以上节能，钢材可回收率达到 100%，碳排放可减少 35%以上，契合可持续发展理念。

6）构件标准化程度高，创新及优化节点构造，降低制作成本，提高施工效率。

2. 装配式钢结构建筑的缺点

1）钢结构在地震和风荷载作用下的变形是混凝土剪力墙结构的 2～3 倍。

2）钢材的导声性能好，必须采用有效措施进行隔声；钢材的导热性能好，易形成冷桥、热桥，必须做好保温措施。

3）钢结构的耐腐蚀性、防火性、防水性能不如混凝土结构，需采取相应的措施。

4）造价略高，用钢量较钢筋混凝土结构大，增加了防火、防腐、隔声、保温等附加费用。

D2-1-2 装配式钢结构在我国的应用

钢结构在我国工业与民用建筑中的应用，大致有以下几个范围。

1）重型厂房结构，一般的工业车间也采用了钢结构。

2）大跨结构（体育馆、展览馆）。

3）塔桅结构（电视塔、输电线塔）。

4）多层、高层及超高层建筑（工业建筑中的多层框架）。

5）承受振动荷载影响及地震作用的结构（设有较大锻锤的车间）。

6）其他构筑物（海上采油平台）。

D2-1-3 装配式钢结构建筑的组成

1. 轻型钢结构厂房的组成

轻型钢结构厂房由主结构、次结构、围护结构、辅助结构、基础组成，如图 D-21 和图 D-22 所示。

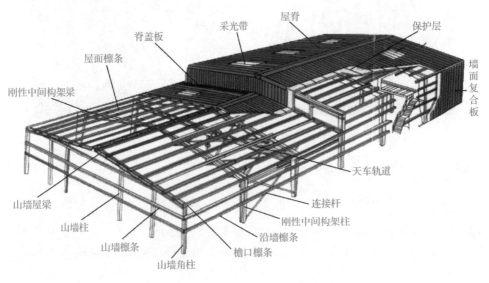

图 D-21 轻型钢结构厂房的组成

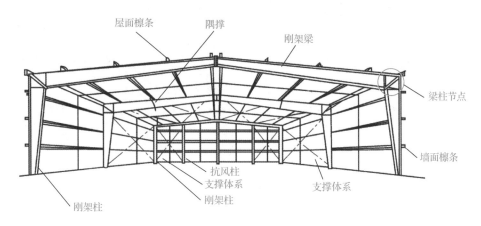

图 D-22　轻型钢结构厂房的结构

主结构：横向刚架、楼面梁、托梁、支撑体系等。

次结构：屋面檩条、墙面檩条等。

围护结构：屋面板、墙板。

辅助结构：楼梯、平台、扶手栏杆等。

基础：基础、基础梁。

单层轻型钢结构厂房一般采用门式刚架、屋架和网架为承重结构，其上设檩条、屋面板（或板檩合一的轻质大型屋面板），下设柱（对刚架则梁柱合一）、基础，柱外侧有轻质墙架，柱内侧可设吊车梁。

2. 薄壁轻钢结构建筑的组成

薄壁轻钢结构建筑是指多采用 1.5～5mm 的薄钢板或带钢冷弯加工成各种截面的型钢所构成的一种钢结构形式。超轻钢集成建筑体系适用于 1～3 层（不含地下室，檐口高度应不大于 12m）的新建、改建、扩建建筑，多用于住宅、别墅、办公楼、旅游配套设施等建筑，如图 D-23 所示。但是冷弯薄壁型钢骨架与钢结构、钢筋混凝土结构的混合结构的建筑物的层数不受限制。

图 D-23　薄壁轻钢结构建筑

基础：一般使用条形基础，如图 D-24（a）所示。

墙体：使用薄壁型轻钢作为墙体骨架，使用铆接方式连接，如图 D-24（b）所示。

（a）条形基础

（b）墙体轻钢骨架

图 D-24　基础与墙体骨架

　　楼板层：以轻钢龙骨为骨架，顶面加水泥压力板，增设木龙骨、防潮膜，铺设木地板，底面加岩棉、铁丝网、石膏板做吊顶，进行装饰装修处理，如图 D-25（a）所示。

　　屋顶：屋顶骨架铺设轻钢龙骨，上加 OSB 拉力板、SBS 防水，顶面铺设沥青瓦，如图 D-25（b）所示。

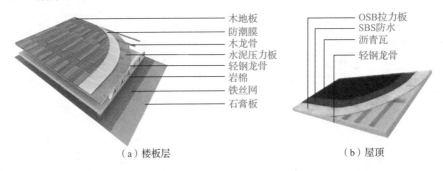
（a）楼板层　　　　　　　　　　　　　　（b）屋顶

图 D-25　楼板层与屋顶

　　外部装修：墙体中部为轻钢龙骨，可使用 3D 喷灌技术，减少轻钢房屋的空洞感和气密性问题，增加房屋的厚重感，外部添加岩棉、防潮呼吸纸、木方、挤塑板、OSB 拉力板、金属雕花板等进行外墙装饰，刷防水涂料或防腐木进行外墙处理，如图 D-26（a）所示。

　　内部装饰：内墙在轻钢龙骨的基础上，加石膏板刷腻子和乳胶漆，其他内部装修基本同其他类型建筑的装修，或使用防腐板进行内部装修处理等，如图 D-26（b）所示。

（a）外部装修

（b）内部装饰

图 D-26　装饰装修

能力训练：分析装配式钢结构建筑在国内外的发展趋势_____

通过查阅资料，分析装配式钢结构建筑在国内外的发展趋势。

巩固提高_____

问题导向 1：装配式钢结构建筑有哪些优点？

问题导向 2：什么是装配式钢结构建筑？

问题导向 3：装配式钢结构建筑构件的连接方式有哪些？

职业能力 D2-2　装配式钢结构建筑结构体系认知

【核心概念】

- 钢框架结构：沿房屋的纵向和横向用钢梁和钢柱组成的框架结构作为承重和抵抗侧力的结构。
- 钢框架-支撑结构：由钢框架和钢支撑构件组成，能共同承受竖向、水平作用力的结构。
- 门式刚架结构：承重结构采用变截面或等截面实腹刚架的单层房屋结构。

【学习目标】

- 掌握常用的装配式钢结构建筑结构体系。
- 能分析门式刚架结构体系的优缺点。
- 培养勤于思考、善于总结、勇于探索的科学精神。

基本知识：装配式钢结构建筑结构体系_____

D2-2-1　常用的装配式钢结构建筑结构体系

目前常用的装配式钢结构建筑结构体系中，传统的有钢框架结构体系、钢框架-支撑结构体系、门式刚架结构体系，新型的有钢管束混凝土剪力墙结构体系、方钢管混凝土组合异形柱结构体系、轻型钢结构体系等。

1. 钢框架结构体系

钢框架结构体系是指沿房屋的纵向和横向用钢梁和钢柱组成的框架结构作为承重和抵

抗侧力的结构，如图 D-27 所示。

图 D-27　钢框架结构体系

1）钢框架结构体系具有以下优点。

① 开间大，可根据建筑功能的需求进行梁柱的灵活布置，可增加建筑使用空间的利用率。

② 自重较轻，材料延性好，具有良好的耗能性能，不易产生应力集中，有利于抗震。

③ 框架杆件类型少，且大部分采用型材，安装制造都很简单，施工速度快。

2）钢框架结构体系具有以下缺点。

① 纯框架结构较柔，弹性刚度较差。为抵抗侧向力所需梁、柱截面较大，导致用钢量大。

② 相对于围护结构，梁、柱截面较大，导致室内出现柱凸角，影响美观和建筑功能。

③ 钢框架属于有侧移结构，因此较难满足高烈度地区对建筑抗震性能的要求，建筑层数及高度受限较严重。不适用于强震区的高层住宅，用于高层住宅的经济性相对较差。

④ 变形较大，舒适度较差。

2. 钢框架-支撑结构体系

钢框架-支撑结构体系是指由钢框架和钢支撑构件组成，能共同承受竖向、水平作用力的结构，如图 D-28 所示。钢支撑分为中心支撑、偏心支撑和屈曲约束支撑等。

图 D-28　钢框架-支撑结构体系

1) 钢框架-支撑结构体系具有以下优点。

① 和纯钢框架建筑一样，可根据建筑功能的需求进行梁、柱的灵活布置，而支撑可选择设置在不影响建筑使用功能的位置，构件截面尺寸更小，进一步增加建筑使用空间的利用率，同时降低了整体用钢量。

② 由于支撑的存在，较纯框架建筑，钢框架支撑体系抗侧力能力有显著增加。柱长细比限制较纯框架结构有较大优势，截面尺寸可有效减小，建筑层数和建造高度有较大提升。

③ 自重较轻，材料延性好，有利于抗震。

2) 钢框架-支撑结构体系具有以下缺点。

① 支撑布置受建筑功能的影响，不易找到合适的布置位置。

② 构件截面较大，对建筑功能产生一定的影响。

③ 支撑（大撑）布置位置零散，造成结构刚度不均匀。

3. 门式刚架结构体系

门式刚架结构体系的承重结构采用变截面或等截面实腹刚架的单层房屋结构，如图 D-29 所示。

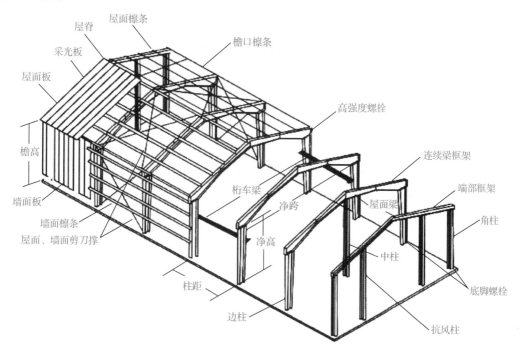

图 D-29 门式刚架结构体系

1) 门式刚架结构体系具有以下优点。

① 门式刚架强度大、跨度大、空间大。

② 抗震性好、抗冲击性好。

③ 整体刚性好、变形能力强，防火性高，耐腐蚀性高，密封性高。

2) 门式刚架结构体系具有以下缺点。

① 耐火性能差。

② 耐腐蚀性差，钢材在潮湿的环境中易于锈蚀、生锈。

4. 钢管束混凝土剪力墙结构体系

钢管束混凝土剪力墙结构体系是指由钢梁和钢管束混凝土剪力墙组成的承受竖向和水平作用力的结构体系，如图 D-30 所示。其中，钢管束混凝土剪力墙是指由钢管束与内填混凝土组合形成共同受力的构件。

图 D-30　钢管束混凝土剪力墙结构体系

1）钢管束混凝土剪力墙结构体系具有以下优点。

① 采用钢管束、钢异形柱代替传统混凝土剪力墙，基本做到室内不凸柱，在平面空间上最大化地服务于建筑。

② 同混凝土墙一样，平面布置可跟随建筑功能房间的需求灵活调整。

③ 与常规混凝土柱相比，钢管束剪力墙、钢异形柱的承载力和构件延性更好，施工效率更高。

2）钢管束混凝土剪力墙结构具有以下缺点。

① 与常规钢结构相比，该结构用钢量更大。

② 与常规钢管混凝土柱相比，由于此类构件的空腔数量较多，截面较小，所以对混凝土作业的质量要求更高，人工及材料成本有一定的增加。

③ 组合截面在工厂生产过程中，在具备完整的机械化生产线前，人工及时间成本较高，且焊接次数较多，焊缝较多，质量较难控制，同时检测成本也相应增加。

5. 方钢管混凝土组合异形柱结构体系

方钢管混凝土组合异形柱结构体系是指由方钢管混凝土组合异形柱构成竖向承重构件，配合钢梁、钢筋桁架楼承板等水平承重构件组成的结构体系，如图 D-31 所示。其中，方钢管混凝土组合异形柱是由多根方钢管混凝土柱通过缀件连接组合而成的，截面形式主要包括 L 形、T 形和十字形。

图 D-31 钢管混凝土组合异形柱结构体系

1）方钢管混凝土组合异形柱结构体系具有以下优点。

① 结构系统布局灵活，构件截面小，解决室内露梁、露柱，基本可做到室内不凸柱，在平面空间上最大化地服务于建筑。

② 同混凝土墙一样，平面布置可跟随建筑功能房间的需求灵活调整。

③ 钢异形柱较常规混凝土柱，承载力和构件延性更好，施工效率更高。

④ 地震多发地区对建筑的抗震要求较高，采用型钢混凝土异形柱，不但能提供良好的建筑空间，也能保证良好的抗震性能。

2）方钢管混凝土组合异形柱结构具有以下缺点。

① 与常规钢结构相比，该结构用钢量更大。

② 由于此类构件的空腔数量较多，截面较小，所以对混凝土作业的质量要求更高，人工及材料成本有一定的增加（较常规钢管混凝土柱）。

③ 组合截面在工厂生产过程中，在具备完整的机械化生产线前，人工及时间成本较高，且焊接次数较多，焊缝较多，质量较难控制，同时检测成本也相应增加。

6. 轻型钢结构体系

轻型钢结构主要用在不承受大荷载的承重建筑中，是指采用轻型 H 型钢（焊接或轧制；变截面或等截面）做成门形钢架支承，C 型、Z 型冷弯薄壁型钢作为檩条和墙梁，压型钢板或轻质夹芯板作为屋面、墙面围护结构，采用高强螺栓、普通螺栓及自攻螺钉等连接件和密封材料组装起来的低层和多层预制装配式钢结构房屋体系，如图 D-32 所示。

图 D-32 轻型钢结构体系

1）轻钢结构体系具有以下优点。

① 轻钢结构建筑质量轻、强度高、整体刚性好、变形能力强。

② 钢构件及相应配套技术工厂化制作，有利于保证产品的质量，促进产业化发展；工业化程度高，作业和现场干净，废料少，其材料可再利用，符合环保和可持续发展的要求。

③ 轻钢构件在封完结构性板材之后，形成了非常坚固的"板肋结构体系"，这种结构体系有着更强的抗震及抵抗水平荷载的能力，适用于抗震烈度为 8 度以上的地区。

④ 纵横的钢龙骨构造为管线穿越提供了方便，并且被封在墙体内部，可以避免穿墙打洞对结构的破坏。

⑤ 建筑体系满足建筑大开间、灵活分隔的要求，墙体薄可增加有效使用面积。

2）轻钢结构体系具有以下缺点。

① 对从业者的要求较高。

② 建成后不得私自更改结构。

③ 短期内建房造价较高。

④ 建筑层高有限。

⑤ 施工工艺要求更高。

⑥ 对材料的选择较为严格。

D2-2-2　其他装配式钢结构建筑的结构体系

装配式钢结构建筑的结构体系还包括钢框架-延性墙板结构、交错桁架结构、低层冷弯薄壁型钢结构、约束混凝土柱组合梁框架-钢支撑结构体系等。

1）钢框架-延性墙板结构：由钢框架和延性墙板构件组成，能共同承受竖向、水平作用力的结构，延性墙板有带加劲肋的钢板剪力墙、带竖缝混凝土剪力墙等。

2）交错桁架结构：在建筑物横向的每个轴线上，平面桁架各层设置，而在相邻轴线上交错布置的结构。

3）低层冷弯薄壁型钢结构：以冷弯薄壁型钢为主要承重构件，不大于 3 层，檐口高度不大于 12m 的低层房屋结构。

4）约束混凝土柱组合梁框架-钢支撑结构体系：由约束混凝土柱组合梁框架和钢支撑共同组成抗侧力体系的结构。其中，约束混凝土柱是通过单片复合螺旋箍筋、连续复合螺旋箍筋对混凝土形成有效的径向约束，组合梁是由预制板、后浇带与钢梁通过抗剪连接件组合而成的梁。

能力训练：分析门式刚架结构体系的优缺点＿＿＿＿＿＿＿＿＿＿＿＿＿＿＿＿＿＿＿＿＿＿

结合图 D-33，分析门式刚架结构体系的优缺点。

图 D-33　门式刚架结构体系

巩固提高_____

问题导向 1：目前常用的装配式钢结构建筑结构体系中，传统的有_____、_____、门式刚架结构体系，新型的有_____、方钢管混凝土组合异形柱结构体系和_____等。

问题导向 2：钢框架-支撑结构体系中的钢支撑分为_____、_____和_____等。

问题导向 3：方钢管混凝土组合异形柱结构体系中异形柱的截面形式有_____、_____和_____等。

问题导向 4：轻型钢结构体系的优点有哪些？

问题导向 5：钢管束混凝土剪力墙结构体系的优缺点有哪些？

职业能力 D2-3　了解装配式钢结构建筑的预制构件及连接方式

【核心概念】

- 焊缝连接：主要采用电弧焊，即在构件连接处借电弧产生的高温将置于焊缝部位的焊条或焊丝金属熔化，从而使构件连接在一起的连接方式。
- 螺栓连接：使用螺栓将两个或多个部件或构件连成整体的连接方式，多用于钢结构中。
- 钢筋桁架楼承板组合楼板：钢筋桁架楼承板上浇筑混凝土形成的组合楼板。

【学习目标】

- 掌握装配式钢结构建筑的主要预制构件及其连接方式。
- 能分析装配式钢结构建筑预制构件的连接方式。
- 培养创新思维和举一反三解决实际问题的能力。

基本知识：装配式钢结构建筑的预制构件及连接方式

D2-3-1 装配式钢结构建筑的主要预制构件

装配式钢结构主要由型钢和钢板等制成的钢梁、钢柱、钢桁架等构件组成，主要预制构件包括预制楼板、预制楼梯、预制墙板等。

1. 预制楼板

装配式钢结构中楼板所用的类型主要有钢筋桁架楼承板组合楼板、桁架钢筋混凝土叠合板和压型钢板组合楼板等。

1）钢筋桁架楼承板组合楼板：钢筋桁架楼承板上浇混凝土形成的组合楼板，如图 D-34 所示。

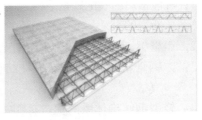

图 D-34 钢筋桁架楼承板组合楼板

2）桁架钢筋混凝土叠合板：由带桁架钢筋预制板和现浇钢筋混凝土层叠合而成的装配整体式楼板，如图 D-35 所示。

图 D-35 桁架钢筋混凝土叠合板

3）压型钢板组合楼板：压型钢板上浇筑混凝土形成的楼板，如图 D-36 所示。

图 D-36 压型钢板组合楼板

2. 预制楼梯

楼梯可采用预制钢楼梯或预制混凝土楼梯，如图 D-37 所示。

图 D-37 预制楼梯

3. 预制墙板

装配式钢结构建筑提倡采用非砌筑墙体和工厂预制墙板。目前常用的墙板有蒸压加气混凝土板、轻钢龙骨类复合墙板、发泡陶瓷墙板、混凝土空心墙板、金属面板夹心墙板等。

（1）蒸压加气混凝土板

蒸压加气混凝土是由磨细的硅质材料（河砂、粉煤灰、石英尾矿粉、页岩等）、钙质材料（水泥、石灰等）、冷拔钢筋网架、发气剂（铝粉）和水等搅拌、浇筑、发泡、静停、切割和蒸压养护而成的多孔轻质实心混凝土制品，如图 D-38 所示。由于采用蒸压养护工艺，所以称为蒸压加气混凝土，用于建筑非承重墙体。

图 D-38 蒸压加气混凝土板

（2）轻钢龙骨类复合墙板

轻钢龙骨类复合墙板是指以轻钢龙骨为骨架，以 4~25mm 厚的建筑平板为罩面板，内部可铺设岩棉、玻璃棉等隔声、隔热材料所形成的非承重轻质墙体，主要应用于公共建筑的内隔墙、隔断工程中，如图 D-39 所示。

图 D-39　轻钢龙骨类复合墙板

（3）发泡陶瓷墙板

发泡陶瓷墙板是指由瓷砖抛光渣、矿渣、钢渣等材料按比例配料，使用球磨机磨细，加发泡剂搅拌均匀，喷雾干燥，干铺入模，入隧道窑，经 1200℃高温烧结，切割成所需厚度的多孔实心板材，如图 D-40 所示。

图 D-40　发泡陶瓷墙板

（4）混凝土空心墙板

混凝土空心墙板是一种以水泥作为胶凝材料，以砂、石、适量的建筑废弃物作为集料，适量钢筋等作为增强材料，经挤压成形机一次挤压成形或成组立模浇筑成形、自然养护而成的、沿板长方向有若干贯通长孔的混凝土轻质条板，如图 D-41 所示。

图 D-41　混凝土空心墙板

（5）金属面板夹心墙板

金属面板夹心墙板是指两侧使用金属面材料形成面层，中间夹以保温隔热材料的复合墙板，如图 D-42 所示。

图 D-42　金属面板夹心墙板

D2-3-2　装配式钢结构建筑构件的连接方式

装配式钢结构中的钢梁、钢柱、钢桁架等构件的连接方式有焊缝连接、螺栓连接、铆接等。

1）焊缝连接：主要采用电弧焊，即在构件连接处借电弧产生的高温将置于焊缝部位的焊条或焊丝金属熔化，从而使构件连接在一起的连接方式，如图 D-43 所示。

图 D-43　焊缝连接

2）螺栓连接：使用螺栓将两个或多个部件或构件连成整体的连接方式，多用于钢结构中。连接件包括螺栓杆、螺母和垫圈。高强度螺栓连接用特殊扳手拧紧高强度螺栓，对其施加规定的预拉力，如图 D-44 所示。

图 D-44　螺栓连接

3）铆接：使用铆钉把两个或两个以上的钢制零件或钢结构构件连接为一个整体的方法，如图 D-45 所示。铆接主要靠铆钉杆的抗剪力来承受外力。

图 D-45　铆接

能力训练：分析装配式钢结构建筑预制构件的连接方式＿＿＿＿＿＿＿＿＿＿＿＿＿＿＿＿＿

通过学习我们知道装配式钢结构中钢梁、钢柱、钢桁架等构件的连接方式有焊缝连接、螺栓连接、铆接等。通过查阅资料，分析预制墙板、楼梯、楼板等预制构件的连接方式。

巩固提高＿＿＿＿＿＿＿＿＿＿＿＿＿＿＿＿＿＿＿＿＿＿＿＿＿＿＿＿＿＿＿＿＿＿＿＿＿＿＿

问题导向 1：装配式钢结构的主要预制构件包括＿＿＿＿＿、＿＿＿＿＿、＿＿＿＿＿等。

问题导向 2：装配式钢结构中楼板所用的类型主要有＿＿＿＿＿、桁架钢筋混凝土叠合板和＿＿＿＿＿等。

问题导向 3：什么是轻钢龙骨类复合墙板？

问题导向 4：什么是混凝土空心墙板？

问题导向 5：什么是焊缝连接？

考核评价

本工作任务的考核评价如表 D-2 所示。

表 D-2　考核评价

考核内容		考核评分		
项目	内容	配分	得分	批注
理论知识（50%）	掌握装配式钢结构建筑的组成及结构体系	25		
	掌握装配式钢结构建筑的预制构件及连接方式	25		
能力训练（40%）	能分析装配式钢结构建筑在国内外的发展趋势	15		
	能分析门式刚架结构体系的优缺点	15		
	装配式钢结构建筑预制构件的连接方式	10		
职业素养（10%）	态度端正，上课认真，无旷课、迟到、早退现象	2		
	与小组成员之间能够做到相互尊重、团结协作、积极交流、成果共享	3		
	言谈举止文明得当，爱护环境，不乱丢垃圾，爱护公共设施	2		
	能够按时、按计划完成工作任务	3		
考核成绩		考评员签字：_____ 日期：_____年_____月_____日		

综合评价：

工作任务 D3　装配式混凝土建筑构造认知

职业能力 D3-1　了解装配式混凝土建筑

【核心概念】

- 装配式混凝土建筑：由混凝土部件（预制构件）构成的装配式建筑。
- 预制装配式：构件在工厂或预制场先制作好，然后在施工现场进行安装。
- 装配整体式：将预制板、梁等构件吊装就位后，在其上或与其他部位相接处浇筑钢筋混凝土连接成整体。

【学习目标】

- 了解装配式混凝土建筑的发展及优势。
- 能识别混凝土建筑的三种施工方式。
- 了解我国建筑业发展规划，坚定道路自信。

基本知识：装配式混凝土建筑

D3-1-1　装配式混凝土建筑概述

装配式混凝土建筑是通过工业化方法在工厂制造工业产品（构件、配件、部件），在工程现场通过机械化、信息化等工程技术手段，按要求组合装配而成的特定建筑产品，即以钢筋混凝土预制构件为主体，通过现场装配建设的混凝土结构类的房屋建筑，如图 D-46 所示。

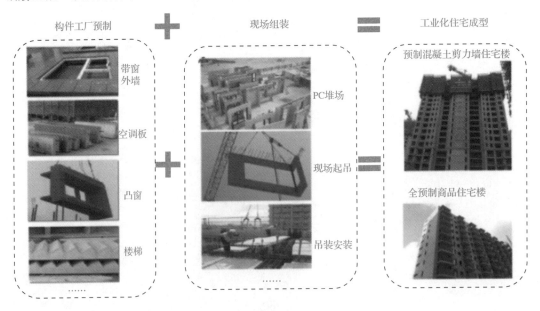

图 D-46　装配式混凝土建筑的形成

D3-1-2　装配式混凝土建筑的发展概况

"像造汽车一样造房子",这是行业内外对建筑产业化广为流传的一句话。追根溯源,这是建筑大师勒·柯布西耶于 1923 年在《走向新建筑》一书中所提出的观点,人们用了将近 100 年的时间来读懂它、达成它。在今天的实践中,随着科技的发展、建筑及装饰工艺的持续精进、精工品质的提升,建筑也逐步可以像机器一样精细化、标准化,以适应现代大生产的潮流。

1. 国外发展概况

西欧是预制装配式建筑的发源地,早在 20 世纪 50 年代,为解决第二次世界大战后的住房紧张问题,欧洲的许多国家,特别是西欧的一些国家大力推广装配式建筑,掀起了建筑工业的高潮。美国装配式住宅盛行于 20 世纪 70 年代。1976 年,美国国会通过了《国家工业化住宅建造及安全法案》及一系列严格的行业规范标准,并一直沿用至今。除注重质量外,美国现在的装配式住宅更加注重美观、舒适性及个性。

日本装配式混凝土建筑的发展借鉴了欧美发展的经验,在标准化设计建设的背景下,联系自身实际需求,在整体性隔震、抗震设计中获得了突破性进展。目前,日本该类建筑的应用发展已经达到了较高的水平,同时,建筑规范与标准也在不断完善。日本建筑在多次大型地震中都体现了显著的抗震效果,使人们的生命财产安全获得了保障。日本于 20 世纪 70 年代提出装配式住宅理念,于 90 年代运用工厂化、部件化的生产,住宅内部结构可以灵活转变、生产效率高,能够满足多样化的需求,如图 D-47 所示。

图 D-47　东京中银舱体大楼

2. 国内发展概况

我国在 20 世纪 50 年代开始对装配式混凝土建筑开展研究,并形成了自己的建筑体系,其中典型的建筑体系有装配式大板建筑体系、多层框架建筑体系、单层工业厂房建筑体系等。20 世纪 80 年代,该类建筑的应用进入全盛时期,多数地区构建了设计、制作、安装为一体的工业化建筑模式,如图 D-48 所示。

图 D-48　北京民族饭店——首次采用预制装配式框架剪力墙结构

至 90 年代中期，全现浇混凝土建筑逐步取代装配式混凝土建筑，相对来说，只有单层工业厂房建筑体系应用较为频繁，其他的建筑均应用较少。核心原因在于对设计施工管理的专业程度及预制结构抗震整体性能的研究不足，使建筑经济性低下，这也是导致预制结构发展停滞不前的主要原因。

近年来，伴随建筑行业的迅速发展，国家政策倾斜，装配式建筑规范、标准的全面化，技术的成熟使该类建筑不断增多，质量也得到了全面提升，由此推动了装配式建筑的迅速发展，如图 D-49 所示。

图 D-49　上海宝业集团装配式办公大楼

当前，我国建筑行业已然进入了高速发展阶段，而装配式建筑也步入了全新的发展时期。在《建筑产业现代化发展纲要》中指出，至 2025 年，新建建筑中装配式建筑能够占据 50%以上，由此充分展现了现代化建筑的发展趋势及发展目标。

D3-1-3　混凝土建筑的施工方式

混凝土建筑的施工方式有现浇整体式、预制装配式、装配整体式。

1．现浇整体式

含义：所有构件采用现场支模板，现场浇筑混凝土，现场养护。

优点：整体性好，刚度大，抗震、抗冲击性好，防水性好，对不规则平面的适应性强，开洞容易。

缺点：需要大量的模板，现场的作业量大，工期也较长。

2. 预制装配式

含义：构件在工厂或预制场先制作好，然后在施工现场进行安装。
优点：可以节省模板，改善制作时的施工条件，提高劳动生产率，加快施工进度。
缺点：整体性、刚度、抗震性能差。

3. 装配整体式

含义：预制混凝土构件或部件通过钢筋、连接件或施加预应力加以连接，并现场浇筑混凝土而形成整体。

特点：装配整体式的整体性、抗震性介于现浇整体式和预制装配式之间。模板消耗和批量生产也介于现浇整体式和预制装配式之间。

预制装配式本质上更倾向于装配式，而装配整体式本质上更倾向于整体式。两者都采用了预制构件，预制装配式可以简单理解成全（大部分）装配，装配整体式可以简单理解成半装配式。

D3-1-4　装配式混凝土建筑的优势

装配式混凝土建筑的应用推动了建筑行业的发展，同时在国民经济发展中占据着重要的地位。装配式混凝土建筑的发展应用推动了建筑行业的创新发展，促进了新技术、新材料的应用，同时影响着建筑行业未来的发展趋势。相对于传统建筑，装配式建筑的优势显著，不仅能够满足居住的需求，还能够满足节能环保的需求，具备良好的环境效益、经济效益、社会效益。

1. 提高工程质量和施工效率

通过标准化设计、工厂化生产、装配化施工，减少了人工操作和劳动强度，确保了构件质量和施工质量，从而提高了工程质量和施工效率。

2. 减少资源、能源消耗，减少建筑垃圾，保护环境

由于实现了构件生产工厂化，材料和能源消耗均处于可控状态；建造阶段消耗的建筑材料和电力较少；施工扬尘和建筑垃圾大幅度减少。

3. 缩短工期，提高劳动生产率

由于构件生产和现场建造在两地同步进行，建造、装修和设备安装一次完成，相比传统建造方式极大地缩短了工期，能够适应我国城市化建设的进程。

4. 转变建筑工人身份，促进社会和谐、稳定

现代建筑产业减少了施工现场临时工的用工数量，并使其中一部分人进入工厂，成为产业工人，助推城镇化的发展。

5. 减少施工事故

与传统建筑相比，产业化建筑的建造周期短、工序少、现场工人需求量小，可进一步

降低发生施工事故的概率。

6. 施工受气象因素影响小

产业化建造方式的大部分构配件在工厂生产，现场基本为装配作业，且施工工期短。受降雨、大风、冰雪等气象因素的影响较小。

作为一种全新的建造方式，装配式混凝土建筑发展至今获得了政府和人民的普遍认可与支持。同时，在政策的扶持下，装配式建筑的发展与应用是必然的趋势，也是当代建筑行业的发展主流。在我国社会经济高速发展、建筑行业快速发展的当下，传统建筑必将被装配式混凝土建筑取代，对此，我们必须把握时机，与时俱进，更新思想观念，投入物力、财力、人力推动装配式建筑的研发与推广，为人民提供安全、舒适、实用、绿色环保、美观的居住环境。

能力训练：能识别混凝土建筑的三种施工方式_____

通过查阅资料及实地参观调研，进一步区分现浇整体式、预制装配式、装配整体式三者的区别。

巩固提高_____

问题导向 1："像造汽车一样造房子"，这是建筑大师_____于 1923 年在_____一书中所提出的观点。

问题导向 2：什么是预制装配式？

问题导向 3：什么是装配整体式？

问题导向 4：装配式混凝土建筑有哪些优点？

职业能力 D3-2　认知装配式混凝土建筑常见结构形式

【核心概念】

- 装配式混凝土框架结构：混凝土结构全部或部分采用预制柱或叠合梁、叠合板等构件，通过节点部位后浇混凝土或以叠合方式形成的具有可靠传力机制并满足承载力和变形要求的框架结构。
- 装配式混凝土剪力墙结构：全部或部分剪力墙采用预制墙板，并与叠合楼板、楼梯及阳台等混凝土预制构件，通过后浇混凝土、水泥基灌浆料等可靠连接方式形成一个整体。

- 装配式混凝土框架-剪力墙结构：在装配式框架结构的基础上，布置剪力墙进行空间的分割，增加结构的抗侧移刚度。该结构同样一般由预制柱、预制梁、预制楼板、预制楼梯等结构构件组成，剪力墙采取现浇或预制的方式进行施工，结合了装配式剪力墙结构与装配式框架结构的优良性能。

【学习目标】

- 掌握装配式混凝土建筑的常见结构形式及体系特点。
- 能识别混凝土建筑的结构形式。
- 树立绿色发展理念，践行节能减排和绿色施工。

基本知识：装配式混凝土建筑的常见结构形式

　　装配式混凝土建筑是指由预制混凝土构件通过可靠的方式进行连接并与现场后浇混凝土、水泥基灌浆料形成整体的装配式混凝土结构。装配式混凝土建筑的常见结构形式有装配式混凝土框架结构、装配式混凝土剪力墙结构、装配式混凝土框架-剪力墙结构、双面叠合板式剪力墙结构、外墙挂板结构等。

　　D3-2-1　装配式混凝土框架结构

　　装配式混凝土框架结构是指全部或部分采用预制柱或叠合梁、叠合板等构件，通过节点部位后浇混凝土或以叠合方式形成的具有可靠传力机制并满足承载力和变形要求的框架结构。其适用于多层和小高层装配式建筑，是应用非常广泛的结构，如图 D-50 所示。

图 D-50　装配式混凝土框架结构

　　预制部件：柱、叠合梁、外墙、叠合楼板、阳台、楼梯等，如图 D-51 所示。

　　体系特点：工业化程度高，预制比例可达 80%，内部空间自由度好，室内梁柱外露，施工难度较高，成本较高。

　　适用高度：50m 以下（7 度）。

　　适用建筑：多层和小高层装配式建筑，如公寓、办公、酒店、学校、工业厂房等，是应用非常广泛的结构。

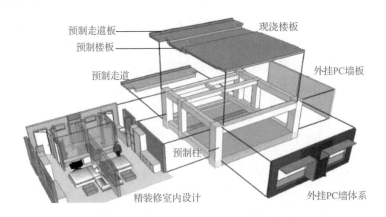

图 D-51　装配式混凝土框架结构的组成

D3-2-2　装配式混凝土剪力墙结构

装配式混凝土剪力墙结构体系是指全部或部分剪力墙采用预制墙板，并与叠合楼板、楼梯及阳台等混凝土预制构件，通过后浇混凝土、水泥基灌浆料等可靠连接方式形成整体的混凝土剪力墙结构体系。装配式剪力墙结构是近年来我国装配式住宅建筑中应用最多、发展最快的结构体系。其特点是全部或部分剪力墙采用预制，楼板采用叠合板，剪力墙竖向钢筋采用套筒灌浆连接，边缘构件采用现浇混凝土连接方式，如图 D-52 所示。

图 D-52　装配式混凝土剪力墙结构

预制部件：剪力墙、叠合楼板、楼梯、内隔墙等。

体系特点：工业化程度高，房间空间完整，无梁柱外露，施工难度高，成本较高，可选择局部或全部预制，空间灵活度一般。

适用高度：高层、超高层。

适用建筑：用于多层和高层装配式建筑，在国内应用较多。

D3-2-3　装配式混凝土框架-剪力墙结构

装配式混凝土框架-剪力墙结构是在装配式混凝土框架结构的基础上，布置剪力墙进行空间的分割，以增加结构的抗侧移刚度。该结构同样一般由预制柱、预制梁、预制楼板、预制楼梯等结构构件组成，剪力墙采取现浇或预制的方式进行施工，结合了装配式混凝土剪力墙结构与装配式混凝土框架结构的优良性能,如图 D-53 所示。

图 D-53 装配式混凝土框架-剪力墙结构

预制部件:柱(柱模板)、剪力墙、叠合楼板、阳台、楼梯、内隔墙等。

体系特点:工业化程度高,施工难度高,成本较高,室内柱外露,内部空间自由度较好。

适用高度:高层、超高层。

适用建筑:适用于高层装配式建筑,其中剪力墙部分一般为现浇,在国外应用较多。

D3-2-4 双面叠合板式剪力墙结构

双面叠合板式剪力墙是由两"片"混凝土墙板叠合而成的。叠合的方式是由钢筋桁架将两侧的混凝土板连接在一起。在工厂预制完成时,板与板之间留有空腔,现场安装就位后再在空腔内浇筑混凝土,由此形成的预制和现浇凝土整体受力的墙体就是叠合板式剪力墙,如图 D-54 所示。

图 D-54 双面叠合板式剪力墙结构

预制部件:剪力墙、叠合楼板、阳台、楼梯、内隔墙等。

体系特点:工业化程度高,施工速度快,连接简单,构件质量轻,精度要求较低等。

适用高度:高层、超高层。

适用建筑:商品房、保障房等。

D3-2-5 外墙挂板结构

外墙挂板体系又称为"外挂内浇"剪力墙体系,是指主体结构受力构件采用现浇,非受力结构采用外挂形式。该体系将施工现场现浇难度较大的围护构件在工厂内预制，然后运至现场，外挂安装后，节点处与竖向主体构件现浇连接，如图 D-55 所示。

图 D-55　外墙挂板结构

预制部件：外墙、叠合楼板、阳台、楼梯、叠合梁等。

体系特点：竖向受力结构采用现浇，外墙挂板不参与受力，施工难度较低，成本较低，常配合大钢模施工。

适用高度：高层、超高层。

适用建筑：保障房、商品房、办公建筑。

能力训练：识别装配式混凝土建筑的结构形式

通过线上搜索或线下实地参观装配式混凝土建筑，试识别其结构形式。

巩固提高

问题导向 1：装配式混凝土建筑的常见结构形式包括_____、_____、_____、_____、_____。

问题导向 2：外墙挂板结构的体系特点是什么？

问题导向 3：什么是装配式混凝土框架结构？

问题导向 4：什么是装配式混凝土剪力墙结构？

问题导向 5：什么是装配式混凝土框架-剪力墙结构？

职业能力 D3-3　认知装配式混凝土建筑的常用构件及连接方式

【核心概念】

- 预制叠合剪力墙：指一侧或两侧均为预制混凝土墙板，在另一侧或中间部位现浇混凝土，从而形成共同受力的剪力墙结构。
- 套筒灌浆连接：指在预制混凝土构件中预埋的金属套筒中插入钢筋并灌注水泥基灌浆料而实现的钢筋连接方式。
- 浆锚搭接连接：指在预制混凝土构件中采用特殊工艺制成的孔道中插入需搭接的钢筋，并灌注水泥基灌浆料而实现的钢筋搭接方式。

【学习目标】

- 熟悉装配式混凝土建筑的常用构件的构造特点和连接方式。
- 能识别装配式混凝土建筑的常用构件及连接方式。
- 培养一丝不苟的工作态度和善于分析问题、解决问题的能力。

基本知识：装配式混凝土建筑的常用构件及连接方式

D3-3-1　装配式混凝土建筑的常用构件

装配式混凝土建筑是由预制混凝土构件通过可靠的连接方式装配而成的混凝土结构。其基本构件主要包括柱、梁、剪力墙、楼板、楼梯、阳台、空调板、女儿墙等，这些构件通常是在工厂预制加工完成的，待强度等符合规范要求后运输至施工现场进行装配施工，如图 D-56 所示。

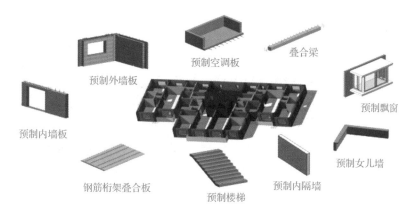

预制空调板　　　叠合梁
预制外墙板
预制飘窗
预制内墙板
预制女儿墙
钢筋桁架叠合板
预制楼梯
预制内隔墙

图 D-56　装配式混凝土建筑的常用构件

1. 预制混凝土柱

预制混凝土柱包括预制混凝土实心柱和预制混凝土矩形柱壳两种形式，预制混凝土实心柱如图 D-57 所示。

图 D-57　预制混凝土实心柱

（1）预制混凝土实心柱

采用钢筋套筒灌浆连接、钢筋浆锚搭接连接进行施工时，预制柱中钢筋接头处套筒外侧箍筋的混凝土保护层厚度不应小于 20mm，如图 D-58 所示。

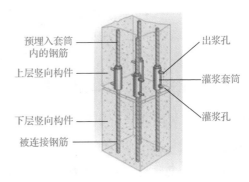

图 D-58　采用灌浆套筒湿连接的预制柱

（2）预制混凝土矩形柱壳

预制混凝土矩形柱壳如图 D-59 所示。

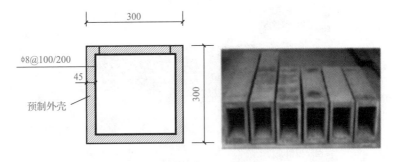

图 D-59　预制混凝土矩形柱壳

2．预制混凝土梁

预制混凝土梁根据施工工艺的不同分为预制实心梁和预制叠合梁。

（1）预制实心梁

预制实心梁的制作简单，构件自重较大，多用于厂房和多层建筑中，如图 D-60 所示。

图 D-60　预制实心梁

（2）预制叠合梁

预制叠合梁便于预制柱和叠合楼板连接，整体性较强，应用十分广泛，如图 D-61 所示。

预制叠合梁

预制梁、柱节点

预制梁节点

预制楼梯和叠合楼板

图 D-61　预制叠合梁与叠合板、预制楼梯及叠合剪力墙搭接

3. 预制混凝土剪力墙

预制混凝土剪力墙从受力性能角度分为预制实心剪力墙和预制叠合剪力墙，如图 D-62 所示。

图 D-62　预制混凝土剪力墙

（1）预制实心剪力墙

预制实心剪力墙是指将混凝土剪力墙在工厂预制成实心构件，并在现场通过预留钢筋与主体结构相连接。随着灌浆套筒在预制剪力墙中的使用，预制实心剪力墙的使用越来越广泛，如图 D-63 所示。

图 D-63　预制实心剪力墙

（2）预制叠合剪力墙

预制叠合剪力墙是指一侧或两侧均为预制混凝土墙板，在另一侧或中间部位现浇混凝土，从而形成共同受力的剪力墙结构。它具有制作简单、施工方便等优点，如图 D-64 所示。

图 D-64　预制叠合剪力墙

4. 预制混凝土楼板

预制混凝土楼板按照制作工艺的不同可分为预制混凝土叠合板、预制混凝土实心板、预制混凝土空心板、预制混凝土双 T 板等。

（1）预制混凝土叠合板

预制混凝土叠合板包括桁架钢筋混凝土叠合板和预制带肋底板混凝土叠合楼板。

1）桁架钢筋混凝土叠合板属于半预制构件，下部为预制混凝土板，厚度通常为 60mm；外露部分为桁架钢筋。叠合楼板在施工现场安装到位后进行二次浇筑，从而成为整体实心楼板，如图 D-65 所示。

图 D-65　预制混凝土叠合板的构造及安装

2）预制带肋底板混凝土叠合楼板是由实心平板和设有预留孔洞的板肋组成预先制作成的底板，并在其上配筋并浇筑混凝土叠合层形成的楼板，如图 D-66 所示。

图 D-66　预制带肋底板混凝土叠合楼板

（2）预制混凝土实心板

预制混凝土实心板的制作较为简单，其连接设计根据抗震构造等级的不同而不同，实心板安装快捷，并且无须现场浇筑，如图 D-67 所示。

图 D-67　预制混凝土实心板

（3）预制混凝土空心板

预制混凝土空心板如图 D-68 所示。

图 D-68 预制混凝土空心板

（4）预制混凝土双 T 板

预制混凝土双 T 板如图 D-69 所示。

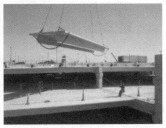

图 D-69 预制混凝土双 T 板

5. 预制混凝土楼梯

预制混凝土楼梯的外观更加美观，可避免在施工现场支模浇筑，节约工期。预制混凝土楼梯受力明确，安装后可作为施工通道，解决垂直运输问题，保证逃生通道的安全，如图 D-70 所示。

图 D-70 预制混凝土楼梯

6. 预制混凝土阳台

预制混凝土阳台通常包括预制实心阳台和预制叠合阳台，预制阳台板能够避免现浇阳台的缺点，解决阳台支模复杂、现场高处作业费时费力的问题，如图 D-71 所示。

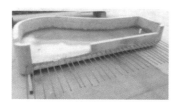

图 D-71　预制混凝土阳台

7. 预制混凝土空调板

预制混凝土空调板通常采用预制实心混凝土板，板侧预留钢筋与主体结构相连。预制混凝土空调板可与外墙板或楼板通过现场浇筑相连，也可与外墙板在工厂预制时做成一体，如图 D-72 所示。

图 D-72　预制混凝土空调板

8. 预制混凝土女儿墙

女儿墙处于屋顶处外墙的延伸部位，通常有立面造型，预制混凝土女儿墙能快速安装，节省工期并提高耐久性。女儿墙可以是单独的预制构件，也可以是顶层的墙板向上延伸，把顶层和女儿墙预制成一个构件，如图 D-73 所示。

图 D-73　预制混凝土女儿墙

D3-3-2　装配式混凝土建筑构件的连接方式

根据施工方法，装配式混凝土建筑的连接方式分为湿连接和干连接两种。湿连接首先在工厂完成预制构件的制作，然后送至施工现场进行拼装和吊装，最后在节点处浇筑水泥砂浆或混凝土进行锚固。湿连接的整体性较好，抗震性能优于干连接。干连接和湿连接相同，首先在工厂完成预制构件的制作，在连接构件中植入钢板等部件，然后通过螺栓或焊接连接构件。干连接施工方便，迎合了建筑工业化的趋势，保证了刚度和承载力，但是延性和恢复性差，抵抗地震荷载作用的能力较弱。

1. 湿连接

湿连接需要在两构件连接处浇筑混凝土或灌注水泥浆。为确保连接的完整性，浇筑混凝土前，应从连接的两构件伸出钢筋或螺栓，焊接或搭接或机械连接。在通常情况下，湿连接是预制结构连接中最常用且便利的连接方式，结构的整体性能更接近于现浇混凝土。常用的湿连接方式包括钢筋套筒灌浆连接、浆锚搭接连接、后浇混凝土连接等。

（1）钢筋套筒灌浆连接

钢筋套筒灌浆连接是指在预制混凝土构件中预埋的金属套筒中插入钢筋并灌注水泥基灌浆料而实现的钢筋连接方式。钢筋套筒灌浆连接的原理为钢筋从套筒两端开口插入套筒内部，钢筋与套筒之间填充高强度微膨胀结构性灌浆料，借助灌浆料的微膨胀特性并受到套筒的围束作用，增强与钢筋、套筒之间的摩擦力来实现钢筋应力的传递，如图 D-74 所示。

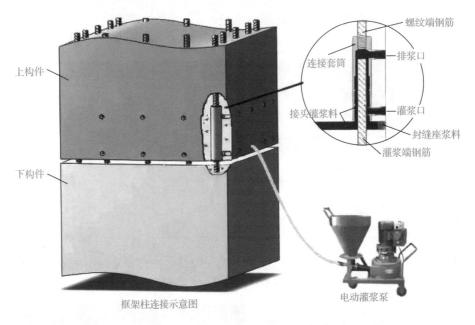

图 D-74　钢筋套筒灌浆连接示意图

连接套筒包括全灌浆套筒和半灌浆套筒。全灌浆套筒是指两端均采用灌浆方式与钢筋连接，如图 D-75 所示。

图 D-75　全灌浆套筒

半灌浆套筒是指一端采用灌浆方式与钢筋连接,另一端采用非灌浆方式与钢筋连接(通常采用螺纹连接),如图 D-76 所示。

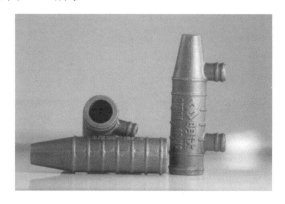

图 D-76 半灌浆套筒

(2)浆锚搭接连接

浆锚搭接连接是指在预制混凝土构件中采用特殊工艺制成的孔道中插入需搭接的钢筋,并灌注水泥基灌浆料而实现的钢筋搭接方式。浆锚搭接连接的原理是基于黏结锚固原理进行连接的方法,在竖向结构构件下段范围内预留出竖向孔洞,孔洞内壁表面留有螺纹状粗糙面,周围配有横向约束螺旋箍筋,将下部装配式预制构件预留钢筋插入孔洞内,通过灌浆孔注入灌浆料将上下构件连接成一体的连接方式,如图 D-77 和图 D-78 所示。

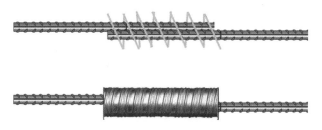

图 D-77 浆锚搭接连接

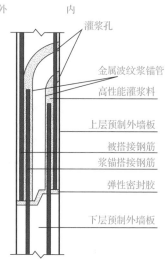

图 D-78 金属波纹管浆锚搭接连接

（3）后浇混凝土连接

后浇混凝土是指预制构件安装后在预制构件连接区或叠合层现场浇筑的混凝土。在装配式建筑中，基础、首层、裙楼、顶层等部位的现浇混凝土，称为现浇混凝土；连接和叠合部位的现浇混凝土，称为后浇混凝土。后浇混凝土连接主要是预制构件与后浇混凝土的连接，通常通过设置粗糙面（人工凿毛法、机械凿毛法和缓凝水冲法）和抗剪键槽来加强连接，如图 D-79 所示。

留槽 露骨料

拉毛 凿毛

图 D-79　后浇混凝土连接

2．干连接

干连接是通过在连接的构件内植入钢板或其他钢构件，通过螺栓连接或焊接来达到连接的目的。常用的干连接方式有螺栓连接、焊接连接、钢筋机械连接等。

（1）螺栓连接

螺栓连接是用螺栓和预埋件将预制构件与预制构件或预制构件与主体结构进行连接的一种连接方式，如图 D-80 所示。

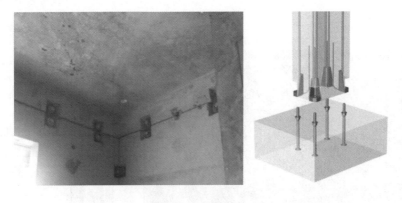

图 D-80　螺栓连接

（2）焊接连接

焊接连接是指在预制混凝土构件中预埋钢板，采用焊接工艺将预制构件连接在一起的方式。焊接连接在混凝土结构中仅用于非结构构件的连接，如图 D-81 所示。

图 D-81 焊接连接

（3）钢筋机械连接

钢筋机械连接是一种借助钢筋端面良好的承压作用，使其与套筒等连接构件进行机械咬合从而实现钢筋连接的方式。

能力训练：识别装配式混凝土建筑的常用构件及连接方式_____

通过参观装配式建筑构件工厂，认识装配式混凝土建筑的常用构件及连接方式，并到装配式建筑工地现场观摩构件的连接。

巩固提高_____

问题导向 1：装配式混凝土建筑的常用构件有_____、_____、_____、_____、_____、_____、_____、_____。

问题导向 2：预制混凝土柱包括预制混凝土_____、_____两种形式。

问题导向 3：预制混凝土梁根据施工工艺的不同分为_____和_____。

问题导向 4：装配式混凝土建筑的连接方式分为_____和_____两种。

问题导向 5：装配式混凝土住宅结构施工，采用钢筋套筒灌浆连接、钢筋浆锚搭接连接施工时，预制柱中钢筋接头处套筒外侧箍筋的混凝土保护层厚度不应小于_____mm。

问题导向 6：常用的湿连接方式包括_____、_____、_____等。

问题导向 7：连接套筒包括_____和_____。

问题导向 8：常用的干连接方式有_____和_____。

问题导向 9：钢筋套筒灌浆连接的原理是什么？

问题导向 10：浆锚搭接连接的原理是什么？

考核评价

本工作任务的考核评价如表 D-3 所示。

表 D-3 考核评价

考核内容			考核评分		
项目	内容	配分	得分	批注	
理论知识（50%）	了解装配式混凝土建筑的发展及优势	15			
	掌握装配式混凝土建筑的常见结构形式及体系特点	15			
	熟悉装配式混凝土建筑的常用构件的构造特点和连接方式	20			
能力训练（40%）	能识别混凝土建筑的三种施工方式	10			
	能识别装配式混凝土建筑的结构形式	10			
	能识别装配式混凝土建筑的常用构件及连接方式	20			
职业素养（10%）	态度端正，上课认真，无旷课、迟到、早退现象	2			
	与小组成员之间能够做到相互尊重、团结协作、积极交流、成果共享	3			
	言谈举止文明得当，爱护环境，不乱丢垃圾，爱护公共设施	2			
	能够按时、按计划完成工作任务	3			
考核成绩	考评员签字：_____ 日期：_____年_____月_____日				

综合评价：

建筑工程施工图识读

【内容导读】

本工作领域主要介绍建筑工程制图的基本知识及建筑工程施工图、建筑结构施工图的识读，重点介绍正投影、三视图、剖面图与断面图的原理及画法，工程图中平面图、立面图、剖面图、详图的基本制图规范。通过本工作领域的学习，应能进行建筑工程施工图、结构施工图的识读，并具备规范绘图的能力。

【学习目标】

通过本工作领域的学习，要达成以下学习目标。

知识目标	能力目标	职业素养目标
1）了解建筑工程施工图的组成与分类。 2）掌握建筑、结构施工图的图示内容。 3）掌握建筑、结构施工图的制图规范与识读方法	1）通过学习建筑工程施工图识图的基础知识，能够进行建筑工程施工图与结构施工图的识读，解决建筑专业图难看懂的问题。 2）具备将建筑工程施工图识图能力应用于建筑施工工作的能力	1）培养空间想象、空间分析和对空间几何问题的图示和图解能力，全面提升工程识图素养。 2）树立规范意识、标准意识、质量意识，严格执行国家标准和行业规范。 3）培养专注、细致、严谨、认真、负责的学习态度和工作作风。 4）传承和发扬一丝不苟、精益求精的工匠精神

对接 1+X 建筑工程识图职业技能等级证书（初级、中级、高级）的知识要求和技能要求

工作任务 E1 掌握建筑工程制图的基本知识

E1-1 掌握制图的基本知识与技能

【核心概念】

- 投影：光线照射到物体上，投射到投影面上的物体的影子称为投影。
- 正投影：我们假定投影线相互平行并且垂直于投影面，这样所得到的投影称为正投影。
- 三面正投影：物体在 3 个互相垂直的投影面上的正投影称为三面正投影。

【学习目标】

- 了解建筑投影的分类及特点，理解三面正投影及其应用。
- 能使用 SketchUp 软件或手绘画出投影图。
- 培养空间想象、空间分析及形象思维能力，积累工程识图素养。

基本知识：投影、正投影、三面正投影_____

工程图是按照一定的投影原理和图示方法进行绘制的，采用对三维形体做正投影，在二维平面上形成投影图的方式来表达物体的位置、大小、构造、材料等。只有掌握投影的基本原理和图示方法后，才能看懂工程图。

E1-1-1 投影

什么是投影图呢？举例来说，晚上打开电灯，在灯下的桌子就有个影子映在地面上，在地面上画出这个影子的形状，得到的一张图就称为投影图，如图 E-1（a）所示，地面就称为投影面，照射光线就称为投影线。

由此看来，投影对每个人来说并不陌生。不过，这样的图形还不符合建筑工程图的要求。因为随着电灯位置的变化，桌子的投影大小也会有所不同。为了使所得到的投影有一定的规律，与实物成一定比例关系，必须规定投影线的方向。

E1-1-2 正投影

平行投影线垂直于投影面所作出的投影称为正投影，如图 E-1（b）所示。由于正投影图能够准确地表示出建筑物的形体和大小，且作图方法简单，所以在工程制图中得到了广泛应用。

E1-1-3 三面正投影

物体在 3 个互相垂直的投影面上的投影称为三面正投影。三面正投影图包含了物体 3 个维度的尺寸关系，能够完整表达物体的三维立体位置关系，所以工程图中通常采用三面正投影图来绘制、表达建筑的平面图、立面图、剖面图之间的三维关系。

如图 E-2 所示，在 V 面与 H 面之侧增加一个与两者均垂直的 W 面，称为侧立投影面。W 面与 H 面、V 面的交线分别称为 Y 轴、Z 轴。3 条轴线相交于一点 O，该点称为原点。

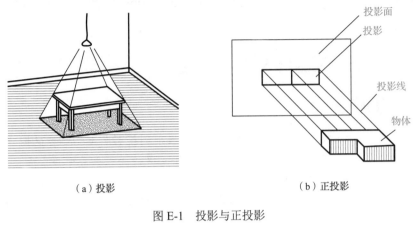

（a）投影　　　　　　　　　　　（b）正投影

图 E-1　投影与正投影

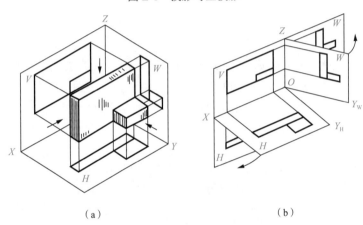

（a）　　　　　　　　　　　　（b）

图 E-2　三面正投影图

在侧立投影面上的投影称为侧面投影或 W 面投影，从此角度观察得到的图形为左视图。在正立投影面上的投影称为正面投影或 V 面投影，从此角度观察得到的图形为正视图。在水平投影面上的投影称为水平投影或 H 面投影，从此角度观察得到的图形为俯视图。

使用 3 组分别垂直于 V 面、H 面、W 面的平行投影线，对置于 3 个投影面之间的物体进行投影，则得到物体的三面投影，如图 E-2 所示。W 面投影反映物体的宽和高。

物体的投影过程是在空间进行的，但所画出的投影图是在图纸平面上。为了达到这一目的，设想将 3 个投影面及面上的 3 个投影图展开，使 V 面保持不动，H 面向下翻转 90°，W 面向右翻转 90°，这样，3 个投影面及投影图就在一个平面上了，如图 E-2（b）所示。

由于每面投影只能反映物体一个面、两个维度的情况，所以在看图时，必须将同一物体的各投影图互相联系起来，这样才能了解整个物体的形状。因此在观察物体时应先看投影图，想象物体的形状，然后对照立体图检查是否画得正确。

E1-1-4　三面正投影的规律

1. 三面投影的"三等"关系

在工程图应用中，三面正投影得到的投影面上的图形即为三视图，三视图分别是指俯视图（平面图）、前立面图、左立面图。

在图形的尺寸比例关系中，应是"长对正，高平齐，宽相等"，如图 E-3 所示。

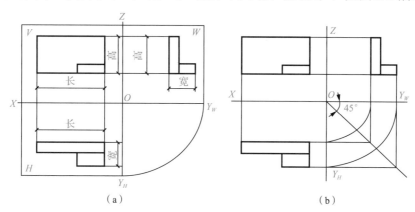

（a）　　　　　　　　　　　　　　（b）

图 E-3　长对正，高平齐，宽相等

我们把 *OX* 轴向尺寸称为"长"，*OY* 轴向尺寸称为"宽"，*OZ* 轴向尺寸称为"高"。由图 E-3 可看出三面正投影存在"三等"关系：水平投影与正面投影等长且要对正，即"长对正"；正面投影与侧面投影等高且要平齐，即"高平齐"；水平投影与侧面投影等宽，即"宽相等"。

2. 三面投影与形体的位置关系

由图 E-4 中可以看出，三面正投影可反映形体的上、下、左、右、前、后的位置关系；水平投影反映形体的前、后和左、右的关系；正面投影反映形体的左、右和上、下的关系；侧面投影反映形体的前、后和上、下的关系。

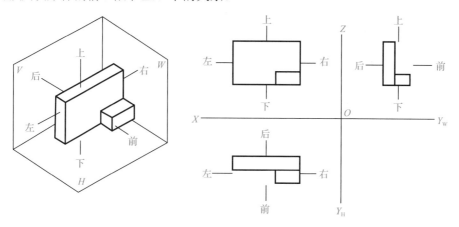

图 E-4　三面正投影图中的形状位置关系

能力训练：使用 SketchUp 软件或手绘画出投影图

【实训 1】使用 SketchUp 软件或手绘画出图 E-5（a）所示的三面投影图。

【实训 2】使用 SketchUp 软件或手绘补画图 E-5（b）所示形体的侧面投影图。

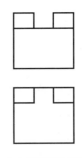

（a）补画三面投影　　　　　　　　（b）补画侧面投影

图 E-5　补画三面投影和侧面投影

巩固提高

问题导向 1：光线照射到物体上，投射到投影面上的物体的影子称为_____。

问题导向 2：假定投影线相互平行并且垂直于投影面，所得到的投影称为_____。

问题导向 3：建筑工程中的常用绘图方法是_____。

A．中心投影法　　　B．平行投影法　　　C．正投影法　　　D．斜投影法

问题导向 4：房子在已有的水平投影面 H 的基础上，再设立一个铅垂投影面，该投影面称为正立投影面，简称_____面。

问题导向 5：三面投影图分为水平投影图、正面投影图、_____图 3 个基本视图。

问题导向 6：三面投影图的尺寸对应关系应该是"长对正，_____，宽相等"。

职业能力 E1-2　认知剖面图与断面图

【核心概念】

- 剖面图：假想用一个剖切面把物体剖切成两部分，将剖切面和观察者之间的部分移去，对剩余部分做正投影所得到的投影图称为剖面图。
- 断面图：假想用一个剖切面把物体剖切成两部分，只画出物体与剖切面相接触部分的图形，该图形称为断面图。

【学习目标】

- 掌握剖面图和断面图的形成、标注、表示方法及分类。
- 能画出构配件不同的断面图。
- 培养对空间几何问题的图示和图解能力。

基本知识：剖面图与断面图

剖面图与断面图是将物体剖开以后进行正投影，用来表达物体内部构造、形状、尺寸等的图形。

E1-2-1　剖面图

1. 剖面图的形成

设想使用一个剖切面将物体剖开，移去剖切面与观察者之间的部分，将剩余部分做正投影得到的投影图称为剖面图，如图 E-6 所示。

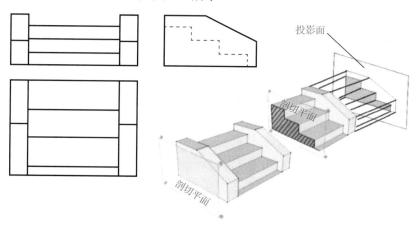

图 E-6　剖面图的形成

如图 E-7 所示，将台阶从 1—1 的位置剖切开，向右做正投影，得到 1—1 剖面图。

原来不可见的虚线，在剖面图中变为实线，成为可见轮廓线，内部构造清晰可见。在右图 1—1 剖面图中，除包含被剖切到的形体轮廓线（台阶踏步）外，还包括未剖切到形体的投影轮廓线（扶手）。

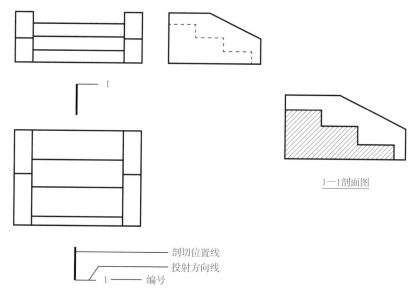

图 E-7　剖面图的形成

2. 剖切符号

剖切符号主要包含剖切位置线、投射方向线及剖面编号，如图 E-8 所示。剖切位置线表示剖切面的剖切位置，使用粗实线进行绘制，长度为 6～10mm；投射方向线表示剖切后物体的投影方向，它与剖切位置线相垂直，长度为 4～6mm。剖切符号不宜与图形中的其他图线相接触。

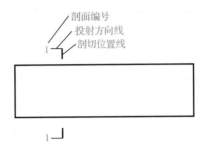

图 E-8　剖切符号

剖面编号是剖面图的顺序编号，宜采用阿拉伯数字进行编写，并注写在投射方向线端部，按由左至右、由上至下的顺序连续进行编排。

3. 剖面图的表示方法

在剖面图中，形体被剖切到的部分，其轮廓线使用粗实线表示，未被剖切到的但投影可见的形体轮廓线使用中粗实线表示，被剖切到的构件断面应填充相应的材料图例，剖面图中一般不画虚线，如图 E-9 所示。

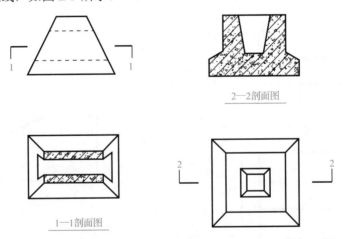

图 E-9　使用剖面图表示的投影图

4. 剖面图的种类

按照剖切方式的不同，剖面图可分为全剖面图、半剖面图、局部剖面图、阶梯剖面图 4 种。

1）全剖面图。使用一个剖切面将形体全部剖开，所得到的剖面图称为全剖面图。如图 E-10 中的杯形基础 2—2 剖面图就是全剖面图。

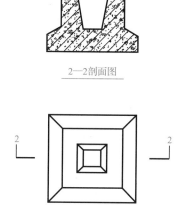

2—2剖面图

图 E-10　杯形基础的全剖面图

2）半剖面图。当物体的投影图和剖面图都是对称的图形时，可使用对称轴线作为分界线，采用半剖面图的表示方法，如图 E-11 所示，正、侧面投影均为半剖，一半画成剖面图，另一半画成视图，称为半剖面图。

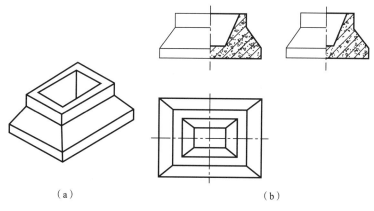

（a）　　　　　　　　　　　　　　（b）

图 E-11　半剖面图

3）局部剖面图。当物体外形复杂或不便作全剖面图时，可保留投影图的大部分，只将物体的局部画成剖面图即可，局部剖面图使用波浪线分界。如图 E-12 所示，在杯形基础的平面图的基础上将局部画为剖面图，可以表达出基础内部的配筋情况。

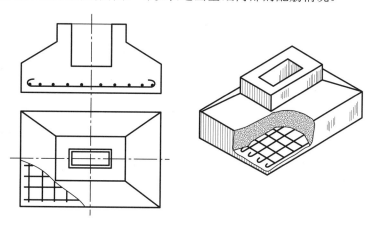

图 E-12　局部剖面图

4）阶梯剖面图。使用两个或两个以上相互平行的剖切平面将物体交错剖切，所得到的剖面图称为阶梯剖面图。在如图 E-13（a）所示的平面图中，1—1 表示剖切位置和投影方向，图 E-13（b）为阶梯剖面图的形成示意图，图 E-13（c）中的 1—1 剖面图为阶梯剖面图。

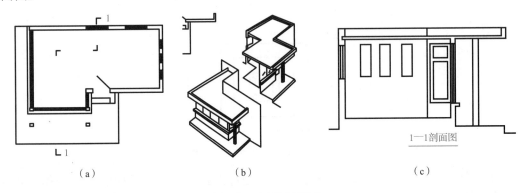

（a）　　　　　　　　（b）　　　　　　　　（c）

图 E-13　阶梯剖面图

E1-2-2　断面图

1. 断面图的形成

假想用一个剖切面把物体剖切成两部分，只画出物体与剖切面相接触部分的图形，该图形称为断面图。

在工程中，断面图主要用来表示物体某一部位的断面形状及材料，结合投影图可以更清晰地表达物体的形状和构造。

2. 断面图的标注

断面图的标注与剖面图相似，由剖切位置线和剖面编号组成，去掉投射方向线，由编号注写的位置表示投影方向。剖切位置线的长度为 6～10mm，使用粗实线绘制，如图 E-14 中的 1—1 断面图表示向右投影。

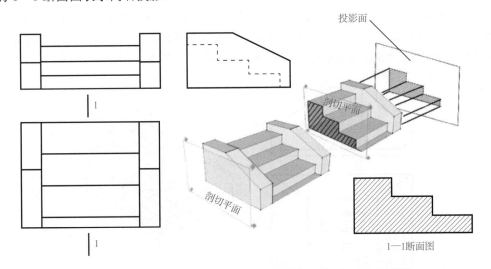

图 E-14　断面图的形成和标注

3. 断面图的种类

断面图的种类有 3 种：移出断面图、中断断面图、重合断面图。

1）移出断面图。移出断面图一般画在投影图轮廓之外，可画在剖切符号的侧边位置或其他适当的位置，如图 E-15 所示。

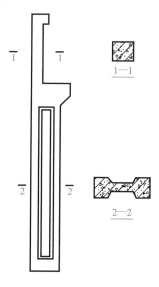

图 E-15　移出断面图

2）中断断面图。形体较长且断面形状相同时，可将断面图画在形体中央断开处，这时不必标注剖切位置线及编号，如图 E-16 所示。

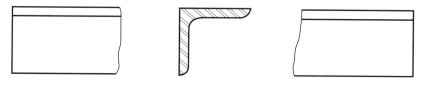

图 E-16　中断断面图

3）重合断面图。断面图直接画在形体投影图轮廓线内，即为重合断面图，比例与投影图一致。重合断面图不必标注剖切位置线及编号，一般使用细实线绘制并表示材料图例。当断面轮廓和投影图轮廓重合时，投影图轮廓连续画出，不能间断，如图 E-17（a）所示。当图形不对称时，需要标注出剖切位置线，并注写数字表示投影方向，如图 E-17（b）所示。

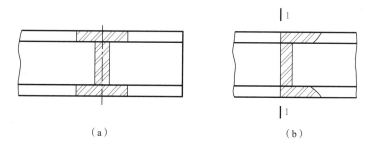

（a）　　　　　　　　　　　　（b）

图 E-17　重合断面图

4. 剖面图与断面图的区别与联系

1）在画法上，断面图只画出物体被剖开后断面处的投影，而剖面图除了要画出断面处的投影，还要画出物体被剖开后剩余部分可见轮廓的投影，即断面图是面的投影，剖面图是体的投影。

2）剖切符号不同。剖面图用剖切位置线、投射方向线和剖面编号表示，断面图只画剖切位置线与编号，使用编号所在位置来代表投射方向。

3）在形体剖面图和断面图中，被剖切平面剖到的轮廓线都使用粗实线绘制并均需在剖切到的位置填充材料图例。

剖面图与断面图的区别与联系如图 E-18 所示。

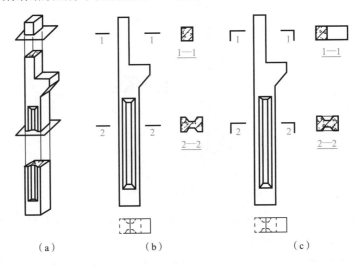

图 E-18　剖面图与断面图的区别与联系

能力训练：画出构配件不同的断面图

画出如图 E-19 所示形体的移出断面图（b）、中断断面图（c）及重合断面图（d）。

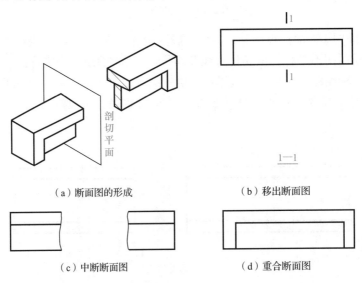

（a）断面图的形成　　　　　　（b）移出断面图

（c）中断断面图　　　　　　（d）重合断面图

图 E-19　断面图的画法

巩固提高

问题导向 1：在图 E-20 中，图（b）是_____图。

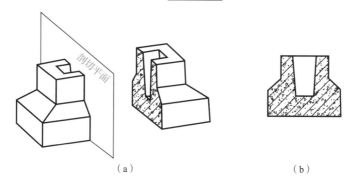

图 E-20　杯形基础剖面图

问题导向 2：在图 E-20 中，杯形基础使用的是_____材料。

问题导向 3：投射_____线表示剖切物体后朝哪个方向投影，与剖切位置线相垂直。

问题导向 4：断面图的标注与剖面图相似，只是去掉了投射方向线，其剖切位置线使用粗实线表示，长度为 6～10mm，剖面编号所在的一侧表示投影方向。_____（填"对"或"错"）

职业能力 E1-3　了解制图规范及绘图工具

【核心概念】

- 图幅：指制图所使用图纸的幅面。
- 图框：指图纸内容的外部限定边界线。
- 标题栏：在施工图中，为了便于查找图纸，一般在图纸的右下角、底栏或右栏添加标题栏。
- 会签栏：各专业工种负责人的签字区。

【学习目标】

- 掌握建筑制图的基本规定及常用绘图工具、仪器的使用。
- 能画出构配件不同的断面图。
- 树立规范意识、质量意识，自觉践行行业规范。

基本知识：建筑制图的基本规定及绘图工具

E1-3-1　制图基本规定

为了做到房屋工程图的统一，保证制图质量，提高制图效率，便于技术交流，满足设计、施工、管理等需求，中华人民共和国住房和城乡建设部特制定了《房屋建筑制图统一标准》(GB/T 50001—2017),本节内容介绍其中的基本制图规定。在建筑图的绘制过程中,必须严格遵守国家制图统一标准,养成良好的制图习惯。

1. 图纸幅面

(1)图幅

图幅是指制图所使用图纸的幅面。幅面的尺寸应符合表 E-1 的规定及图 E-21 的格式。

表 E-1　图幅及图框 （单位：mm）

尺寸代号	幅面代号				
	A0	A1	A2	A3	A4
$b×l$	841×1189	594×841	420×594	297×420	210×297
c	10			5	
a	25				

为了便于使用和存储,相邻 2 个不同幅面的大小存在倍数关系,如图 E-21 所示。

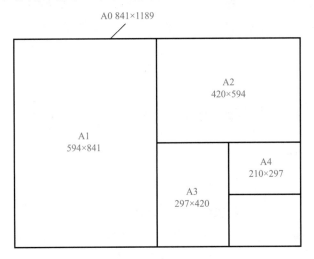

图 E-21　图幅尺寸

(2)图框

图框是指图纸内容的外部限定边界线,如图 E-22 所示。

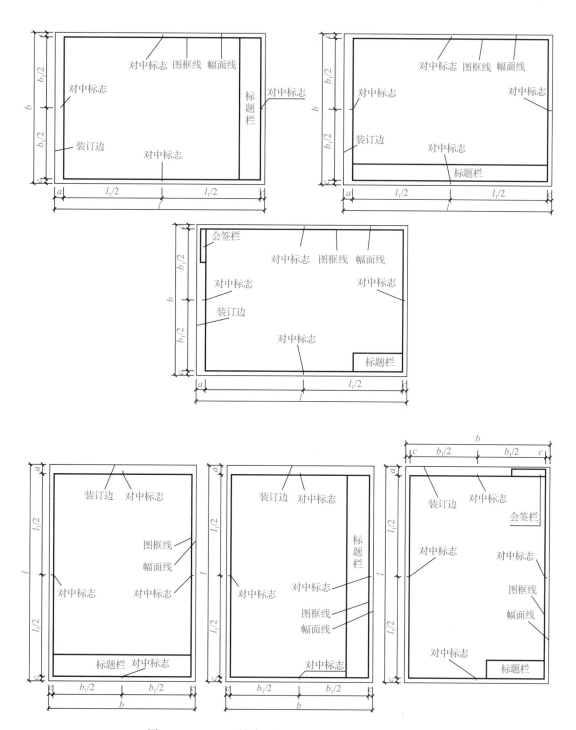

图 E-22 A0~A3 横式（上）、A0~A4 立式（下）图框

（3）标题栏

在施工图中，为了便于查找图纸，一般在图纸的右下角、底栏或右栏添加标题栏，简称图标，如图 E-23 所示。

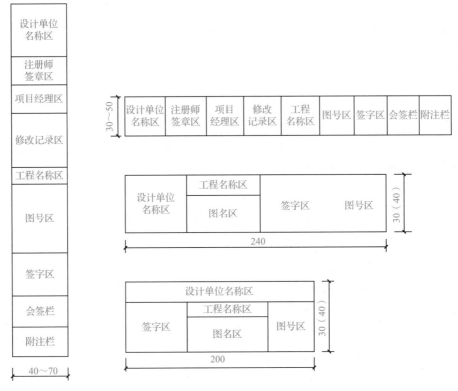

图 E-23　标题栏

学生制图作业使用的标题栏可参照图 E-24 所示的格式。

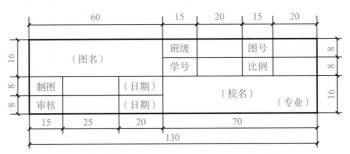

图 E-24　学生制图作业使用的标题栏格式

（4）会签栏

会签栏是各专业工种负责人的签字区，栏内应填写会签人员的专业、姓名、日期（年、月、日）；若一个会签栏不够则可再增加一个，两个会签栏应并列。会签栏一般位于图纸框的左上角，不需要会签的图纸可以不设置会签栏，如图 E-25 所示。

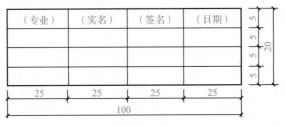

图 E-25　会签栏

2. 图线

建筑工程图是采用不同的线型、线宽绘制而成的，画在图纸上的线统称为图线。图纸图线分为实线、虚线、点画线等。图线的名称、线型、线宽、用途如表 E-2 所示。

表 E-2 图线的名称、线型、线宽、用途

名称		线型	线宽	用途
实线	粗		b	主要可见轮廓线
	中粗		$0.7b$	可见轮廓线、变更云线
	中		$0.5b$	可见轮廓线、尺寸线
	细		$0.25b$	图例填充线、家具线
虚线	粗		b	见各有关专业制图标准
	中粗		$0.7b$	不可见轮廓线
	中		$0.5b$	不可见轮廓线、图例线
	细		$0.25b$	图例填充线、家具线
单点长画线	粗		b	见各有关专业制图标准
	中		$0.5b$	见各有关专业制图标准
	细		$0.25b$	中心线、对称线、轴线等
双点长画线	粗		b	见各有关专业制图标准
	中		$0.5b$	见各有关专业制图标准
	细		$0.25b$	假想轮廓线、成形前的原始轮廓线
折断线	细		$0.25b$	断开界线
波浪线	细		$0.25b$	断开界线

图线有粗、中、细之分。图线宽度 b 应从下列线宽中选取：2.0mm、1.4mm、1.0mm、0.7mm、0.5mm、0.35mm。每张图纸应根据复杂程度及其比例大小，先确定基本线宽 b，再选用相应的线宽组，如表 E-3 所示。

表 E-3 线宽组

线宽比	线宽组			
b	1.4	1.0	0.7	0.5
$0.7b$	1.0	0.7	0.5	0.35
$0.5b$	0.7	0.5	0.35	0.25
$0.25b$	0.35	0.25	0.18	0.13

3. 字体

图纸上书写的文字、数字或符号等，应保证笔画清晰、字体端正、排列整齐；标点符号应清楚、正确。建筑工程制图一般使用仿宋字体书写文字。

4. 比例

建筑物体量庞大，实际尺寸是无法在图纸上表示的，因此将建筑物按照一定的比例进行缩小，缩放到图纸上。图纸的比例就是图形与实物相对应的线性尺寸之比，如 1∶50、1∶100。

比例宜注写在图名右侧，如总平面图 1∶1000，即表示将物体线性尺寸缩小到 1/1000。比例的字高应比图名字高小一至两个字号，常用图纸比例如表 E-4 所示。

表 E-4　常用图纸比例

图名	常用比例
总平面图	1∶500、1∶1000、1∶2000
平面图、立面图、剖面图	1∶50、1∶100、1∶150、1∶200、1∶300
局部放大图	1∶10、1∶20、1∶25、1∶30、1∶50
配件详图、构造详图	1∶1、1∶2、1∶5、1∶10、1∶15、1∶20、1∶25、1∶30、1∶50

5. 尺寸标注

（1）尺寸的组成

图纸上的尺寸包括尺寸界线、尺寸线、尺寸起止符号和尺寸数字，如图 E-26 所示。

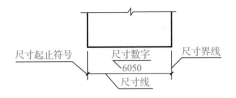

图 E-26　尺寸的组成

（2）基本规定

1）尺寸界线：一般使用细实线绘制，与尺寸线垂直，其一端应离开图纸轮廓线不小于 2mm，另一端宜超出尺寸线 2～3mm。必要时，图纸轮廓线可用作尺寸界线，如图 E-27 所示。

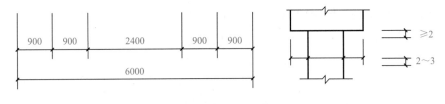

图 E-27　尺寸界线

2）尺寸线：应使用细实线绘制，与被注长度平行，且不宜超出尺寸界线。任何图线均不得用作尺寸线。

3）尺寸起止符号：尺寸起止符号一般应使用中粗斜短线绘制，其倾斜方向应与尺寸界线成顺时针 45°，长度宜为 2～3mm。

4）尺寸数字：图纸上的尺寸数字是图纸的实际尺寸，与图纸的尺寸无关。尺寸数字的大小不得从图上直接量取，标注尺寸数字时应遵循下列规定。

① 图纸上尺寸数字的单位，除标高和总平面图以 m 为单位外，其他必须以 mm 为单位，图上的尺寸数字都不注写单位。

② 尺寸数字的方向，应按图 E-28（a）的形式注写。若尺寸数字在 30° 斜线区内，则可按图 E-28（b）的形式注写。

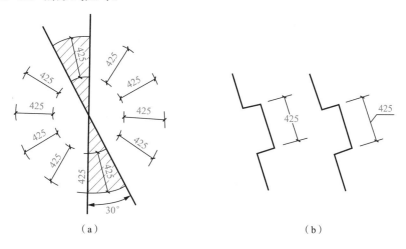

图 E-28　尺寸数字的注写方向

③ 尺寸数字应依据其读数方向注写在靠近尺寸线的上方中部，如果没有足够的注写位置，则最外边的尺寸数字可注写在尺寸界线的外侧，中间相邻的尺寸数字可错开注写，也可引出注写，如图 E-29 所示。

图 E-29　尺寸数字的注写位置

（3）尺寸的排列与布置

1）尺寸宜标注在图纸轮廓线以外，不宜与图线、文字及符号等相交，如图 E-30 所示。

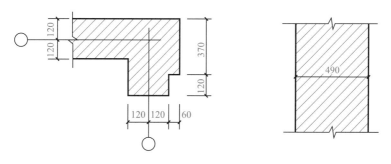

图 E-30　尺寸数字的注写

2）互相平行的尺寸，应从被标注的图纸轮廓线由近及远整齐排列，小尺寸离轮廓线较近，大尺寸离轮廓线较远，如图 E-31 所示。

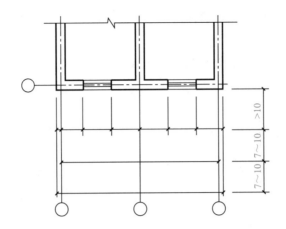

图 E-31　尺寸数字的注写位置

3）图样轮廓以外的尺寸线，与图纸最外轮廓之间的距离不宜小于 10mm，平行排列的尺寸线的间距宜为 7～10mm，并应保持一致，如图 E-31 所示。

4）半径、直径、球体尺寸的标注方法。半径的尺寸线应一端从圆心开始，另一端画箭头指向圆弧。半径数字前应加注半径符号"*R*"，如图 E-32 所示。

图 E-32　半径的标注方法

较小圆弧半径的标注方法如图 E-33 所示。

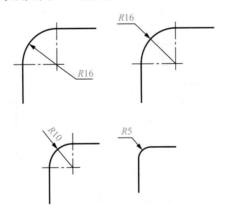

图 E-33　较小圆弧半径的标注方法

较大圆弧半径的标注方法如图 E-34 所示。

图 E-34　较大圆弧半径的标注方法

标注圆的直径尺寸时，直径数字前应加直径符号"ϕ"。在圆内标注的尺寸线应通过圆心，两端画箭头指至圆弧，如图 E-35 所示。

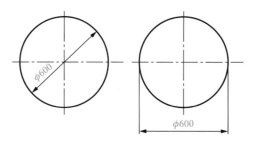

图 E-35　圆的直径标注方法

标注较小圆的直径尺寸时，可标注在圆外，如图 E-36 所示。

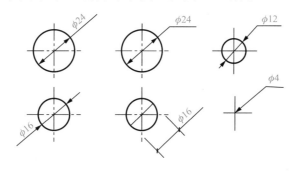

图 E-36　较小圆的直径标注方法

标注球的半径尺寸时，应在尺寸前加注符号"SR"。标注球的直径尺寸时，应在尺寸数字前加注符号"$S\phi$"。尺寸标注方法与圆弧半径和圆直径的尺寸标注方法相同。

（4）其他标注

1）角度、弧长、弦长的标注：角度的尺寸线应以圆弧表示。该圆弧的圆心是该角的顶点，角的两条边为尺寸界线。起止符号应以箭头表示，如果没有足够的位置画箭头，则可用圆点代替，角度数字应沿尺寸线方向注写，如图 E-37 所示。

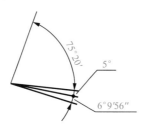

图 E-37　角度的标注方法

标注圆弧的弧长时，尺寸线应以与该圆弧同心的圆弧线表示，弧长数字上方或前方应加注圆弧符号"⌒"，如图 E-38 所示。

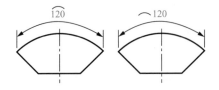

图 E-38　弧长的标注方法

标注圆弧的弦长时，尺寸线应以平行于该弦的直线表示，尺寸界线应垂直于该弦，起止符号使用中粗斜短线表示，如图 E-39 所示。

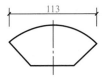

图 E-39　弦长的标注方法

2）坡度、非圆曲线的尺寸标注：标注坡度时，可用百分数、比值数、直角三角形 3 种形式标注。在坡度数字下，应加注坡度符号，坡度符号应为指向下坡方向的单边箭头，如图 E-40（a）、（b）所示。坡度有时也可用直角三角形的形式来标注，即使用直角三角形的两个直角边的比来表示坡度的大小，如图 E-40（c）所示。

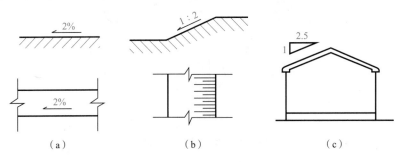

图 E-40　坡度的标注方法

当标注外形为非圆曲线的构件尺寸时，可采用坐标形式标注，如图 E-41（a）所示。当遇到比较复杂的图形时，可使用网格的形式来标注其尺寸，如图 E-41（b）所示。

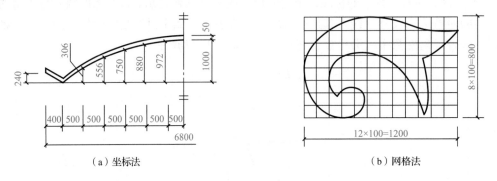

（a）坐标法　　　　　　　　　　（b）网格法

图 E-41　非圆曲线的尺寸标注

（5）简化标注

对于相等间距的连续尺寸，可标注为乘积的形式，称为乘积标注法，如图 E-42（a）所示。对于单线条的物体，当构件左右对称、尺寸相同时，在图形中只标注一侧尺寸即可，又称为一侧标注法，如图 E-42（b）所示。

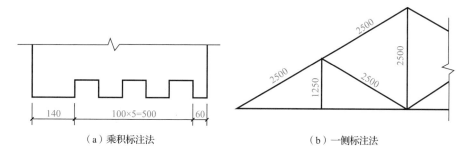

（a）乘积标注法　　　　　　　　　（b）一侧标注法

图 E-42　简化标注

6. 建筑材料

常用建筑材料图例如表 E-5 所示。

表 E-5　常用建筑材料图例

名称	图例	名称	图例
自然土壤		普通砖（标准机制砖、红砖）	
夯实土（素土夯实）		耐火砖	
砂、灰土		空心砖	
砂砾石、碎砖三合土		饰面砖	
混凝土		金属	
钢筋混凝土		多孔材料	
石材		木材	
毛石		纤维材料	
防水材料		泡沫塑料	
玻璃		石膏板	
网状材料		橡胶	

E1-3-2 常用绘图工具及仪器

建筑工程施工图的绘制方法有两种：一是传统的手工绘制图，这里只简单了解一下绘图工具和步骤；二是计算机辅助设计绘图，使用的软件有 AutoCAD、天正 CAD 等。

1. 传统绘图工具

（1）图板和丁字尺

图板的工作面应平坦，左右两导边应平直无凹痕。图纸可用胶带纸或图钉固定在图板上，如图 E-43 所示。

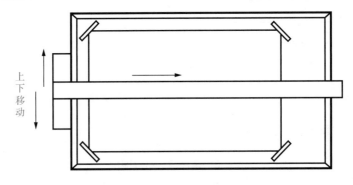

图 E-43 图板的工作面

丁字尺的尺头和尺身的结合处必须牢固。尺头内侧面必须平直，用时紧贴图板的导边，可以上下移动。丁字尺主要用来画水平线。

（2）三角板

画图时最好准备一副长度不小于 25cm 的三角板。它和丁字尺配合使用，可画垂直线、30°、45°、60°及 $n×15°$ 的各种斜线。利用三角板画已知直线的平行线和垂直线的方法如图 E-44 所示。

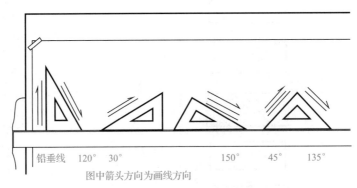

铅垂线 120° 30°   150° 45° 135°

图中箭头方向为画线方向

图 E-44 三角板

（3）比例尺

比例尺又称为三棱尺，如图 E-45（a）所示，它的 3 个棱面上有 6 种不同比例的刻度。比例尺只能用来量尺寸，不能用来画线，如图 E-45（b）所示。

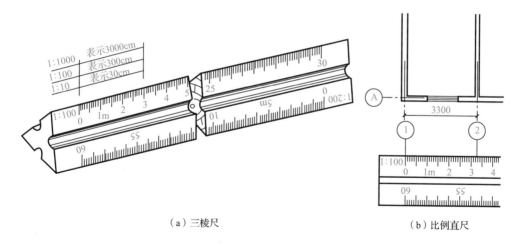

（a）三棱尺
（b）比例直尺

图 E-45   比例尺

（4）分规

分规是等分线段、移置线段及从比例尺上量取尺寸的工具。它的两个针尖必须平齐，其用法如图 E-46 所示。

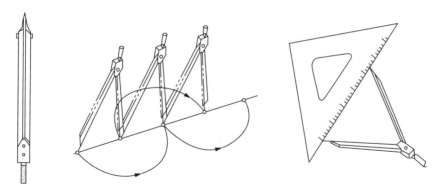

图 E-46   分规的用法

（5）圆规

圆规主要用于画圆或圆弧。圆规的一条腿上装铅笔芯，另一条腿上装钢针。钢针的两端形状不同，一端为台阶，另一端为锥状。画圆或画圆弧时，应使用有台阶的一端，并把它插入图板。钢针的台阶应与铅笔尖平齐，且钢针与铅笔插腿均垂直纸面。画图时圆规略向前进方向倾斜，以便均匀用力。画大直径圆时，需使用延长杆，如图 E-47 所示。

（6）墨线笔

墨线笔的作用是画墨线或描图，由针管、通针、吸墨管和笔套组成，如图 E-48 所示。针管直径有 0.2~1.2mm 粗细不同的规格。画线时针管笔应略向画线方向倾斜，发现下水不畅时，应上下晃动笔杆，使用通针将针管内的堵塞物穿通。墨线笔应使用专用墨水，用完后立即清洗针管，防止堵塞。

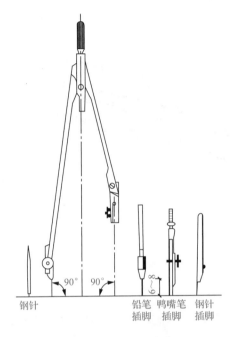

图 E-47　圆规的用法

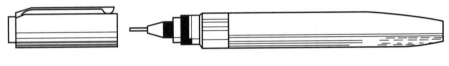

图 E-48　墨线笔

（7）铅笔

绘图铅笔笔芯的软硬用 B、H 表示：B 前的数字越大表示铅芯越软；H 前的数字越大表示铅芯越硬。绘图时建议画粗线时用 HB 或 B；画细实线、点画线等用 2H 或 H；写字、画尺寸起止符号用 HB。铅笔笔芯的形状如图 E-49 所示。

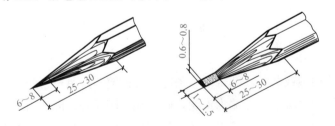

图 E-49　铅笔笔芯的形状

2. 现代绘图工具

手工建筑工程制图现在基本上由计算机辅助设计软件代替，计算机制图绘图软件以美国 Autodesk 公司出品的 AutoCAD 为代表，国内建筑工程制图软件则以天正 CAD、中望 CAD、PKPM 等为代表。BIM 技术应用以 Revit 等三维制图软件为代表。

（1）AutoCAD

AutoCAD 是 Autodesk 公司于 1982 年首次开发的计算机辅助设计软件，主要用于二维绘图、设计文档和三维模型设计，现已成为当前国际上广泛使用的绘图制图工具。AutoCAD 具有广泛的适应性和良好的用户操作界面，通过交互菜单或命令行的方式进行各种操作，从而提高工作效率，广泛应用于土木工程、建筑设计、工业设计、装饰装潢、机械制图、产品设计等多个领域，其工作界面如图 E-50 所示。

图 E-50　AutoCAD 的工作界面

（2）天正 CAD

天正公司以为建筑设计者提供实用高效的设计工具为理念，应用先进的计算机技术，研发了以天正建筑为龙头的包括暖通、给水排水、电气、结构、照明、市政道路、市政管线、节能、造价等专业的建筑 CAD 系列软件。如今，天正 CAD 用户遍及全国，为我国建筑设计行业计算机应用水平的提高及设计生产率的提高做出了卓越的贡献。天正 CAD 在 AutoCAD 平台的基础上进行研发，其工作界面如图 E-51 所示。

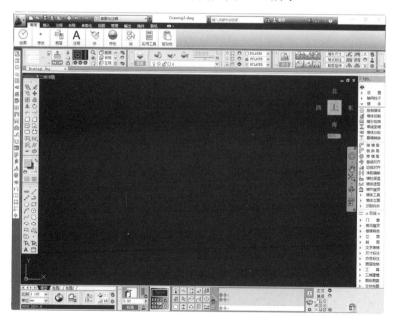

图 E-51　天正 CAD 的工作界面

E1-3-3　建筑施工图的绘图步骤

1.　手工绘图步骤

1）准备工作。
2）画底稿。
3）图线描深。
4）尺寸及文字注写。

2.　计算机绘图步骤

以使用 AutoCAD 软件绘制建筑平面图为例，绘图步骤如下。
1）设置计算机设计软件的绘图环境，一般图纸单位设为 mm。
2）设置图层样式。
3）选择轴线图层，在当前图层绘制轴线。
4）选择墙体图层，在当前图层通过轴线绘制墙体。
5）选择门窗图层，在当前图层绘制门窗。
6）在标注图层绘制尺寸线，标注尺寸。
7）在文字图层标注文字，添加图框。
8）保存当前 DWG 格式文件并命名，如"首层平面图"。
9）根据需要设置打印格式并输出多份工程图。

能力训练：根据要求画出建筑材料图例————————————————————————————

在下列矩形中，画出素土夯实、钢筋混凝土、红砖的建筑材料图例表示方法。

素土夯实	钢筋混凝土	红砖

巩固提高——

问题导向 1：若某图纸幅面大小为 297mm×420mm，则该图纸代号为_____。
A. A1　　　　B. A2　　　　C. A3　　　　D. A4

问题导向 2：图纸上的尺寸，包括尺寸_____线、尺寸线、尺寸_____符号和尺寸数字。

问题导向 3：图线的基本宽度为_____（请从下列线宽中选取：2.0mm、1.4mm、1.0mm、0.7mm、0.5mm、0.35mm）。

问题导向 4：尺寸界线一般使用细实线绘制，与被标注尺寸线垂直，其一端应离开图纸轮廓线不小于_____mm，另一端宜超出尺寸线 2～3mm。

问题导向 5：工程图上尺寸数字的单位，除标高和总平面图以_____为单位外，其他均必须以 mm 为单位，并可省略不写。

问题导向 6：标注坡度时，可使用_____数、比值数、_____3 种形式来标注。

问题导向 7：尺寸起止符号一般应使用中粗斜短线绘制，其倾斜方向应与尺寸界线成顺时针 45°，长度宜为_____mm。

问题导向 8：必要时，图纸轮廓线可用作尺寸界线。_____（填"对"或"错"）

问题导向 9：计算机制图绘图软件以美国 Autodesk 公司出品的 AutoCAD 为代表，国内建筑工程制图软件则以_____CAD、_____CAD 等为代表。

问题导向 10：比例尺又称为_____尺，它的 3 个棱面上有 6 种不同比例的刻度。

问题导向 11：建筑工程施工图的绘制分为两种，一种是传统手工绘图，另一种是_____绘图。

问题导向 12：下列图例从左往右依次代表_____、_____、_____、_____。

考核评价

本工作任务的考核评价如表 E-6 所示。

表 E-6　考核评价

考核内容			考核评分		
项目	内容	配分	得分	批注	
理论知识（50%）	了解建筑投影的分类及特点，理解三面正投影及其应用	20			
	掌握剖面图、断面图的形成、标注、表示方法及分类	20			
	掌握建筑制图的基本规定及常用绘图工具、仪器的使用	10			
能力训练（40%）	能使用 SketchUp 软件或手绘画出投影图	20			
	能画出构配件不同的断面图	10			
	能根据要求画出建筑材料图例	10			
职业素养（10%）	态度端正，上课认真，无旷课、迟到、早退现象	2			
	与小组成员之间能够做到相互尊重、团结协作、积极交流、成果共享	3			
	言谈举止文明得当，爱护环境，不乱丢垃圾，爱护公共设施	2			
	能够按时、按计划完成工作任务	3			
考核成绩		考评员签字：_____ 日期：____年____月____日			

综合评价：

工作任务 E2 建筑工程施工图识读

职业能力 E2-1 了解建筑工程施工图的分类

【核心概念】

- 建筑工程施工图：指主要反映建筑物的规划位置、外部造型、内部布置、室内外装修、构造及施工要求等的图纸。
- 结构施工图：主要反映建筑物承重结构的布置方式及所采用构件的类型、材料、尺寸和构造做法等。
- 设备施工图：主要反映建筑物的给水排水、采暖、通风、电气等设备的布置，以及制作、安装要求等。

【学习目标】

- 了解建筑工程施工图的设计阶段。
- 能阐述建筑工程施工图的分类。
- 培养专注、细致、严谨、认真的学习态度。

基本知识：建筑工程施工图的产生及分类_____

建筑工程施工图是建筑工程施工的依据，凭借施工图完成施工。建筑工程施工图的产生依托以下几个设计阶段。

微课：建筑平面图的形成与作用

E2-1-1 建筑工程施工图的设计阶段

建筑设计一般分为初步设计和施工图设计两个阶段，对于规模较大、较复杂的工程，常采用 3 个设计阶段，即在前两个设计阶段之间增加一个技术设计阶段，也称为扩大初步设计阶段。这 3 个设计阶段又可称为初步（方案）设计阶段、技术（扩大初步）设计阶段和施工图设计阶段。

1. 初步设计阶段

主要任务：根据建设单位提出的设计任务和要求，进行调查研究、现场踏勘、搜集资料，并提出设计方案。

主要内容：简要的总平面布置图、建筑平面图、立面图、剖面图；主要经济技术指标；设计概算和设计说明等。方案图纸应报有关部门审批。

2. 技术设计阶段

主要任务：协调各专业之间的技术问题，对方案图纸进行修改完善，对各专业图纸进行跟进。

主要内容：修改后的各专业技术图纸。

3. 施工图设计阶段

主要任务：深化图纸设计，使其达到施工图深度。

主要内容：指导整个工程施工的所有专业施工图、说明书、计算书及工程的施工预算书等。

E2-1-2 建筑工程施工图的分类

微课：建筑工程施工图的分类、编排顺序、特点及其识读注意事项

建筑工程施工图是指导建筑施工的图纸，根据各专业分工的不同，其又可分为建筑施工图、结构施工图、设备施工图，较大的工程及消防警报施工图等。

一套完整的建筑工程图一般包括建筑施工图、结构施工图、设备施工图。各专业工种施工图的编排顺序一般是：全局性图纸在前，局部性图纸在后；施工时先用的图纸在前，后用的图纸在后。

1. 建筑施工图

建筑施工图（简称建施）主要反映建筑物的规划位置、外部造型、内部布置、室内外装修、构造及施工要求等。

基本图纸：首页图、建筑总平面图、平面图、立面图、剖面图及节点详图等。

2. 结构施工图

结构施工图（简称结施）主要反映建筑物承重结构的布置方式及所采用构件的类型、材料、尺寸和构造做法等。

基本图纸：基础平面图、基础详图、梁板柱结构平面布置图及各构件的结构详图等。

3. 设备施工图

设备施工图（简称设施）主要反映建筑物的给水排水、采暖、通风、电气等设备的布置，以及制作、安装要求等。

基本图纸：给水排水施工图、采暖通风施工图、电气施工图等。

能力训练：搜集建筑、结构、设备施工图并进行识读_____

通过上网搜集建筑、结构、设备施工图各两张并进行识读认知。

巩固提高_____

问题导向 1：建筑设计的 3 个阶段是初步设计阶段、技术设计阶段和_____设计阶段。

问题导向 2：建筑工程施工图是指导建筑施工的图纸，根据各专业分工的不同，其又可分为建筑施工图、_____施工图、_____施工图。

问题导向 3：建筑施工图包括首页图、平面图、立面图、剖面图及_____详图等。

问题导向 4：建筑施工图主要反映建筑物的规划位置、_____、内部布置、室内外装修、构造及施工要求等。

问题导向 5：结构施工图主要反映建筑物承重结构的布置方式及所采用构件的类型、_____、尺寸和构造做法等。

问题导向 6：结构施工图的基本图纸包括基础平面图、基础详图、梁板柱结构平面布置图及各构件的结构详图等。_____（填"对"或"错"）

问题导向 7：设备施工图主要反映建筑物的给水排水、_____、通风、电气等设备的布置，以及制作、安装要求等。

职业能力 E2-2　识读建筑工程施工图

【核心概念】

- 施工图首页：建筑工程施工图的第一张图样。
- 图纸目录：以列表的形式列出各专业图纸的图名、排序编号、图幅尺寸及张数，方便查询。

【学习目标】

- 熟悉建筑工程施工图的图示内容。
- 能初步识读施工图。
- 培养全局思维、系统思维。

基本知识：建筑工程施工图识读应注意的问题及图示内容_____

微课：建筑工程施工图识读技巧（一）

E2-2-1　阅读建筑工程施工图应注意的问题

1. 掌握正投影原理

施工图均是采用正投影原理按一定比例绘制的建筑工程图，要熟练掌握前述正投影的知识才能看懂施工图。

2. 熟悉常用图例符号

建筑工程施工图一般采用较小的比例进行绘制，对于某些建筑细部、构件形状等不可能如实画出，也难以用文字注释表达清楚，因此规定建筑工程图采用图例符号来表达一些建筑构配件。

微课：建筑工程施工图识读技巧（二）

3. 先整体后局部

建筑工程施工图都是采用从整体到局部逐渐深入的表达方式，读图时要先整体后局部，先略看后细看。先了解工程的概况、性质、规模等，再仔细阅读各专业图纸。

4. 图纸之间对照识读

一套完整的施工图包括多个专业的图纸，各图纸之间联系紧密，因此要有联系地综合看图。

E2-2-2　识读建筑工程施工图的图示内容

1. 施工图首页

施工图首页包括图纸目录、设计说明、构造做法表和门窗表等。通过施工图首页可以了解建筑工程概况及图纸目录，便于了解和查阅图纸。

2. 总平面图

总平面图反映了建筑工程所在地块的总体布局，内容包括用地红线、建筑红线、建筑物位置、道路、绿化、广场、地形地貌、经济技术指标等。

3. 建筑施工图

建筑施工图中建筑平、立、剖面图反映了建筑平面形状、平面布置、立面造型、立面材质和内部空间构造等情况，建筑详图反映了建筑细部构造及做法等。

4. 结构施工图

结构施工图反映了建筑结构构件的定位、尺寸、钢筋混凝土配置等，首先通过结构设计说明了解的结构设计概况，然后依次阅读基础图、结构平面布置图及详图等。

5. 设备施工图

设备施工图反映了水、电、暖等设备的布置情况，包括给水排水管道平面布置图、系统图、设备安装图、采暖通风施工图、电气施工图等。

在阅读建筑工程施工图的过程中一定要注意各专业施工图之间的紧密联系，前后对照阅读，才能更准确地读懂整套施工图。

能力训练：整套建筑工程施工图的初步识读

翻阅一整套建筑相关施工图并进行初步识读。

巩固提高

问题导向 1：阅读建筑工程图应注意的问题，掌握_____投影原理、熟悉常用_____符号、先整体后局部、图纸之间对照识读。

问题导向 2：总平面图反映了建筑工程所在地块的总体布局，内容包括用地红线、建筑红线、建筑物位置、道路、绿化、广场、地形地貌、经济技术指标等。_____（填"对"或"错"）

问题导向 3：结构施工图反映了建筑结构构件的定位、尺寸、钢筋混凝土配置等，首先通过结构设计说明了解的结构设计概况，然后依次阅读_____图、结构平面布置图及详图等。

问题导向 4：设备施工图反映了_____等设备的布置情况。

问题导向 5：施工图首页一般包括图纸_____和施工总说明。

问题导向 6：图纸目录以列表的形式列出各专业图纸的图名、排序编号、图幅尺寸及张数等，其目的是便于查阅图纸。_____（填"对"或"错"）

职业能力 E2-3 识读建筑工程施工图首页

【核心概念】

- 施工图首页: 一般由图纸目录、建筑设计总说明、构造做法表及门窗表等组成, 还可能包括建筑工程防火设计专篇、建筑工程节能专篇、绿色建筑设计专篇等内容。

【学习目标】

- 掌握施工图首页的组成及内容。
- 能正确识读施工图首页。
- 培养认真负责、求真务实的工作作风。

基本知识:施工图首页

施工图首页一般由图纸目录、建筑设计总说明、构造做法表及门窗表等组成, 还可能包括建筑工程防火设计专篇、建筑工程节能专篇、绿色建筑设计专篇等内容。

E2-3-1 图纸目录

图纸目录是了解建筑设计整体情况的目录, 从中可以明了图纸数量、图幅、图名、图号等内容。图纸目录各专业图纸分别编制, 并将其绘制成表格, 以便于图纸的查阅, 如图 E-52 所示。

序号	设计图号	图名	图幅	备注	序号	设计图号	图名	图幅	备注
1	建施-01	建筑设计总说明	A3		1	结施-01	结构设计说明	A3	
2	建施-02	构造做法表、室内装修做法表、建筑灭火器配置表	A3		2	结施-02	桩位平面布置图	A3	
3	建施-03	一层平面图	A3		3	结施-03	承台、承台梁平面布置图	A3	
4	建施-04	二层平面图	A3		4	结施-04	基础顶面~-0.10m 柱布置图	A3	
5	建施-05	三层平面图	A3		5	结施-05	一层梁平面布置图	A3	
6	建施-06	屋顶平面图、1—1 剖面图	A3		6	结施-06	一层板平面布置图	A3	
7	建施-07	①~⑨轴立面图、⑨~①轴立面图	A3		7	结施-07	一层柱平面布置图	A3	
8	建施-08	Ⓐ~Ⓔ轴立面图、Ⓔ~Ⓐ轴立面图	A3		8	结施-08	二~三层梁平面布置图	A3	
9	建施-09	内院大样图、卫生间大样图	A3		9	结施-09	二~三层板平面布置图	A3	
10	建施-10	门窗表及门窗大样图	A3		10	结施-10	二~三层柱平面布置图	A3	
11	建施-11	节点大样图一	A3		11	结施-11	屋顶、屋顶板平面布置图	A3	
12	建施-12	节点大样图二	A3		12	结施-12	楼梯详图	A3	
					13	结施-13	节点结构详图	A3	

图 E-52 某建筑工程图纸目录

E2-3-2 建筑设计总说明

建筑设计总说明主要说明工程概况及总的要求, 其中包括工程的共性要求及特性要求。

其内容主要包括：设计依据、工程概述（建设规模）、构造做法、施工要求、设计标准、节能设计说明、消防设计说明及绿色设计说明等，如图 E-53 所示。

建筑设计说明

1. 现行的国家有关建筑设计规范、规程和规定：

　1.1《办公建筑设计标准》JGJ/T 67—2019。

　1.2《民用建筑设计统一标准》GB 50352—2019；

　1.3《民用建筑热工设计规范（含光盘）》GB 50176—2016。

　1.4《建筑设计防火规范（2018年版）》GB 50016—2014。

　1.5《屋面工程技术规范》GB 50345—2012。

　1.6《建筑地面设计规范》GB 50037—2013。

　1.7《外墙外保温工程技术标准》JGJ 144—2019。

　1.8《建筑灭火器配置规范》GB 50140—2005。

　1.9《房屋建筑制图统一标准》GB/T 50001—2017。

2. 项目概况

　2.1 本工程为综合楼。

　2.2 本工程建筑面积为1934㎡。

　2.3 建筑层数为4层，建筑高度为15.900m，一层层高为4.200m，二、三层层高为3.300m，四层层高为4.200m。

　2.4 建筑结构形式为框架结构，设计使用年限为50年，抗震设防烈度为7度。

　2.5 防火设计的耐火等级为二级。

3. 设计标高

　3.1 本工程首层地面为±0.000m，相当于地对标高为25.000m；本工程室内外高差为0.300m。

　3.2 建筑施工图各层标注的标高为完成面标高（建筑面标高），顶层标高为结构面标高。施工时应校对建筑标高与结构标高。

　3.3 本工程标高以1m为单位，总平面尺寸以m为单位，其他尺寸以mm为单位。

　3.4 洞口尺寸：平立剖面图中所注的尺寸为结构或砌筑尺寸，一般以抹灰20墙作为施工后洞口装修的尺寸依据，各层洞洞口高度除特别标注外，均由本层建筑标高算起，如造卫、浴等需降标高房间，门洞以较高地面起计算洞口尺寸。

4. 用料和室内外装修

　4.1 墙体的基础部分见结构施工图。

　4.2 建筑物的外墙300厚加气混凝土砌块，和隔墙200厚加气混凝土砌块。

　4.3 砌块和砌筑砂浆的强度等级按结构施工图。

　4.4 墙身防潮层：在室内地坪下标高-0.060处做20厚1：2水泥砂浆（内加水泥重量10%硅质密实剂）墙身防潮层；（在此标高为钢筋混凝土构造时可不做），相邻房间室内地面标高变化处防潮层应重叠，并在高差埋土一侧墙身做20厚1：2水泥砂浆（内加防水剂）垂直防潮层。

　4.5 墙体留洞及封堵。

　　4.5.1 墙体预留洞应对照建筑施工图和设备施工图施工；

　　4.5.2 墙体预留洞过梁见结构施工图；

　　4.5.3 预留洞的封堵：混凝土留洞见结构施工图及设备图，砌筑墙布配电箱，消火栓，水平通风管等，隔墙上的留洞详见各相关设备专业图纸，待配送设备安装完毕后，用C20混凝土填实。

　　4.5.4 本工程采用预制空心通风道，施工中应确保内部光滑，管口应采取遮盖措施。应注意与墙体拉结。

　4.6 墙体抹灰。

　　4.6.1 内墙面凡不同墙体材料交接处（包括内墙与梁、板交接处），各种线盒及配电箱周围，消火栓周围及背面，门窗安装缝，安装后抹灰搭接茬处，均应铺钉10mm×10mm钢丝网抹灰，每边搭接尺寸为150mm；

　　4.6.2 所有房间的阳角均用1：2水泥砂浆做护角，护角宽100mm，高200mm。

　4.6.3 窗口及突出墙面的线脚下面均应抹出滴水线；

　4.6.4 室外散水坡处防水砂浆做到高于散水坡300处。

5. 屋面及防水工程

　5.1 本工程的屋面防水等级为三级，防水层合理使用年限为10年，具体构造见屋顶平面图和相应节点详图。

　5.2 屋面排水组织见屋顶平面图，平面图部分采用有组织排水，四层平台处采用无组织排水。

　5.3 雨水口及雨水管在施工中采取措施应严加保护，严禁杂物落入雨水管内，应严格按施工施工并做好泛水。

　5.3 雨篷的防水层为防水砂浆。

　5.4 隔汽层的设置：本工程的屋面保温层下部位设置隔汽层，其构造见相应部位的节点详图。隔汽层与墙体交接处卷边高翻过保温层。

　5.5 管道、风道出屋面应做好泛水井用防水涂膜保护。

　5.6 本工程卫生间的楼面标高低于相应楼地面标高20mm。

　5.7 本工程卫生间地面混凝土楼板卷起200高C20混凝土防水卷沿。

6. 门窗工程

　6.1 建筑主入口门采用保温白钢玻璃门，门窗采用实木门。

　6.2 本工程的门窗形式见当地建筑标准图集。

　6.3 门窗立面图表示洞口尺寸，门窗加工时要按照装修面厚度由承包商予以调整。

　6.4 门窗立樘：外门窗立樘详墙身节点图，平开门立樘平立面方向与墙面平齐。

　6.5 门窗选材、颜色、玻璃详门窗表，附注门窗五金件要求为国产防腐材料五金件；防火门，防盗门的预埋件由厂家提供并按要求进行预埋。

　6.6 塑料门窗框与洞口之间应用聚氨酯发泡塑料填充做好保温构造处理，不得将外框直接嵌入墙体，以防门窗周边结露。

7. 建筑节能

　7.1 该建筑属于公共建筑，应执行《公共建筑节能设计标准》GB 50189—2015；

　7.2 外墙门、窗未注明者均采用单框二玻保温型钢门、窗。

8. 其他

　8.1 本工程未尽事宜均按国家规范及相应规定。

　8.2 本设计待规划、消防、人防、环卫等有关部门审批通过与图纸会审之后方可进行施工。

建筑施工图目录

图纸编号	图名	图幅	图纸编号	图名	图幅
建施-1	建筑设计说明	A3	建施-8	①～⑩立面图	A3
建施-2	建筑构造做法表	A3	建施-9	⑩～①立面图	A3
建施-3	一层平面图	A3	建施-10	Ⓐ～Ⓖ立面图、Ⓖ～Ⓐ立面图	A3
建施-4	二层平面图	A3	建施-11	1—1剖面图、节点详图	A3
建施-5	三层平面图	A3	建施-12	1号楼梯详图	A3
建施-6	四层平面图	A3	建施-13	2号楼梯详图一	A3
建施-7	屋顶平面图	A3	建施-14	节点详图	A3

工程名称	综合楼	图名	建筑设计说明	图纸编号	建施-1

图 E-53　建筑设计总说明

E2-3-3　构造做法表

在施工图中，对于建筑各部位的构造做法，一般采用列表的形式进行详细说明，这一列表称为构造做法表。在此表格中应详细说明施工部位的名称、构造做法等，如表 E-7 所示。

表 E-7　构造做法表

类别	编号	名称	构造做法		部位	备注
台阶	L13J1 合 6	花岗岩板材面层台阶	1）20～25mm 厚花岗岩板材踏步及踢脚板，水泥浆擦缝		室外台阶、楼梯踏步	—
			2）30 厚 1：3 干硬性水泥砂浆			
			3）素水泥浆一道			
			4）60mm 厚 C15 混凝土台阶（厚度不包括台阶三角部分）	4）现浇钢筋混凝土板		
			5）300 厚 3：7 灰土			
			6）素土夯实			

续表

类别	编号	名称	构造做法	部位	备注
坡道	L13J1 坡 13	花岗石板面层坡道	1）40mm 厚毛面花岗石板 2）30 厚 1∶3 干硬性水泥砂浆 3）素水泥浆一道 4）60mm 厚 C15 混凝土 5）300 厚 3∶7 灰土（分两步夯实） 6）素土夯实	室外坡道	花岗石正背面及四周边应满涂防污剂
散水	L13J1 散 1	混凝土散水	1）60mm 厚 C20 混凝土，上撒 1∶1 水泥细沙压实抹光 2）150 厚 3∶7 灰土夯实 3）素土夯实，向外坡 4%	散水	800mm 宽
地面	L13J1 地 201F	陶瓷地砖防水地面	1）8～10mm 厚地砖铺实拍平，稀水泥浆擦缝 2）30 厚 1∶3 干硬性水泥砂浆 3）1.5mm 厚聚氨酯防水涂料 4）最薄处 20 厚 1∶3 水泥砂浆或 C20 细石混凝土找坡层抹平 5）素水泥浆一道 6）60mm 厚 C15 混凝土垫层 7）150 厚 3∶7 灰土 8）素土夯实	卫生间、厨房操作间	—
地面	L13J1 地 101	水泥砂浆地面	1）30 厚 1∶2 水泥砂浆压实赶光 2）素水泥浆一道 3）60mm 厚 C15 混凝土垫层 4）150 厚 3∶7 灰土 5）素土夯实	设备间	—
地面	L13J1 地 201	地面砖地面	1）8～10mm 厚地砖铺实拍平，稀水泥浆擦缝 2）20 厚 1∶3 干硬性水泥砂浆 3）20 厚 1∶3 水泥砂浆找坡层找平 4）素水泥浆一道 5）60mm 厚 C15 混凝土垫层 6）150 厚 3∶7 灰土 7）素土夯实	其余地面	—
踢脚	L13J1 踢 1C	水泥砂浆踢脚	1）2mm 厚配套专用界面砂浆批刮 2）10 厚 1∶3 水泥砂浆 3）6 厚 1∶2 水泥砂浆抹面压光	所有水泥砂浆楼地层踢脚	踢脚高 150mm
踢脚	L13J1 踢 3C	面砖踢脚	1）2mm 厚配套专用界面砂浆批刮 2）7 厚 1∶3 水泥砂浆 3）6 厚 1∶2 水泥砂浆 4）素水泥浆一道（用专用胶黏剂粘贴时无此道工序） 5）3～4 厚 1∶1 水泥砂浆加水重 20%建筑胶（或配套专用胶黏剂粘贴）黏结层 6）5～7mm 厚面砖，水泥浆擦缝或填缝剂填缝	除以上所述外的所有踢脚	踢脚高 150mm
墙裙	裙 3B		1）刷专用界面剂一遍 2）9 厚 1∶3 水泥砂浆 3）素水泥砂浆一道 4）3～4 厚 1∶1 水泥砂浆加水重 20%建筑胶黏结层 5）4～5mm 厚墙面砖，白水泥擦缝或填缝剂填缝	餐厅内墙裙	墙裙高 1500mm

E2-3-4　门窗表

门窗表主要反映门窗的类型、编号、数量、尺寸规格等相关内容，便于工程中的门窗采购及结算等，如表 E-8 所示。

表 E-8　门窗表

类型	设计编号	洞口尺寸/mm	数量	图集名称	选用型号	备注
普通门	M0821	800×2100	6	L13J4-1	参 PM1-0821	平开夹板门
	M1021	1000×2100	17	L13J4-1	参 PM1-1021	平开夹板门
	M1221	1200×2100	1	L13J4-1	参 PM1-1221	平开夹板门
	M1521	1500×2100	3	L13J4-1	参 PM1-1521	平开夹板门
	WM1237	1200×3700	1	L13J4-1	—	节能外门，见详图
	WM1322	1300×2200	1	L13J4-1	—	节能外门，见详图
	WM1522	1500×2200	1	L13J4-1	—	节能外门，见详图
	WM1537	1500×3700	1	L13J4-1	—	节能外门，见详图
	WM12122	1200×12200	1	L13J4-1	—	节能外门，见详图
甲级防火门	FM 甲 1021	1000×2100	1	L13J4-2	MFM01-1021（A1.50）	甲级防火门
乙级防火门	FM 乙 1021	1000×2100	6	L13J4-2	MFM01-1021（A1.00）	乙级防火门
	FM 乙 1221	1200×2100	14	L13J4-2	MFM01-1221（A1.00）	乙级防火门
	FM 乙 1221a	1200×2100	2	L13J4-2	MFM01-1221（A1.00）	乙级防火门
	FM 乙 1521	1500×2100	12	L13J4-2	MFM01-1521（A1.00）	乙级防火门
	FM 乙 1521a	1500×2100	6	L13J4-2	MFM01-1521（A1.00）	乙级防火门
丙级防火门	FM 丙 1218	1200×1800	3	L13J4-2	参 MFM07-1218（A0.50）	丙级防火门，门槛高 300mm
普通窗	C0628	600×2800	2	L13J4-1	—	70 系列 PVC 塑钢中空玻璃窗仿古木格窗（5+12A+5Low-E），见详图
	C0928	900×2800	2	L13J4-1	—	70 系列 PVC 塑钢中空玻璃窗外平开窗（5+12A+5Low-E），见详图
	C1212	1200×1200	3	L13J4-1	—	70 系列 PVC 塑钢中空玻璃窗外平开窗（5+12A+5Low-E），见详图
	C1128	1100×2800	2	L13J4-1	—	70 系列 PVC 塑钢中空玻璃窗外平开窗（5+12A+5Low-E），见详图
	C1228	1200×2800	2	L13J4-1	—	70 系列 PVC 塑钢中空玻璃窗外平开窗（5+12A+5Low-E），见详图
	C1323	1300×2300	1	L13J4-1	—	70 系列 PVC 塑钢中空玻璃窗外平开窗（5+12A+5Low-E），见详图
	C1328	1300×2800	1	L13J4-1	—	70 系列 PVC 塑钢中空玻璃窗外平开窗（5+12A+5Low-E），见详图
	C1528	1500×2800	7	L13J4-1	—	70 系列 PVC 塑钢中空玻璃窗外平开窗（5+12A+5Low-E），见详图
	C1828	1800×2800	6	L13J4-1	—	70 系列 PVC 塑钢中空玻璃窗外平开窗（5+12A+5Low-E），见详图
	C2128	2100×2800	3	L13J4-1	—	70 系列 PVC 塑钢中空玻璃窗外平开窗（5+12A+5Low-E），见详图
	C2423	2400×2300	1	L13J4-1	—	70 系列 PVC 塑钢中空玻璃窗外平开窗（5+12A+5Low-E），见详图
	C2428	2400×2800	27	L13J4-1	—	70 系列 PVC 塑钢中空玻璃窗外平开窗（5+12A+5Low-E），见详图

续表

类型	设计编号	洞口尺寸/mm	数量	图集名称	选用型号	备注
普通窗	C3428	3350×2800	3	L13J4-1	—	70 系列 PVC 塑钢中空玻璃窗外平开窗（5+12A+5Low-E），见详图
	C3614	3600×1400	2	L13J4-1	—	70 系列 PVC 塑钢中空玻璃窗固定窗（5+12A+5Low-E），见详图
	C3628	3600×2800	2	L13J4-1	—	70 系列 PVC 塑钢中空玻璃窗外平开窗（5+12A+5Low-E），见详图
	C5459	5400×5900	1	L13J4-1	—	70 系列 PVC 塑钢中空玻璃窗外平开窗（5+12A+5Low-E），见详图
	TC12122	1200×12200	1	L13J4-1	—	70 系列 PVC 塑钢中空玻璃窗外平开窗（5+12A+5Low-E），见详图
	C3428a	3400×2800	12	L13J4-1	—	70 系列 PVC 塑钢中空玻璃窗外平开窗（5+12A+5Low-E），见详图
	JYC3228	3200×2800	3	L13J4-1	—	70 系列 PVC 塑钢中空玻璃窗外平开窗（5+12A+5Low-E），见详图。消防救援窗
	JYC3428	3350×2800	3	L13J4-1	—	70 系列 PVC 塑钢中空玻璃窗外平开窗（5+12A+5Low-E），见详图
	TC7459	7400×5900	1	L13J4-1	—	70 系列 PVC 塑钢中空玻璃窗外平开窗（5+12A+5Low-E），见详图
	TC12113	1200×11300	4	L13J4-1	—	70 系列 PVC 塑钢中空玻璃窗外平开窗（5+12A+5Low-E），见详图
组合门窗	M3037	3000×3700	1	L13J4-1	—	70 系列 PVC 塑钢中空玻璃窗外平开窗（5+12A+5Low-E），见详图
	MC7437	7400×3700	1	L13J4-1	—	70 系列 PVC 塑钢中空玻璃窗外平开窗（5+12A+5Low-E），见详图

能力训练：施工图首页的识读_____

参照本书提供的电子资源中的图样，识读施工图首页、图纸目录、建筑设计总说明、构造做法表、门窗表等。

巩固提高_____

问题导向 1：在施工图中，对于建筑各部位的构造做法，一般采用_____的形式进行详细说明。

问题导向 2：门窗表主要反映门窗的_____、编号、数量、尺寸规格等相关内容，便于工程中的门窗采购及结算等。

职业能力 E2-4 识读建筑总平面图

【核心概念】

- 建筑总平面图：对新建工程及附近一定范围内的建筑物、构筑物及自然状况等基地总体布置情况，用正投影法及相应图例绘制出的图纸，简称总平面图。

【学习目标】

- 掌握总平面图的图示内容及识读方法。

- 能正确识读总平面图。
- 传承和发扬一丝不苟、精益求精的工匠精神。

基本知识：总平面图的形成与用途、图示方法、图示内容与识读方法

E2-4-1 总平面图的形成与用途

总平面图主要反映基地的形状、大小、地形地貌、标高、新建建筑的位置和朝向、占地范围、新建建筑与原有建筑的关系、建筑物周围道路、绿化及其他新建设施的布置情况等。

总平面图的比例一般采用 1∶500、1∶1000、1∶2000 等。总平面图是施工定位、土方施工、设备管线总平面布置图和现场施工总平面布置图的依据。

E2-4-2 总平面图的图示方法

总平面图是按一定比例用正投影法绘制出的图纸。由于其比例较小，因此总平面图中的图形主要以图例的形式来表达。各类图例符号主要参照《总图制图标准》（GB/T 50103—2010）中提供的图例。总平面图的常用图例符号如表 E-9 所示。

表 E-9　总平面图的常用图例符号

序号	名称	图例	备注
1	新建建筑物	$X=$ $Y=$ ① 12F/2D H=59.00m	新建建筑物以粗实线表示与室外地坪相接处±0.00 外墙定位轮廓线 建筑物一般以±0.00 高度处的外墙定位轴线交叉点坐标定位，轴线用细实线表示，并标明轴线号 根据不同设计阶段标注建筑编号，地上、地下层数，建筑高度，建筑出入口位置（两种表示方法均可，但同一图纸使用一种表示方法） 地下建筑物以粗虚线表示其轮廓 建筑上部（±0.00 以上）外挑建筑用细实线表示 建筑物上部连廊用细虚线表示并标注位置
2	原有建筑物		用细实线表示
3	计划扩建的预留地或建筑物		用中粗虚线表示
4	拆除的建筑物		用细实线表示
5	建筑物下面的通道		—
6	散状材料露天堆场		需要时可注明材料名称

续表

序号	名称	图例	备注
7	其他材料露天堆场或露天作业场		需要时可注明材料名称
8	铺砌场地	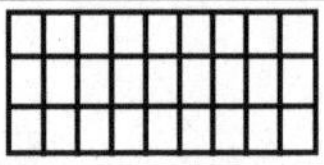	—
9	敞棚或敞廊	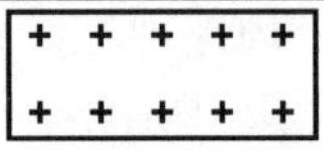	—
10	高架式料仓	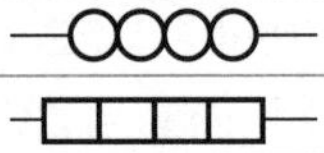	—
11	漏斗式储仓		左、右图为底卸式 中图为侧卸式
12	冷却塔（池）	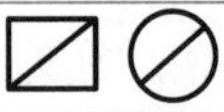	应注明冷却塔或冷却池
13	水塔、储罐	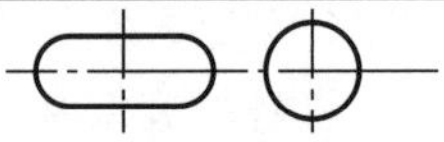	左图为卧式储罐 右图为水塔或立式储罐
14	水池、坑槽		也可以不涂黑
15	明溜矿槽（井）	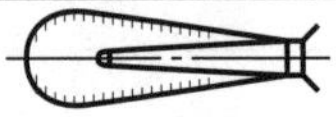	—
16	斜井或平硐	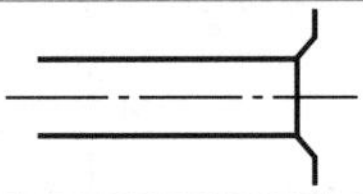	—
17	烟囱		实线为烟囱下部直径，虚线为基础，必要时可注写烟囱高度和上、下口直径
18	围墙及大门	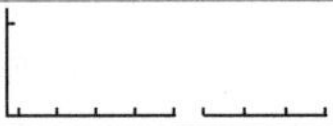	—
19	挡土墙	 5.00 1.50	挡土墙根据不同设计阶段的需要进行标注 墙顶标高 墙底标高
20	挡土墙上设围墙		—
21	台阶及无障碍坡道	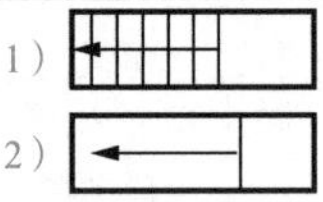 1) 2)	1) 表示台阶（级数仅为示意） 2) 表示无障碍坡道
22	露天桥式起重机	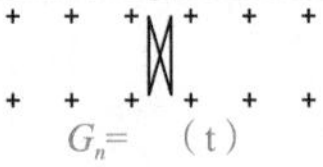 $G_n=$ （t）	起重机起重量 G_n，以吨为单位进行计算 "+" 为柱子的位置
23	露天电动葫芦	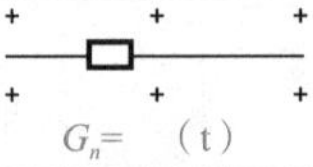 $G_n=$ （t）	起重机起重量 G_n，以吨为单位进行计算 "+" 为支架的位置
24	门式起重机	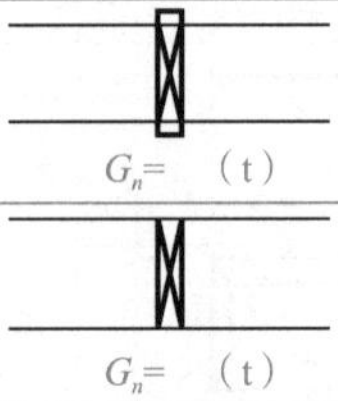 $G_n=$ （t） $G_n=$ （t）	起重机起重量 G_n，以吨为单位进行计算 上图表示有外伸臂 下图表示无外伸臂
25	架空索道		"I" 为支架的位置

续表

序号	名称	图例	备注
26	斜坡卷扬机道	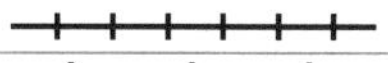	—
27	斜坡栈桥（皮带廊等）	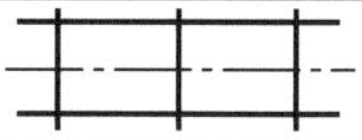	细实线表示支架中心线的位置
28	坐标	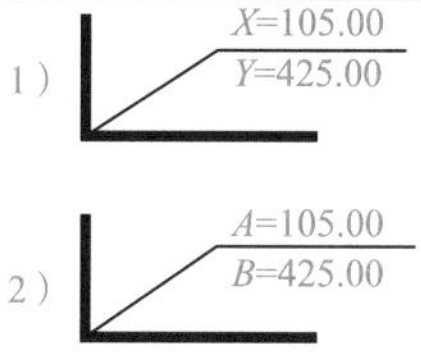 1) $X=105.00$ $Y=425.00$ 2) $A=105.00$ $B=425.00$	1）表示地形测量坐标系 2）表示自设坐标系 坐标数字平行于建筑标注
29	方格网交叉点标高	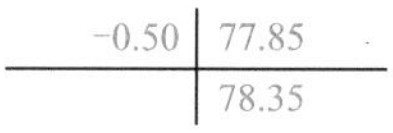 -0.50 | 77.85 78.35	"78.35"为原地面标高 "77.85"为设计标高 "-0.50"为施工高度 "-"表示挖方（"+"表示填方）
30	填方区、挖方区、未整平区及零线	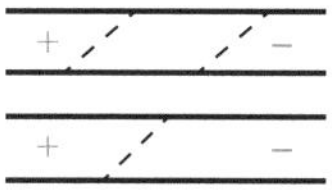 + / +	"+"表示填方区 "-"表示挖方区 中间为未整平区 点画线为零线
31	填挖边坡	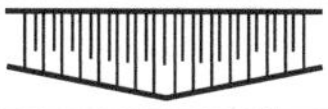	—
32	分水脊线与谷线	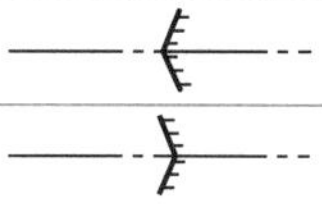	上图表示脊线 下图表示谷线
33	洪水淹没线	 - - - - - - - -	洪水最高水位以文字标注
34	地表排水方向		—
35	截水沟	 1 40.00	"1"表示1%的沟底纵向坡度，"40.00"表示变坡点间的距离，箭头表示水流方向
36	排水明沟	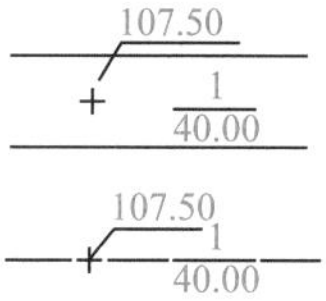 107.50 + $\frac{1}{40.00}$ 107.50 + $\frac{1}{40.00}$	上图用于比例较大的图面 下图用于比例较小的图面 "1"表示1%的沟底纵向坡度，"40.00"表示变坡点间的距离，箭头表示水流方向 "107.50"表示沟底变坡点标高（变坡点以"+"表示）
37	有盖板的排水沟	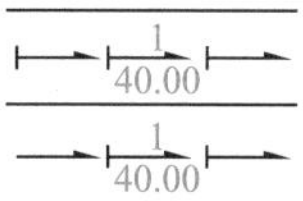 $\frac{1}{40.00}$ $\frac{1}{40.00}$	—
38	雨水口	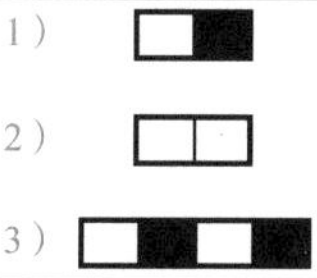 1) 2) 3)	1）雨水口 2）原有雨水口 3）双落式雨水口
39	消火栓井		—
40	急流槽	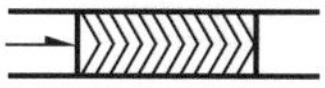	箭头表示水流方向
41	跌水		
42	拦水（闸）坝	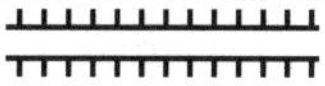	—
43	透水路堤		边坡较长时，可在一端或两端局部表示

续表

序号	名称	图例	备注
44	过水路面		—
45	室内地坪标高	151.00 ▽ (±0.00)	数字平行于建筑物书写
46	室外地坪标高	143.00 ▼	室外标高也可采用等高线
47	盲道		—
48	地下车库入口		机动车停车场
49	地面露天停车场		—
50	露天机械停车场		露天机械停车场

E2-4-3　总平面图的图示内容与识读方法

1. 总平面图的图示内容

（1）建筑红线

建筑红线又称为建筑控制线，是地方规划管理部门出具的建设单位土地使用范围的线。任何建筑物在设计和施工中均不能超过此线。

（2）新建建筑物、原有建筑物、拆除的建筑物

在总平面图中，建筑物可分为新建建筑物、原有建筑物、计划扩建的预留地或建筑物、即将拆除的建筑物和新建的地下建筑物或构筑物。在阅读总平面图时，要根据图例符号正确区分不同的建筑种类。建筑物的层数一般用小圆点或阿拉伯数字标注在建筑物的右上角，新建建筑物用粗实线表示；拆除的建筑物用细实线表示，并在其细实线上画"×"号，如图 E-54 所示。

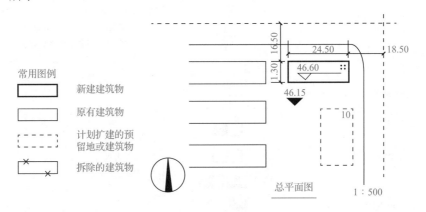

图 E-54　总平面图中的建筑物

（3）新建建筑物定位

新建建筑物的定位方式有两种：一是按原有建筑物或原有道路与新建建筑物之间的距离来定位，二是利用坐标来定位。

坐标定位又分为测量坐标定位和施工坐标定位。

1）测量坐标定位：在总平面图中，使用细实线画成交叉十字线的坐标网，南北向的轴线为 X，东西向的轴线为 Y，这样的坐标称为测量坐标。坐标网常采用 100m×100m 或 50m×50m 的方格网。建筑物一般采用标注其外墙轴线交点的坐标来定位。

2）施工坐标定位：当建筑朝向与测量坐标不一致时，可用施工坐标来定位。将建筑区域内的某一点定为"0"点，采用 100m×100m 或 50m×50m 的方格网，沿建筑物外墙方向用细实线画成方格网通线，竖线标为Ⓐ，横线标为Ⓑ，这种坐标称为施工坐标。

（4）地形

总平面图中的地形一般用等高线来表示，从地形图上的等高线可以看出地形的起伏情况。等高线间距越大，地面起伏越平缓；相反，等高线间距越小，地面起伏越陡峭。

（5）道路

道路（或铁路）和明沟等需要标明起点、变坡点、转折点、终点的标高与坡向箭头。

（6）标高

新建建筑物的室内外标高：总平面图中所注标高为绝对标高，单位为 m，一般注写到小数点后两位。我国把以青岛市外的黄海海平面作为零点所测定的高度尺寸，称为绝对标高。

总平面图室外地坪标高符号，宜用涂黑的三角形表示，如图 E-55 所示，建筑首层室内地面标高用中空三角形表示，标高符号指向如图 E-56 所示。

图 E-55　总平面图室外地坪标高符号　　　　　图 E-56　标高符号指向

（7）风向频率玫瑰图

带朝向的风向频率玫瑰图简称为风玫瑰图。在 8 个或 16 个方位线上用端点与中心的距离，代表当地这一风向在一年中发生的频率高低，粗实线表示全年风向，细虚线表示夏季风向。风向由各方位吹向中心，风向线最长者为主导风向，如图 E-57 所示。

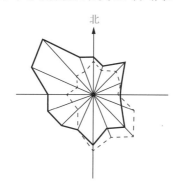

图 E-57　风玫瑰图

2. 总平面图的识读方法

（1）看图名、比例及有关文字说明

总平面图包括的地域范围较大，一般绘制时都采用较小比例，如 1：500、1：1000、1：2000 等。

（2）了解新建工程的整体情况

了解新建工程的性质与整体布置；了解建筑物所在区域的大小和区域边界；了解各建筑物和构筑物的位置及层数；了解道路、广场和绿化等分布状况。

（3）明确工程的定位

明确新建工程或扩建工程的定位。新建房屋的定位方法有两种：一种是参照物法，即根据已有房屋或道路来定位；另一种是坐标定位法，即在地形图上绘制坐标网，并标注房屋墙角坐标。

（4）看新建房屋的标高

看新建房屋首层室内地面和室外地坪的绝对标高，可知室内外地面的高差及正负零与绝对标高的关系。

（5）明确新建房屋的朝向

看总平面图中的风向频率玫瑰图和指北针可明确该地区的常年风向频率和新建房屋的朝向。

3. 总平面图识读实例

如图 E-58 所示是某办公楼总平面图，图纸编号为建施总-01，比例为 1 : 300。根据图例，双点长画线表示用地控制线和建筑控制线，粗实线为新建建筑（如图示办公楼），网格线表示消防车道，其余具体参照图中所示图例。根据图中的主要经济技术指标，可读取出地块的用地面积、总建筑面积、占地面积、容积率、绿化率等信息。

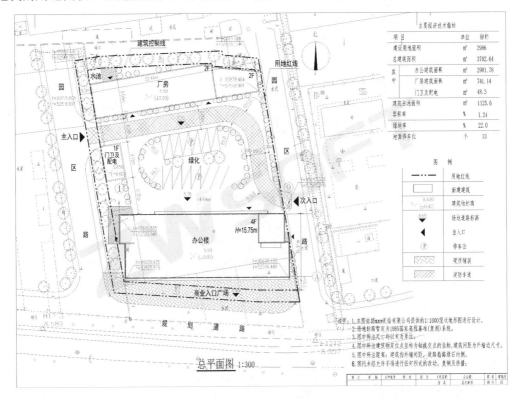

图 E-58　某办公楼总平面图

基地入口位于东西两侧，基地内的消防车道宽 4m，转弯半径最小处为 6m，最大处为

10m。

基地内原有建筑有 2 层厂房、1 层门卫及配电室等，新建建筑为办公楼。

办公楼的定位采用测量坐标定位，分别给出 4 个角的坐标。办公楼的北侧有广场、绿化、停车位等。办公楼为矩形，总长为 44.64m，总宽为 16.9m，层数为 4 层，建筑高度为 15.75m。办公楼室外地坪绝对标高为 5.35m，室内首层地坪的绝对标高为 5.5m，室内外高差为 0.15m。

从指北针的方向可知，办公楼在四面都有出入口，按其位置及标注，西侧应为主入口，东侧为次入口，南面为商业入口。

能力训练：总平面图的识读_____

参照本书提供的电子资源中的图样，识读建筑的总平面图。

巩固提高_____

问题导向 1：用来说明新建建筑物建造在什么位置、周围的环境和原有建筑物等情况的图称为_____。

问题导向 2：总平面图主要反映基地的形状、大小、地形地貌、标高、新建建筑的位置和朝向、占地范围、新建建筑与原有建筑的关系、建筑物周围道路、绿化及其他新建设施的布置情况等。_____（填"对"或"错"）

问题导向 3：总平面图是_____定位、土方施工、设备管线总平面布置图和现场施工总平面布置图的依据。

问题导向 4：建筑工程图中的总平面图和标高的尺寸单位为_____。

A．mm　　　　　　B．cm　　　　　　C．m　　　　　　D．km

职业能力 E2-5　识读建筑平面图

【核心概念】

- 建筑平面图：简称平面图，是建筑物各层的水平剖切图。它既表示建筑物在水平方向各部分之间的组合关系，又反映各建筑空间与围合它们的垂直构件之间的关系。

【学习目标】

- 掌握平面图的分类、图示内容和识读方法。
- 能正确识读平面图。
- 养成认真细致的工作态度和严谨的工作作风。

基本知识：平面图的分类、图示内容及要求、图例、识读方法_____

建筑平面图简称平面图，是建筑物各层的水平剖切图。它既表示建筑物在水平方向各部分之间的组合关系，又反映各建筑空间与围合它们的垂直构件之间的关系。建筑平面图主要用来表示房屋的平面布置情况，可作为施工放线、安装门窗、预留孔洞、预埋构件、室内装修、编制预算、施工备料等的重要依据。

E2-5-1　平面图的分类

1）首层平面图：将建筑物首层在其窗台位置水平剖切开并向下做投影，得到的平面图称为首层平面图，又称为底层平面图、一层平面图。

2）标准层平面图：在多层和高层建筑中，往往中间几层剖开后得到的平面图是一样的，只需画一个平面图作为代表层，将这一个作为代表层的平面图称为标准层平面图。

3）屋顶平面图：将屋顶自上向下进行投影得到的平面图，称为屋顶平面图。

微课：建筑平面图的图示内容与表示方法

E2-5-2　平面图的图示内容及要求

1. 图名、比例

平面图常用的比例一般为 1∶200、1∶100、1∶50，必要时可用 1∶150、1∶300 的比例。

2. 建筑物形状、总长和总宽

根据建筑物的形状、总长和总宽可计算出建筑物的占地面积和规模。

3. 建筑物的内部布置和朝向

平面图应包括各功能房间的布置情况、入口、走道、楼梯的位置等。一般平面图均应注明房间的名称或编号。首层平面图还应标注指北针，表明建筑物的朝向。

4. 建筑物的尺寸

平面图上的尺寸分为外部尺寸和内部尺寸两类。外部尺寸主要有 3 道。

最外面的第一道尺寸表示建筑物的总长度和总宽度。中间第二道尺寸是轴线间的尺寸，也是房间的开间和进深尺寸。最里面的第三道是细部尺寸，表示门窗洞口、窗间墙、墙体等的详细尺寸，如图 E-59 所示。在平面图内还注有内部尺寸，表明室内的门窗洞、孔洞、墙厚和固定设施的大小和位置。首层平面图还需要标注室外台阶、花池和散水等局部尺寸。

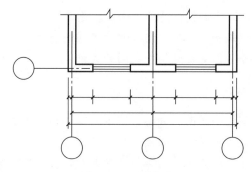

图 E-59　尺寸标注

5. 纵、横定位轴线及其编号

定位轴线是标定房屋中的墙、柱等承重构件位置的线，它是施工时定位放线及构件安装的依据，也是反映房间开间、进深的标志尺寸。

（1）定位轴线

房屋的主要承重构件（墙、柱、梁等）用定位轴线确定基准位置。定位轴线用细单点长画线绘制并进行编号，以备设计或施工放线使用。

横向编号用阿拉伯数字从左到右顺序编写，竖向编号应用大写拉丁字母，从下到上编写，拉丁字母的 I、O、Z 不得用作轴线编号。编号应注写在轴线端部的圆内，圆应用细实线绘制，直径为 8~10mm，其编号顺序如图 E-60 所示。如果字母数量不够使用，则可增加双字母或单字母加数字，如 AA、BA、…、YA 或 A1、B1、…、Y1。

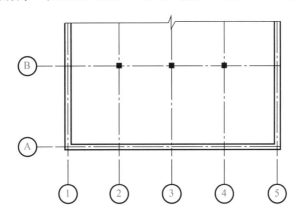

图 E-60 平面图定位轴线的编号顺序

组合较复杂的平面图中的定位轴线可采用分区编号，编号的注写形式应为"分区号-该分区定位轴线编号"，分区号宜采用阿拉伯数字或大写英文字母表示；多子项的平面图中定位轴线可采用子项编号，编号的注写形式为"子项号-该子项定位轴线编号"，子项号采用阿拉伯数字或大写英文字母表示，如"1-1"、"1-A"或"A-1"、"A-2"。当采用分区编号或子项编号，同一根轴线有不止 1 个编号时，相应编号应同时注明，如图 E-61 所示。

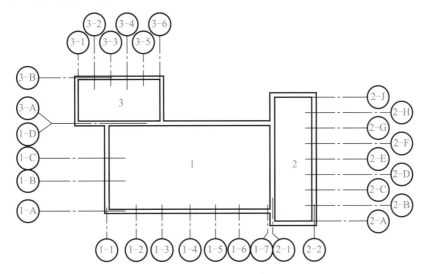

图 E-61 定位轴线的分区编号

（2）附加定位轴线

附加定位轴线的编号应以分数形式表示，并应符合下列规定。

两根轴线间的附加轴线，应以分母表示前一轴线的编号，分子表示附加轴线的编号，编号宜用阿拉伯数字顺序编写。例如，2 号轴线和 3

微课：建筑施工图的定位轴线与标高符号

号轴线间的第一根附加轴线标注为 1/2 轴，第二根附加轴线标注为 2/2 轴，以此类推；1 号轴线或 A 号轴线之前的附加轴线的分母应以 01 或 0A 表示，如 1/01 轴。

（3）详图定位轴线

一个详图适用于几根轴线时，应同时注明各有关轴线的编号，如图 E-62 所示。

用于2根轴线时　　　　　　用于3根或3根以上轴线时　　　　用于3根以上连续编号的轴线时

图 E-62　详图的轴线编号

微课：建筑施工
图常用符号

通用详图中的定位轴线，应只画圆，不注写轴线编号。

6. 门窗布置及其型号

在平面图中，门窗、卫生设施及建筑材料均按规定的图例绘制，并在图例旁边注写它们的代号和编号，代号"M"表示门，"C"表示窗，编号可用阿拉伯数字顺序编写，如 M1、M2、M3 和 C1、C2、C3 等，同一编号代表同一类型的门或窗。也可以注写为 M0921、C2020 等，M0921 表示门的宽度为 900mm、高度为 2100mm，C2020 表示窗的宽度、高度都是 2000mm，这样看施工图时门窗尺寸直接标示显得更加直观。当门窗采用标准图时，注写标准图集编号及图号。

一般情况下，在首页图中附有门窗表，统一列出门窗的编号、名称、洞口尺寸及数量。

7. 剖切符号及指北针

在首层平面图上应标注剖切符号，来表示剖面图的剖切位置、投射方向及剖面编号。其中，剖面编号应与剖面图的图名相对应，如图 E-63 所示。

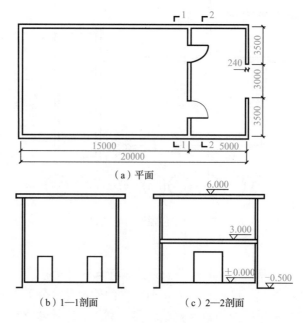

（a）平面

（b）1—1剖面　　　（c）2—2剖面

图 E-63　剖面图的剖切位置和投射方向

首层平面图中还应标注指北针，用来表示建筑物的朝向。指北针图例由一个 24mm 直径的圆（细实线绘制）和底部宽度为 3mm 的箭头及表示北向的文字组成，如图 E-64 所示。

图 E-64　指北针

8. 详图索引符号

图纸中的某一局部或构件，如需另见详图，则应以索引符号索引。使用索引符号可以清楚地表示详图的编号、位置和详图所在图纸编号，如图 E-65 所示。

图 E-65　索引符号

1）索引符号的绘制方法。

索引符号的引出线一端要指向绘制详图的地方，另一端用细实线绘制直径为 8～10mm 的圆，引出线应对准圆心，圆内过圆心画一水平线，将圆分为两个半圆，上半圆中用阿拉伯数字注明该详图的编号，下半圆中用阿拉伯数字注明该详图所在图纸的编号，如图 E-65 所示。

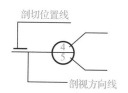

（a）表示从上向下或从后向前

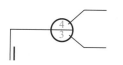

（b）表示从右向左

图 E-66　局部剖切详图的索引符号

2）索引符号的编写应符合下列规定。

① 当索引出的详图与被索引的详图同在一张图纸内时，应在索引符号的上半圆中用阿拉伯数字注明该详图的编号，并在下半圆中间画一段水平细实线。

② 当索引出的详图与被索引的详图不在同一张图纸中时，应在索引符号的上半圆中用阿拉伯数字注明该详图的编号，在下半圆中用阿拉伯数字注明该详图所在图纸的编号。数字较多时，可加文字标注。

③ 当索引出的详图采用标准图时，应在索引符号水平直径的延长线上加注该标准图集的编号。

④ 当索引符号用于索引剖视详图时，应在被剖切的部位绘制剖切位置线，并以引出线引出索引符号，引出线所在的一侧为剖视方向，如图 E-66 所示。

9. 标高

在各层平面图上还注有楼地层标高，表示各层楼地层距离相对标高零点（即正负零）的高差。

1）标高符号应以等腰直角三角形表示，并使用细实线绘制，形式如图 E-67 所示。

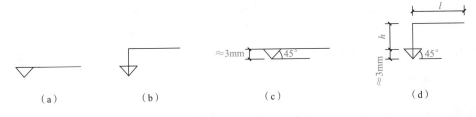

图 E-67　标高符号

2）在图纸的同一位置需要表示几个不同的标高时，标高数字可按图 E-68 的形式注写。

图 E-68　在同一位置注写多个标高

3）标高单位均以米（m）计，注写到小数点后第三位，总平面图上的标高注写到小数点后第二位。

4）标高的分类。以建筑物首层地面作为零点确定出来的标高称为相对标高；以青岛黄海平均海平面的高度为零点确定出来的标高称为绝对标高。在相对标高系统中，低于首层地面的高度均为负数，需在数字前面注写"–"，高于建筑首层地面的高度均为正数，但正数前面不加"+"。相对标高又可分为建筑标高和结构标高，建筑完成面的高度称为建筑标高；结构梁、板表面的高度称为结构标高。

E2-5-3　平面图的有关图例

平面图的有关图例如表 E-10 所示。

表 E-10　平面图的有关图例

序号	名称	图例	说明
1	墙体		应加注文字或填充图例表示墙体材料，在项目设计图纸说明中列材料图例表给予说明
2	隔断		1）包括板条抹灰、木制、石膏板、金属材料等隔断 2）适用于到顶与不到顶隔断
3	栏杆		
4	楼梯		1）上图为底层楼梯平面，中图为中间层楼梯平面，下图为顶层楼梯平面 2）楼梯及栏杆扶手的形式和楼梯段踏步数应按实际情况进行绘制

续表

序号	名称	图例	说明
5	坡道		上图为长坡道，下图为门口坡道
6	平面高差	××	适用于高差小于 100 的两个地面或楼面相接处
7	检查孔		左图为可见检查孔 右图为不可见检查孔
8	孔洞		阴影部分可以涂色代替
9	坑槽		—
10	墙预留洞	宽×高或φ 底（顶或中心）标高××，×××	1）以洞中心或洞边定位 2）宜以涂色区别墙体和留洞位置
11	墙预留槽	宽×高×深或φ 底（顶或中心）标高××，×××	
12	烟道		1）阴影部分可以涂色代替 2）烟道与墙体为同一材料，其相接处的墙身线应断开
13	通风道		

E2-5-4　平面图的识读方法

1. 平面图的识读步骤

1）识读平面图的图名、比例。
2）识读建筑朝向。
3）识读建筑的平面布置。
4）识读尺寸标注。
5）识读标高。
6）识读门窗的位置及编号。
7）识读剖切位置、编号及索引详图位置、编号等。

微课：建筑平面
图的绘图、识图
步骤

2. 平面图识读实例

识读平面图时，一般从底层平面图入手，按照从大到小、从整体到局部的顺序进行。
下面以某办公楼首层平面图（图 E-69）为例，进行平面图的识读，介绍平面图的识读方法和步骤。

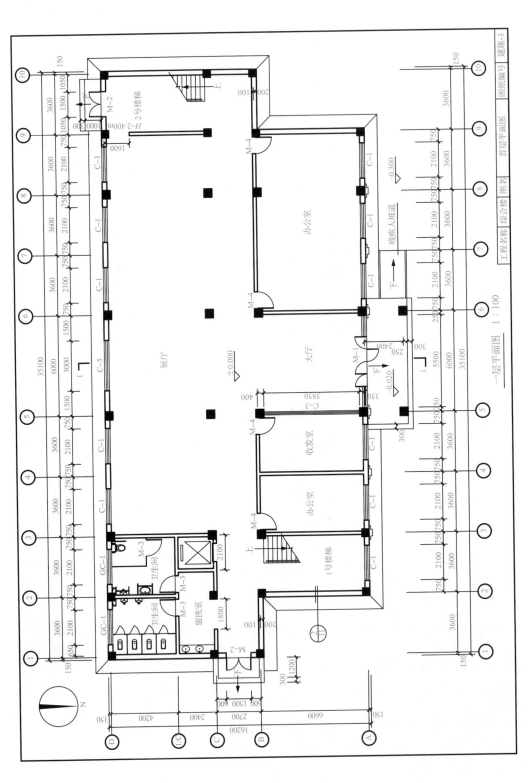

图 E-69　某办公楼首层平面图

　　该首层平面图，图纸编号为"建施-3"，比例为 1∶100。根据指北针，该办公楼坐南朝北，主入口在北侧。建筑物长 35100mm，宽 16200mm。该层有楼梯 2 部，电梯 1 部，办公室若干，展厅 1 个，盥洗室和男女卫生间各 1 间。

　　主入口室内外高差为 300mm，通过室外台阶和残疾人坡道解决此高差，主入口处标高低于室内地面标高 20mm，以防止雨水倒灌进室内。

　　该平面外墙厚度为 300mm，依轴线偏心布置，轴线内侧 100mm、外侧 200mm。其余墙体厚度未标注。

　　该建筑的平面尺寸有 3 道，最内侧尺寸表示建筑物外墙门窗洞口等各细部位置的大小及定位尺寸，以正立面的窗 C-1 为例，窗洞宽 2100mm，两侧距轴线的尺寸是窗洞的平面定位尺寸。中间第二道尺寸为定位轴线之间的尺寸，有 3600mm、6000mm、4200mm、2400mm、2700mm 和 6600mm 这 6 个尺寸。最外侧尺寸是该建筑首层的总长和总宽尺寸。

能力训练：平面图的识读

　　参照本书提供的电子资源中的图纸，识读建筑的不同平面图。

巩固提高

　　问题导向 1：假想一个水平剖切平面沿门窗洞口将房屋剖切开，移去剖切平面及以上部分，将余下的部分按_____投影的原理投射在水平投影面上所得到的图，称为平面图。

　　问题导向 2：在平面图中，位于 2 和 3 轴线之间的第一根分轴线的正确表达为_____。

　　A. ①/₂　　　　　B. ③/₁　　　　　C. ②/₁　　　　　D. ①/₃

　　问题导向 3：下列不能用作轴线编号的大写字母是_____。

　　A. O　　　　　B. I　　　　　C. Z　　　　　D. M

　　问题导向 4：有一栋房屋在图上测量得到的长度为 50cm，使用的是 1∶100 比例，则其实际长度是_____。

　　A. 5m　　　　　B. 50m　　　　　C. 500m　　　　　D. 5000m

　　问题导向 5：详图索引符号 $\frac{2}{3}$ 圆圈内的 3 表示_____。

　　A. 详图所在的定位轴线编号　　　　B. 详图的编号

　　C. 详图所在的图纸编号　　　　　　D. 被索引的图纸的编号

　　问题导向 6：楼层标高以_____为单位，标高有相对标高和_____标高。

　　问题导向 7：以建筑物首层地面作为零点确定出来的标高称为相对标高；以青岛黄海平均海平面的高度为零点确定出来的标高称为绝对标高。_____（填"对"或"错"）

　　问题导向 8：在施工图中，门用字母_____表示，窗用字母_____表示，并采用阿拉伯数字编号。

　　问题导向 9：施工图中的定位轴线端部的圆用细实线绘制，直径为_____。

　　A. 8～10mm　　　B. 11～12mm　　　C. 5～7mm　　　D. 12～14mm

职业
能力 **E2-6** **识读建筑立面图**

【核心概念】

- 建筑立面图：简称立面图，是在与房屋立面平行的投影面上所作的房屋正投影图。

【学习目标】

- 掌握立面图的命名、图示内容及识读方法。
- 能正确识读立面图。
- 培养创新思维和举一反三解决问题的能力。

基本知识：立面图的命名、图示内容及识读方法

立面图主要表示房屋的外形外貌，是对建筑立面的描述，反映建筑的高度、层数、屋顶和门窗样式，以及门窗大小、位置、立面装修做法等。其主要包括室外地坪线、立面轮廓线、门窗等主要构件及其他装饰构件的标高及定位尺寸、层高、立面装饰材料等信息。

E2-6-1 立面图的命名

立面图的命名方式有以下 3 种。

1. 按朝向命名

若建筑立面朝向南，则命名为南立面图，以此类推。

2. 按外貌特征命名

一般主入口的立面为正立面图，背面为背立面图，左侧立面为左立面图，右侧立面为右立面图。

3. 按轴线命名

按照横向和竖向轴线命名，如①-⑨立面图、⑨-①立面图、Ⓐ-Ⓓ立面图、Ⓓ-Ⓐ立面图。

E2-6-2 立面图的图示内容

立面图主要表达房屋的外形、定位轴线、各部分尺寸、门窗位置、阳台、窗台、建筑各层标高、檐口，以及台阶、雨水管的位置等。立面图采用的绘图比例应和平面图一致，一般应为 1∶100。

1. 外部造型

立面图主要表明房屋建筑的立面外形和外貌，包括外形轮廓、台阶、散水、勒脚、雨篷、遮阳板、门窗、挑檐、阳台、屋顶、雨水管、墙面及其装饰线、装饰物等的形状及位置等。

为使立面图主次分明、清晰明了，应注意线型的使用。

　　一般使用粗实线（b）绘制建筑物的外轮廓和有较大转折处的投影线；使用中实线（$0.5b$）绘制外墙上的凸凹部位，如门窗洞口、挑檐、雨篷、壁柱、阳台、遮阳板等；使用细实线（$0.25b$）绘制勒脚、门窗细部分格、雨水管和其他装饰线条；使用加粗实线（$1.4b$ 左右）绘制室外地坪线。

　　建筑物立面上一般有许多重复的细部分格，如门窗、阳台栏杆、墙面构造花饰等。绘制立面图时，只需详细画出其中的一张图纸，其余部分可简化画出，即只需画出其轮廓和主要分格即可。

　　2. 标注

　　（1）标高
　　立面图中标注的标高应与各层楼地层的标高一致，一般注写标高的部位有：室内外地坪、台阶、雨篷、门窗洞、各层楼面、檐口、屋脊、女儿墙等。
　　（2）定位轴线
　　在立面图中，要画出起始轴线和终止轴线及其编号并标注轴线间的尺寸。
　　（3）索引符号
　　对于立面图中不能确切表达图纸做法，需要画出详图或引用标准做法的，需要在立面图对应的位置标注详图索引符号。
　　（4）尺寸标注
　　立面图中标注的高度尺寸分为外部尺寸和内部尺寸两种。
　　外部尺寸一般标注两道或三道。
　　第一道尺寸为靠近图纸的细部尺寸，表示门窗、洞口、墙体等细部的构造尺寸。
　　第二道尺寸为中间的层高尺寸。
　　第三道尺寸为最外道的总尺寸，指从建筑室外地坪到建筑屋顶的高度距离，表示被剖切到的墙体及屋顶位置建筑的总高度。
　　内部尺寸用来标注门厅、门窗洞口、挑檐、屋顶的高度等。

　　3. 外墙面装饰装修做法

　　在立面图上，应用引出线加文字说明，注明外墙面各部位所用的装饰装修材料、颜色、施工做法等。

　　E2-6-3　立面图的识读方法

　　1）看图名和比例。了解是房屋哪一立面的投影，绘图比例是多少，以便与平面图进行对照。
　　2）看房屋立面的外形及门窗、屋檐、台阶、阳台、烟囱、雨水管等形状、位置。
　　3）看立面图中的标高尺寸。通常立面图中注有室外地坪、出入口地面、勒脚、窗口、大门口及檐口等处的标高。
　　4）看立面图两端的定位轴线及其编号。立面图两端的轴线及其编号应与平面图上的相对应。
　　5）看房屋外墙表面装修的做法和分格形式等。通常用引线和文字来说明外墙面装修材料。
　　6）看立面图中的索引符号、详图的出处、选用的图集等。

某餐厅建筑Ⓐ～Ⓚ轴立面图如图 E-70 所示。

图 E-70　某餐厅建筑Ⓐ～Ⓚ轴立面图

能力训练：立面图的识读

参照本书提供的电子资源中的图纸，识读建筑的几个立面图。

巩固提高

问题导向 1：立面图中的标高符号应以等腰直角三角形表示，用_____实线绘制。

问题导向 2：各楼层标高单位均以_____计，注写到小数点后第三位。

问题导向 3：立面图采用的绘图比例应和平面图一致，一般应为_____。

问题导向 4：绘制立面图时，只需详细画出其中的一张图纸，其余部分可简化画出，即只需画出其_____和主要分格即可。

问题导向 5：建筑立面图的命名方式有哪 3 种？

职业
能力　**E2-7**　**识读建筑剖面图**

【核心概念】

- 建筑剖面图：假想用平行于投影面的平面将建筑物剖开，移去观察者与剖切平面之间的部分，对剩余部分进行正投影，所得的图纸称为建筑剖面图，简称剖面图。

【学习目标】

- 掌握剖面图的形成和用途、图示内容及识读方法。
- 能正确识读剖面图。
- 养成严谨细致、认真负责的工作态度。

基本知识：剖面图的形成和用途、图示内容、识读方法_____

E2-7-1　剖面图的形成和用途

1．剖面图的形成

建筑剖面图简称剖面图，是用一个或多个垂直于外墙的铅垂剖切面，将房屋剖开所得的投影图，如图 E-71 所示。

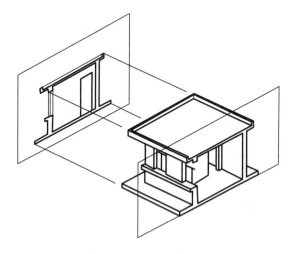

图 E-71　剖面图的形成

2．剖面图的用途

剖面图主要表示房屋的内部结构、分层情况、各层高度、楼面和地面的构造，以及各配件在垂直方向上的相互关系等内容。剖面图是与平面图、立面图相互配合的不可缺少的重要图纸之一。

3．剖面图的剖切位置及数量

剖面图的剖切位置，应选择在能反映建筑结构全貌、构造比较复杂的部位（如楼梯间），并应尽量剖切到门窗洞口的位置。剖面图的数量应根据建筑结构的复杂程度来确定，对于结构简单的建筑工程，一般只画 1～2 个剖面图。当工程规模较大或建筑结构较复杂时，则需要根据实际需要确定剖面图的位置和数量。

E2-7-2　剖面图的图示内容

剖面图主要表达建筑中被剖切到的梁、柱、墙体、楼面、室内地面、室外地坪、门窗洞口等，以及未被剖切到的剩余部分的可见投影轮廓等，因图示内容而不同。

1）建筑中被剖切到的构件断面轮廓用粗实线绘制，内部用相应的材料图例进行填充，当绘图比例小于 1∶100 时，钢筋混凝土图例涂黑表示，其他材料图例不表示。

2）未被剖切到的构配件，如墙体、柱、门窗洞口等，其投影用细实线绘制。

3）被剖切到的建筑构件表面的装饰装修构造，如梁和墙体的饰面、楼面和室内外地坪的面层、顶棚、勒脚等，用细实线绘制。

4）尺寸标注和标高标注。尺寸标注应标出墙身垂直方向的分段尺寸，如门窗洞口、窗下墙等的高度尺寸。标高标注应标出室内外地面、各层楼面、阳台、楼梯平台、檐口、屋脊、女儿墙、雨篷、门窗、台阶等处的标高。剖面图中标注的高度尺寸分为外部尺寸和内部尺寸两种。

5）当有些节点构造在剖面图中表达不清楚时，可使用详图索引符号引注。

E2-7-3 剖面图的识读方法

识读剖面图时，明确各剖面图的具体剖切位置和投射方向，查询剖面图所画的各轴线编号与平面图被剖切的轴线编号是否一致。同时，注意阅读各剖面图的构、配件标高和高度尺寸，查询剖面图的各标高与高度尺寸是否与立面图的相关尺寸一致。通过剖面图的识读，可把握待建工程垂直方向的主体结构类型及其内外部构造。

现以某综合办公楼 1—1 剖面图为例进行识读，如图 E-72 所示。

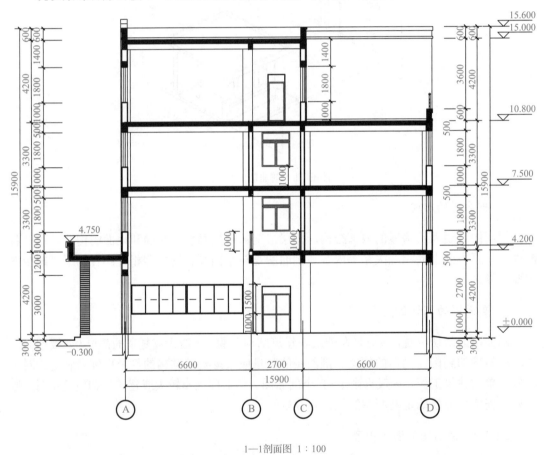

1—1剖面图 1∶100

图 E-72 某综合办公楼 1—1 剖面图

1. 识读图名和比例

从图中看出，该剖面图比例为 1∶100，与平面图和立面图的比例相同。

2. 识读建筑物中的剖切位置

将剖面图图名编号与底层平面图的剖切符号编号对照，可知剖切位置在⑤～⑥轴线之间，剖切到了入口、大厅、展厅和外墙上的门窗洞口。

3. 识读建筑的剖面形状和结构类型

从图 E-72 中看出，该建筑的剖面形状为矩形，共 4 层。屋顶形式为平屋顶，楼板为梁板式结构。

4. 识读建筑内部空间划分及设施的布置情况

1～3 层内部空间沿宽度方向：Ⓐ～Ⓑ轴为办公室，Ⓑ～Ⓒ轴为走廊，Ⓒ～Ⓓ轴为办公室，办公室的进深尺寸均为 6600mm，走廊宽度为 2700mm。

5. 识读建筑高度尺寸和重要部位的标高

从图 E-72 中可看出该建筑 4 层层高为 4.2m，2～3 层的层高相等，均为 3.6m，所有内外墙窗台的高度均为 1000mm，外墙窗洞高度一楼为 2700mm，2～4 楼均为 1800mm，屋顶女儿墙的高度为 600mm。室内首层地面标高为±0.000m，该剖切部位的屋顶标高为 15.900m。

能力训练：剖面图的识读

参照本书提供的电子资源中的图纸，识读建筑的剖面图。

巩固提高

问题导向 1：剖面图的剖切位置，应选择在能反映建筑结构全貌、构造比较复杂的部位，如_____，并应尽量剖切到门窗洞口的位置。

问题导向 2：建筑中被剖切到的构件，如梁、墙体、楼板、屋面板、雨篷等，这些构件断面轮廓使用粗实线绘制，内部使用相应的材料图例进行填充，当小于 1∶100 比例时，钢筋混凝土_____表示。

职业能力 E2-8　识读建筑详图

【核心概念】

- 建筑详图：为了满足施工要求，将建筑的细部构造放大比例详细地表达出来，这种图称为建筑详图，也称为节点详图。

【学习目标】

- 掌握建筑详图的图示内容及识读方法。
- 能正确识读建筑详图。
- 发扬专注执着、一丝不苟的工匠精神。

基本知识：建筑详图的图示内容、识读方法

E2-8-1　建筑详图

平面图、立面图、剖面图表达建筑的平面布置、外部形状和内、外部空间，但因反映的内容范围大、比例小，对建筑的细部构造难以表达清楚，为了满足施工要求，将建筑的细部构造放大比例详细地表达出来，这种图称为建筑详图。

建筑详图的特点是比例尺大，反映的内容详尽，常用的比例一般有 1∶50、1∶20、1∶10、1∶5、1∶2、1∶1 等。

E2-8-2　建筑详图的图示内容

建筑详图主要表示建筑构配件（如墙体、楼梯等）的详细构造及连接关系；表示建筑细部及节点（如檐口、窗台、明沟、楼梯扶手、踏步、楼地层、屋面等）的形式、层次、做法、用料、规格及详细尺寸；表示施工要求及制作方法。

本节重点介绍墙身详图与楼梯详图所包含的内容。

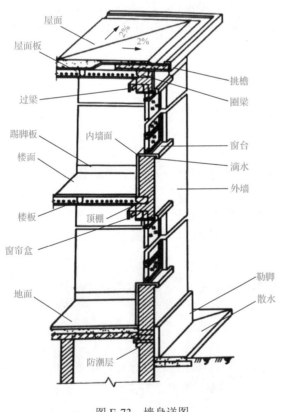

图 E-73　墙身详图

1. 墙身详图

墙身详图也称为墙身大样图，如图 E-73 所示。它主要表达墙身与地面、楼面、屋面的构造连接情况，以及檐口、门窗顶、窗台、勒脚、防潮层、散水、明沟的尺寸、材料、做法等构造情况，是砌墙、室内外装修、门窗安装、编制施工预算及材料估算等的重要依据。有时会在外墙详图上引出分层构造，需要注明楼地层、屋顶等的构造情况，而在剖面图中省略不标。

墙身详图重点包含以下 3 个节点。

1）墙脚。外墙墙脚主要是指一层窗台及以下部分，包括散水（或明沟）、防潮层、勒脚、一层地面、踢脚等部分的形状、大小、材料及其构造情况。

2）中间部分。中间部分主要包括楼板层、门窗过梁、窗台及圈梁的截面形状、大小、材料及其构造情况，还应表示出楼板与外墙的关系。

3）檐口。应表示出屋顶、檐口、女儿墙及屋顶圈梁的截面形状、大小、材料及其构造情况。

2. 楼梯详图

楼梯详图主要包括两部分，即楼梯平面详图和楼梯剖面详图。

（1）楼梯平面详图

将平面图中楼梯间的比例放大后画出的图纸，称为楼梯平面详图，比例通常为 1∶50，包含楼梯首层平面图、中间层平面图和顶层平面图等，如图 E-74 所示。

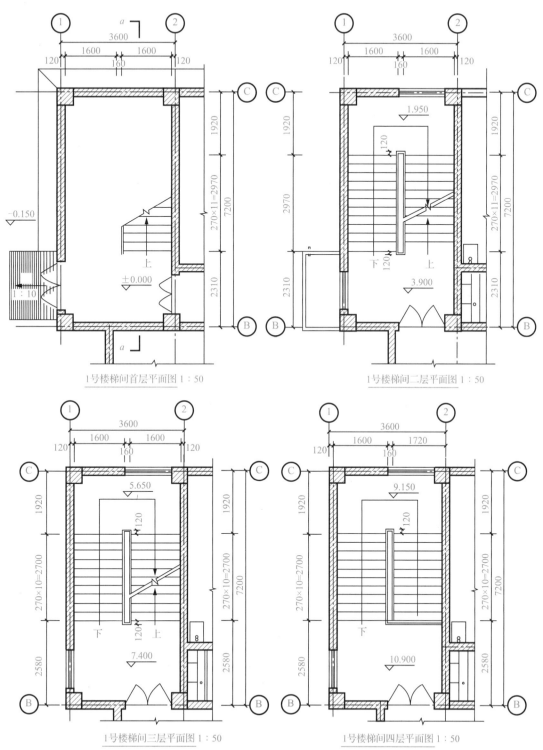

图 E-74　楼梯平面详图

楼梯平面详图表达的内容如下。

① 楼梯间的平面定位。

② 楼梯间的开间、进深、墙体的厚度。

③ 楼梯段的长度、宽度,以及楼梯段上踏步的宽度和数量。

④ 休息平台的形状、大小和位置。

⑤ 楼梯井的宽度。

⑥ 各层楼梯段的踏步尺寸。

⑦ 各楼层、各平台的标高。

在首层平面图中还应标注出楼梯剖面图的剖切位置及剖切符号。

(2)楼梯剖面详图

楼梯剖面详图是使用假想的铅垂剖切面在其中一个楼梯段的位置将楼梯垂直剖切开,向另一未剖到的楼梯段方向投影所作的剖面投影图。楼梯剖面详图主要表达楼梯踏步、平台的构造、栏杆的形状及相关尺寸,比例一般同楼梯平面详图。

楼梯剖面详图应详细注明各楼楼层面、平台面、楼梯间窗洞的标高、楼梯段的高度和长度、踏步的数量,以及栏杆的高度,如图 E-75 所示。

E2-8-3   建筑详图的识读方法

1. 墙身详图的识读

以图 E-76 为例进行墙身详图的识读。

如图 E-76 所示,墙厚 360mm,偏心布置,ⓒ轴左侧 120mm、右侧 240mm。

该建筑为挑檐平屋面,屋面坡度为 2%,屋檐挑出于外墙 320mm,檐口顶标高为 11.790m。挑檐外侧底面做有滴水槽,以免雨水侵蚀外墙。

窗顶处为 L 形钢筋混凝土过梁,并有线脚突出于外墙。

窗台处有突出外墙 80mm 宽、110mm 高的线脚,与窗顶线脚相对应。

离室内地面下 60mm 处的墙身中用防水砂浆砌三皮砖做防潮层,防止土壤中的水分和潮气从基础墙上升而侵蚀墙身。

散水宽度为 600mm,排水坡度为 5%。

此外,在图中还标注了屋面、楼地层、踢脚、顶棚和墙身细部构造的做法索引及必要的尺寸标注、标高标注等。

2. 楼梯平面详图的识读

以图 E-77 为例进行楼梯平面详图的识读。

1)了解楼梯或楼梯间在房屋中的平面位置。楼梯间位于Ⓐ~Ⓑ轴和②轴~③轴之间。

2)熟悉楼梯段、楼梯井和休息平台的构造形式、位置、踏步的宽度和踏步的数量。本楼梯为双跑楼梯;楼梯井宽 150mm,楼梯段的宽度均为 1600mm;首层楼梯段长 4480mm,其他各层楼梯段长 2800mm;中间的平台宽 1700mm;除首层第一楼梯段为 16 级踏步外,其他各楼梯段均为 11 级踏步,踏步宽度均为 280mm。

3)了解楼梯间的开间、进深,墙、柱、门窗的平面位置及尺寸。本楼梯间的开间为 3600mm,进深为 6600mm,楼梯间处的非承重隔墙宽 200mm、外墙宽 300mm。

4)看清楼梯的走向及楼梯段起步的位置。楼梯的走向用箭头表示。

5)了解各层平台的标高。本楼梯间各中间平台的标高分别为 2.550m、5.850m、9.150m,楼层平台标高随建筑层高。

6)楼梯剖面详图的剖切位置(2—2)在右侧楼梯段,投影朝向左侧楼梯段。

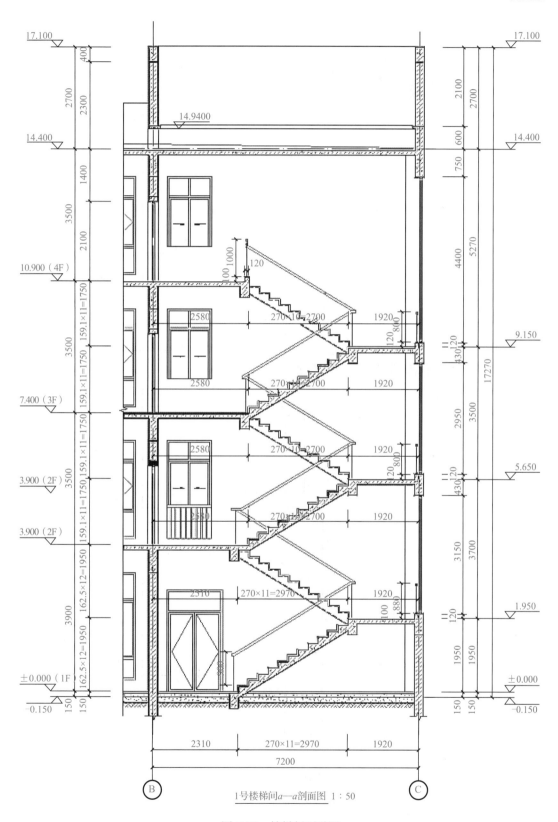

1号楼梯间a—a剖面图　1:50

图 E-75　楼梯剖面详图

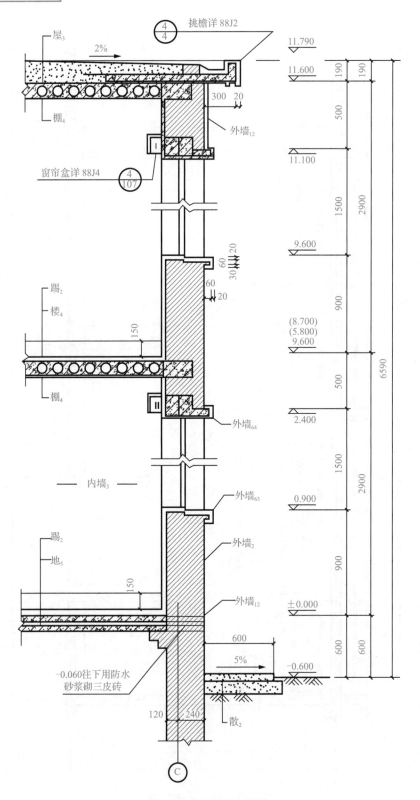

图 E-76 墙身节点详图

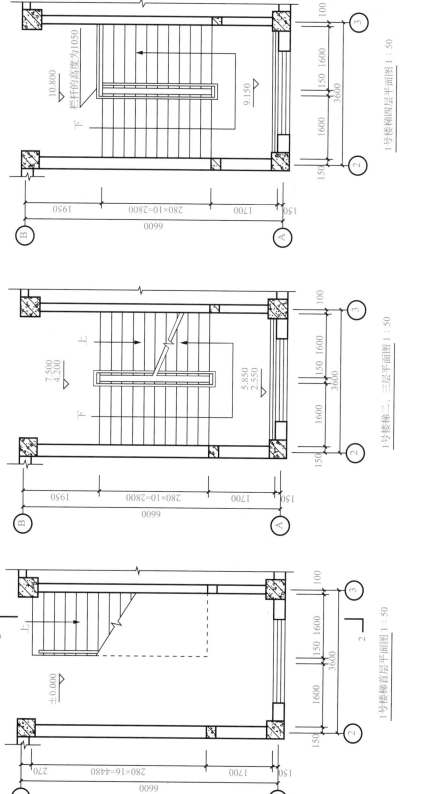

图 E-77 某楼梯平面详图

3. 楼梯剖面详图的识读

楼梯剖面详图要与楼梯平面详图进行配合阅读，如图 E-78 所示，具体步骤如下。

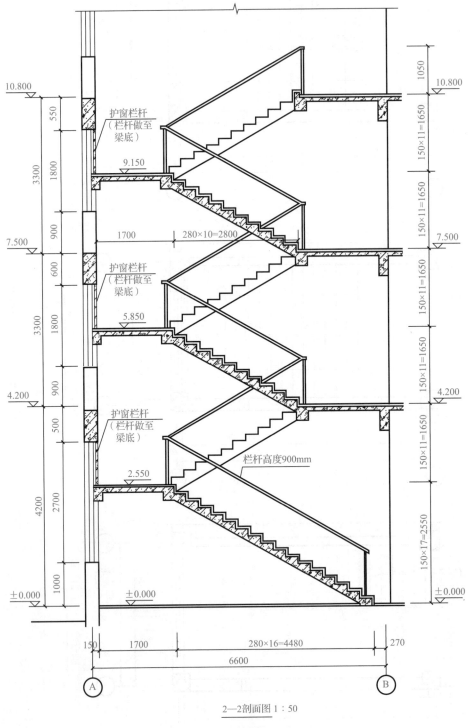

2—2剖面图 1：50

图 E-78 楼梯剖面详图

1）了解楼梯的构造形式。
2）了解楼梯在竖向和进深方向的有关尺寸。

3）了解楼梯段、平台、栏杆、扶手等的构造和用料说明。

4）了解被剖切梯段的踏步级数。

5）了解图中的索引符号。

能力训练：建筑详图的识读

参照本书提供的电子资源中的图纸，识读建筑的详图信息。

巩固提高

问题导向 1：建筑平、立、剖面图反映建筑平面形状、平面布置、立面造型、立面材质和内部空间构造等情况，建筑_____图反映建筑细部构造及做法等。

问题导向 2：建筑详图，也称为_____图。

问题导向 3：建筑详图主要图纸有墙身剖面图、_____详图、阳台详图、门窗详图及厨房、浴室、卫生间详图等。

■ 考核评价

本工作任务的考核评价如表 E-11 所示。

表 E-11　考核评价

考核内容		考核评分		
项目	内容	配分	得分	批注
理论知识（50%）	了解建筑工程施工图的设计阶段； 熟悉建筑工程施工图的图示内容； 掌握施工图首页的组成及内容； 掌握总平面图的图示内容及识读方法	25		
	掌握平面图的分类、图示内容和识读方法； 掌握立面图的命名、图示内容及识读方法； 掌握剖面图的形成和用途、图示内容及识读方法； 掌握建筑详图的图示内容及识读方法	25		
能力训练（40%）	能阐述建筑工程施工图的分类； 能初步识读施工图； 能正确识读施工图首页； 能正确识读总平面图	20		
	能正确识读平面图； 能正确识读立面图； 能正确识读剖面图； 能正确识读建筑详图	20		
职业素养（10%）	态度端正，上课认真，无旷课、迟到、早退现象	2		
	与小组成员之间能够做到相互尊重、团结协作、积极交流、成果共享	3		
	言谈举止文明得当，爱护环境，不乱丢垃圾，爱护公共设施	2		
	能够按时、按计划完成工作任务	3		
考核成绩		考评员签字：_____ 日期：_____年_____月_____日		

综合评价：

工作任务 E3 建筑结构施工图识读

E3-1 识读结构施工图

【核心概念】

- 结构施工图：指根据建筑物的承重构件进行结构设计后绘制出的图纸。
- 受力筋：指在钢筋混凝土结构中，对受弯、压、拉等基本构件配置的主要用来承受由荷载引起的拉应力或压应力的钢筋，其作用是使构件的承载力满足结构功能要求。
- 分布筋：又称为分布钢筋，其作用是将承受的荷载均匀地传递给受力筋。

【学习目标】

- 掌握结构施工图的基础知识和钢筋混凝土结构的基础知识。
- 能正确识读结构施工图。
- 树立标准意识，严格执行国家标准规范。

基本知识：结构施工图概述

E3-1-1 结构施工图的基础知识

进行结构设计时要根据建筑承重的需求选择结构类型，并对承重构件进行合理布置，再通过力学计算确定构件的断面形状、构造、尺寸及材料。结构施工图是指主要表达结构设计的内容，表示建筑物各承重构件（如基础、承重墙、柱、梁、板、屋架等）的布置、形状、大小、材料、构造及其相互关系的图纸。它还反映出其他各专业（如建筑、给水排水、暖通、电气等）对结构的要求。结构施工图必须与建筑施工图密切配合，二者之间不可产生矛盾。

结构施工图与建筑施工图一样，是建筑施工的依据，主要用于放灰线、挖基槽、基础施工、支撑模板、配置钢筋、浇筑混凝土等施工过程，也是计算工程量、编著预算和施工进度计划的依据。

E3-1-2 结构施工图的主要规定

结构施工图的绘制既要符合《房屋建筑制图统一标准》（GB/T 50001—2017）的规定，又要遵循《建筑结构制图标准》（GB/T 50105—2010）的相关要求。其中，对图线和线宽、比例及常用构件代号等进行了规定，分别如表 E-12～表 E-14 所示。

表 E-12 图线和线宽

名称		线型	线宽	一般用途
实线	粗		b	螺栓、钢筋线、结构平面图中的单线结构构件线，钢、木支撑及系杆线，图名下横线、剖切线
	中粗		$0.7b$	结构平面图及详图中剖到或可见的墙身轮廓线、基础轮廓线及钢、木结构轮廓线、钢筋线
	中		$0.5b$	结构平面图及详图中剖到或可见的墙身轮廓线、基础轮廓线、可见的钢筋混凝土构件轮廓线、钢筋线
	细		$0.25b$	标注引出线、标高符号线、索引符号线、尺寸线
虚线	粗		b	不可见的钢筋线、螺栓线、结构平面图中不可见的单线结构构件线及钢和木支撑线
	中粗		$0.7b$	结构平面图中的不可见构件、墙身轮廓线及不可见钢、木结构构件线和不可见的钢筋线
	中		$0.5b$	结构平面图中的不可见构件、墙身轮廓线及不可见钢、木结构构件线和不可见的钢筋线
	细		$0.25b$	基础平面图中的管沟轮廓线、不可见的钢筋混凝土构件轮廓线
单点长画线	粗		b	柱间支撑、垂直支撑、设备基础轴线图中的中心线
	细		$0.25b$	定位轴线、对称线、中心线、重心线
双点长画线	粗		b	预应力钢筋线
	细		$0.25b$	原有结构轮廓线
折断线			$0.25b$	断开界线
波浪线			$0.25b$	断开界线

表 E-13 比例

图名	常用比例	可用比例
结构平面图、基础平面图	1：50、1：100、1：150	1：60、1：200
圈梁平面图、总图中管沟、地下设施等	1：200、1：500	1：300
详图	1：10、1：20、1：50	1：5、1：25、1：30

表 E-14 常用构件代号

序号	名称	代号	序号	名称	代号	序号	名称	代号
1	板	B	10	吊车安全走道板	DB	19	圈梁	QL
2	屋面板	WB	11	墙板	QB	20	过梁	GL
3	空心板	KB	12	天沟板	TGB	21	连系梁	LL
4	槽形板	CB	13	梁	L	22	基础梁	JL
5	折板	ZB	14	屋面梁	WL	23	楼梯梁	TL
6	密肋板	MB	15	吊车梁	DL	24	框架梁	KL
7	楼梯板	TB	16	单轨吊车梁	DDL	25	框支梁	KZL
8	盖板或沟盖板	GB	17	轨道连接	DGL	26	屋面框架梁	WKL
9	挡雨板或檐口板	YB	18	车挡	CD	27	檩条	LT

序号	名称	代号	序号	名称	代号	序号	名称	代号
28	屋架	WJ	37	承台	CT	46	雨篷	YP
29	托架	TJ	38	设备基础	SJ	47	阳台	YT
30	天窗架	CJ	39	桩	ZH	48	梁垫	LD
31	框架	KJ	40	挡土墙	DQ	49	预埋件	M-
32	钢架	GJ	41	地沟	DG	50	天窗端壁	TD
33	支架	ZJ	42	柱间支撑	ZC	51	钢筋网	W
34	柱	Z	43	垂直支撑	CC	52	钢筋骨架	G
35	框架柱	KZ	44	水平支撑	SC	53	基础	J
36	构造柱	GZ	45	梯	T	54	暗柱	AZ

E3-1-3　钢筋混凝土结构

钢筋混凝土结构是混凝土结构中最具代表性的一种结构，由钢筋和混凝土两种物理力学性能不同的材料组成。

钢筋混凝土结构是配有钢筋的普通混凝土结构，广泛用于各种受弯、受压、受拉的构件及结构，如梁、板、柱、基础、墙体等。

1. 钢筋混凝土构件及混凝土的强度等级

钢筋混凝土构件由钢筋和混凝土两种材料组合而成。混凝土是用水泥、砂子、石子和水 4 种材料按一定配合比拌和后经硬化而成的建筑材料。混凝土在力学性质上具有抗压强度大但抗拉强度低的特点。

根据混凝土的抗压强度，建筑结构中的混凝土强度等级有 C15、C20、C25、C30、C35、C40、C45、C50、C55、C60、C65、C70、C75 和 C80 共 14 个等级，数字越大，表示混凝土的抗压强度越高。混凝土受拉时易开裂使构件产生裂缝，而钢筋的抗拉和抗压性能都很高。两种材料组合在一起能充分发挥各自所长，协同工作，共同承担外力。

2. 常用钢筋代号

我国目前钢筋混凝土和预应力钢筋混凝土中常用的钢筋和钢丝主要有热轧钢筋、冷拉钢筋、热处理钢筋和钢丝四大类。其中，热轧钢筋和冷拉钢筋又按其强度由低到高分为Ⅰ、Ⅱ、Ⅲ、Ⅳ 4 级。不同种类和级别的钢筋、钢丝在结构施工图中用不同的符号表示，如表 E-15 所示。

表 E-15　常用钢筋代号

钢筋级别	Ⅰ级	Ⅱ级	Ⅲ级	Ⅳ级	Ⅰ级冷拉	冷拔低碳钢丝
钢筋符号	ϕ	Φ	Φ	Φ	ϕ^L	ϕ^B
种类	HPB300	HRB335	HRB400	HRB500	—	—

3. 钢筋的作用和种类

钢筋混凝土中的钢筋，有的是因为受力需要而配置的，有的则是因为构造需要而配置的，这些钢筋的形状及作用各不相同，一般分为以下几种。

① 受力筋：又称为受力钢筋，一般为主筋，在构件中以承受拉应力和压应力为主的钢筋称为受力筋。受力筋用于梁、板、柱等各种钢筋混凝土构件中。受力筋按形状分为直筋和弯筋。

② 分布筋：又称为分布钢筋，其作用是将承受的荷载均匀地传递给受力筋。

③ 箍筋：一般用于梁和柱内，用以固定受力筋位置，并承受剪力，一般沿梁或柱每隔一定的距离加以布置。箍筋按构件受力情况分加密区和非加密区。

④ 架立筋：又称为架立钢筋，一般只在梁内使用，与受力钢筋和箍筋一起形成骨架，用以固定箍筋的位置。

⑤ 其他钢筋：除以上常用的 4 种类型的钢筋外，还会因构造要求或施工安装需要而配置构造钢筋，如腰筋、吊筋。

各种钢筋的形式及在梁、柱、板中的位置及形状如图 E-79 所示。

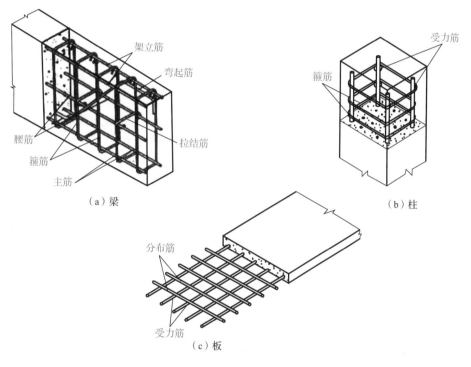

图 E-79　各种钢筋的形式及在梁、柱、板中的位置及形状

4. 钢筋弯钩及钢筋保护层

钢筋弯钩：其作用是增强钢筋与混凝土的黏结力，防止钢筋在受力时滑动，一般圆钢筋要在端部做成弯钩，带肋钢筋可不做弯钩，如图 E-80 所示为钢筋端部弯钩的两种常用形式。图中用双点画线表示所画弯钩在弯曲前的理论计算长度，可用于钢筋的下料计算。带肋钢筋与混凝土的黏结力强，两端有时可以不必加弯钩。图 E-81 所示为箍筋的常用弯钩形式。

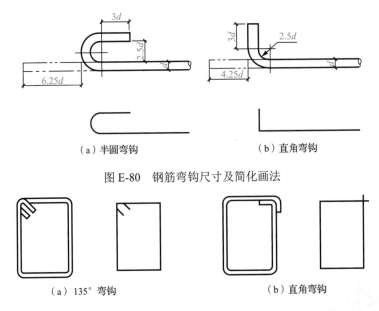

（a）半圆弯钩   （b）直角弯钩

图 E-80 钢筋弯钩尺寸及简化画法

（a）135° 弯钩   （b）直角弯钩

图 E-81 箍筋的常用弯钩形式

钢筋的弯起：钢筋混凝土梁受力后的最大拉应力位置是变化的，越靠近梁的端部，其最大拉应力位置越靠上。为了让受力钢筋始终处于最大拉应力位置，将钢筋制作成 45″弯起，如图 E-82 所示。图 E-79（a）所示梁中的 4 根受力筋有 2 根为弯起筋。

图 E-82 钢筋的弯起

钢筋保护层：为保证构件中的钢筋与混凝土有足够黏结性，钢筋不被锈蚀，最外层钢筋外缘和混凝土构件外表面应有一定的厚度作为保护层。在正常环境下，板、墙的保护层为 15mm，梁、柱的保护层为 20mm；在高湿度环境下，其保护层厚度稍有增加。基础按有无垫层区分，有垫层时为 40mm，无垫层时为 70mm。保护层厚度具体要按《混凝土结构设计规范（2015 年版）》（GB 50010—2010）和设计图纸的规定。

5. 钢筋的表示方法

钢筋的画法如表 E-16 所示。

表 E-16 钢筋的画法

名称	图例及说明	名称	图例及说明
钢筋横断面	●	无弯钩的钢筋搭接	
无弯钩的钢筋端部	右图表示长短钢筋投影重叠时，短钢筋的端部用 45°斜短画线表示	带半圆弯钩的钢筋搭接	

续表

名称	图例及说明	名称	图例及说明
带半圆形弯钩的钢筋端部		带直弯钩的钢筋搭接	
带直钩的钢筋端部		花篮螺钉钢筋接头	
带丝扣的钢筋端部		机械连接的钢筋接头	

在结构施工图中，为了突出钢筋的位置、形状和数量，钢筋一般使用粗实线绘制，具体表示方法如表 E-17 所示。

表 E-17　钢筋的表示方法

序号	说明	图例
1	在平面图中配置钢筋时，底层钢筋的弯钩应向上或向左，顶层钢筋的弯钩则应向下或向右	
2	配双层钢筋的墙体，在配筋立面图中，远面钢筋的弯钩应向上或向左，而近面钢筋的弯钩则应向下或向右	
3	若在断面图中不能表示清楚钢筋配置，则应在断面图外面增加钢筋节点详图	
4	图中所表示的箍筋、环筋，应加画钢筋节点详图及说明	

在钢筋混凝土构件图中，对于不同等级、不同直径、不同形状的钢筋需给予不同的编号和标注，如图 E-83 所示。4Φ10 表示当前构造柱中用了 4 根直径 10mm 的Ⅲ级钢筋做受力筋（主筋），φ6@200 表示构造柱中用间距为 200mm、直径为 6mm 的Ⅰ级钢筋作为箍筋。

图 E-83　钢筋的标注

能力训练：结构施工图的识读

参照本书提供的电子资源中的图纸，识读结构施工图的基础、楼板中的钢筋、混凝土编号、强度、做法等。

巩固提高

问题导向 1：对受弯、压、拉等基本构件配置的主要用来承受由荷载引起的拉应力或压应力的钢筋称为_____筋。

问题导向 2：_____筋的作用是将承受的荷载均匀地传递给受力筋。

问题导向 3：_____施工图必须与建筑施工图密切配合，二者之间不能产生矛盾。

问题导向 4：建筑结构中框架柱使用的混凝土强度等级一般为_____。

问题导向 5：结构施工图中的粗实线主要用来表示_____、_____、_____、_____、图名下横线、_____。

问题导向 6：结构平面图、基础平面图的常用比例包括_____、_____、_____。

问题导向 7：钢筋混凝土结构的常用代号包括板_____，悬挑板_____，屋面板_____，框架柱_____，框架梁_____，非框架梁_____，基础_____等。

问题导向 8：我国目前钢筋混凝土和预应力钢筋混凝土中常用的钢筋和钢丝主要有四大类。其中，热轧钢筋和冷拉钢筋又按其强度由低到高分为_____4 级。

问题导向 9：在构件中以承受拉应力和压应力为主的钢筋称为_____。作为固定受力筋、架立筋的位置所设的钢筋称为_____。用以固定梁内钢筋的位置，把纵向的受力钢筋和箍筋绑扎成骨架的钢筋称为_____。

职业能力 E3-2 识读平法施工图

【核心概念】

- 平法施工图：结构施工图平面整体设计方法，简称平法。用平法的表达形式将结构构件的尺寸和配筋等按照平面表示方法制图规则，直接地表达在各类构件的结构平面布置图上，形成的一套完整的结构施工图纸，称为平法施工图。

【学习目标】

- 掌握平法施工图的基础知识和梁、板、柱平法施工图的识读方法。
- 能正确识读平法施工图。
- 培养严谨细致、认真负责的工作态度。

基本知识：平法施工图概述

E3-2-1 平法施工图的基础知识

目前，建筑结构工程图大都采用平面整体表示方法（简称平法）来进行绘制。平法的推广应用是我国结构施工图表示方法的一次重大改革。我国已将平法的制图规则纳入国家建筑标准设计图集——《混凝土结构施工图平面整体表示方法制图规则和构造详图》（××G101-×）。

平法自推广以来，先后推出 96G101、00G101、03G101-1、11G101-1、16G101-1、22G101-1 图集。目前最新的是 22G101-1，此图集从 2022 年 5 月 1 日开始执行。

1. 概念

平法的表达方式，是指将结构构件的尺寸和配筋，按照平面整体表示法的制图规则，直接表示在各类构件的结构平面布置图上，再与标准构造详图相配合，构成的一套完整的结构施工图。这改变了传统的将构件从结构平面图中索引出来，再逐个绘制配筋详图的烦琐表示方法，大大简化了绘图过程、节省了图纸，既是设计者完成平法施工图的依据，也是施工、监理人员准确理解和实施平法施工图的依据。

2. 图纸构成

按平法设计绘制的结构施工图，一般由各类结构构件平法施工图和标准构造详图两大部分构成。图纸必须根据具体工程设计，按照各类构件的平法制图规则，在按结构（标准）层绘制的平面布置图上直接表示各构件的尺寸、配筋，梁平面注写方式如图 E-84 所示。出图时，宜按照结构设计说明、基础、各构件分层结构布置平面图（包括柱、剪力墙、梁、板）、结构详图的顺序排列。

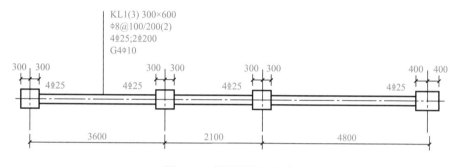

图 E-84 梁平面注写方式

结构施工图简称为结施，它的组成通常包括以下内容。

（1）结构设计总说明

结构设计总说明是结构施工图的总体概述，以文字叙述为主，主要内容有工程概况、安全等级、使用年限、抗震耐火要求、结构设计依据及要求、主要结构材料要求、基本结构构造要求、标准图集或通用图的使用、绿色设计及施工注意事项等。结构设计说明通常单独编制，作为结构施工图的首页。

结构设计总说明有时会与建筑设计总说明合并。对于小型建筑，也可以将说明分别注写在各有关的图纸上。

（2）结构平面图

结构平面图主要包括基础平面图、楼层结构平面布置图、屋顶结构平面布置图等。

基础施工图一般放在第二页，主要内容为基础的平面布置、尺寸及配筋。对于地基需要处理的情况（如地基土的承载力不足，地基土的土质不均匀），需要增加地基处理图纸。

如图 E-85 所示，为某学校宿舍的混合结构基础平面图。混合结构中的条形基础平面图识读，常以某轴线为例识读，从图中可以看出该房屋的基础为墙下条形基础，还可以看出，纵、横向定位轴线间的距离，如Ⓐ～Ⓑ轴的进深为 3000mm，①～②轴的开间为 3600mm。定位轴线两侧的细实线是基础外边线，粗实线是墙边线。以①轴线为例，图中标注出基础宽度为 1200mm，墙厚为 370mm，墙的定位尺寸分别为 250mm 和 120mm，基础的定位尺寸分别为 665mm 和 535mm，轴线位置偏中。

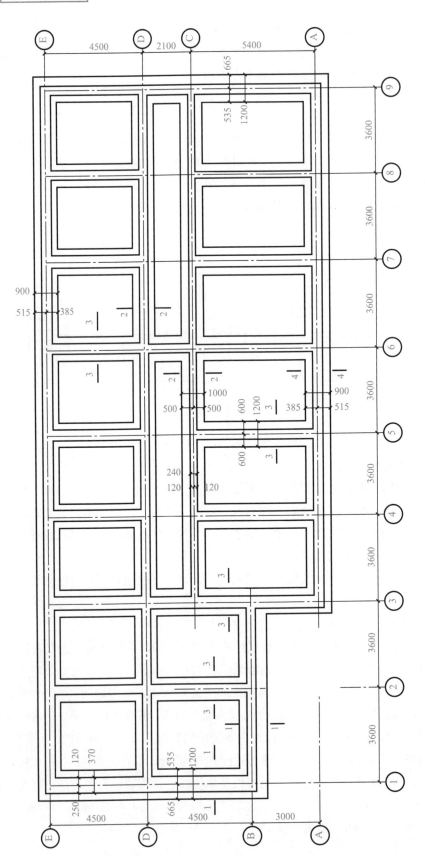

图 E-85 某学校宿舍的混合结构基础平面图

　　框架结构建筑结构平面图如基础平面图、楼层结构平面布置图、屋顶结构平面布置图等详见电子资源图。

　　图 E-85 中标出了基础断面图的剖切位置线及其编号，如 1—1、2—2、3—3 等，以①轴线为例，①轴的基础宽度为 1200mm，基础墙厚为 370mm；以①轴为基准，基础墙的定位尺寸为 250mm 和 120mm，基础的定位尺寸为 665mm 和 535mm。

　　各构件分层结构布置平面图、结构详图是表达建筑地面以上主体结构平面布置、构件组成及详细构造的图纸，可按楼层顺序依次编号置于基础施工图之后。

3. 构件详图

　　构件详图主要包括基础详图，梁、柱、板结构详图，楼梯结构详图，屋架和支撑结构详图等。

E3-2-2　柱平法施工图的识读

　　柱平法施工图有两种表达方式，分别为列表注写方式和截面注写方式。

　　（1）列表注写方式

　　列表注写方式是在柱平面布置图上，对不同类型的柱子进行编号，在同一编号的柱中选择一个，在其一侧首先标注其参数的代号（包括其编号及截面尺寸代号），然后在柱表中列出该类参数代号的柱的各类信息的平法表示方式，如图 E-86 所示。

　　具体注写内容包括以下内容。

　　① 柱编号。编号由代号和序号组成，如框架柱为 KZ×、框支柱为 KZZ×、剪力墙上柱为 QZ× 等，"×"为数字。以下均以图 E-86 中的 KZ1 为例进行说明。

　　② 各柱段的起止标高。自柱根部往上以变截面位置或截面未变但配筋改变处为界分段注写。框架柱和框支柱的根部标高系指基础顶面标高，梁上柱的根部标高系指梁顶面标高。在图 E-86 中，KZ1 在 -0.030～19.470、19.470～37.470、37.470～59.070 这 3 个柱段的截面尺寸和配筋信息都不同。

　　③ 截面尺寸。对于矩形柱，注写截面尺寸 $b×h$ 及与轴线关系的几何参数代号 b_1、b_2 和 h_1、h_2 的具体数值，须对应于各柱段分别注写，其中 $b=b_1+b_2$，$h=h_1+h_2$。圆柱直径数字前加 d 表示，$d=b_1+b_2=h_1+h_2$。在图 E-86 中，KZ1 在 -0.030～19.470 柱段的截面尺寸为 $b_1=b_2=375$、$h_1=150$、$h_2=550$。

　　④ 柱纵筋。当纵筋直径相同，各边根数也相同时，将纵筋注写在"全部纵筋"一栏中；此外，柱纵筋分角筋、b 边一侧中部筋和 h 边一侧中部筋 3 项分别进行注写。在图 E-86 中，KZ1 在 -0.030～19.470 柱段的全部纵筋为 24⌀25。

　　⑤ 箍筋类型号及箍筋肢数。在图 E-86 中，KZ1 的箍筋类型号为 1 型，箍筋肢数为 6×6、5×4 或 4×4 肢箍。

　　⑥ 柱箍筋，包括钢筋级别、直径与间距。在图 E-86 中，KZ1 在 -0.030～19.470 柱段的箍筋为 Φ10@100/200，表示箍筋为 I 级钢筋，直径为 10mm，加密区间距为 100mm，非加密区间距为 200mm。当圆柱采用螺旋箍筋时，需要在箍筋前加"L"。

　　（2）截面注写方式

　　柱平法施工图截面注写方式，是指在柱平面布置图上，对不同类型的柱子进行编号，然后在同一编号的柱中选择一个，注写其截面尺寸和配筋信息的平法表示方式，如图 E-87 所示。

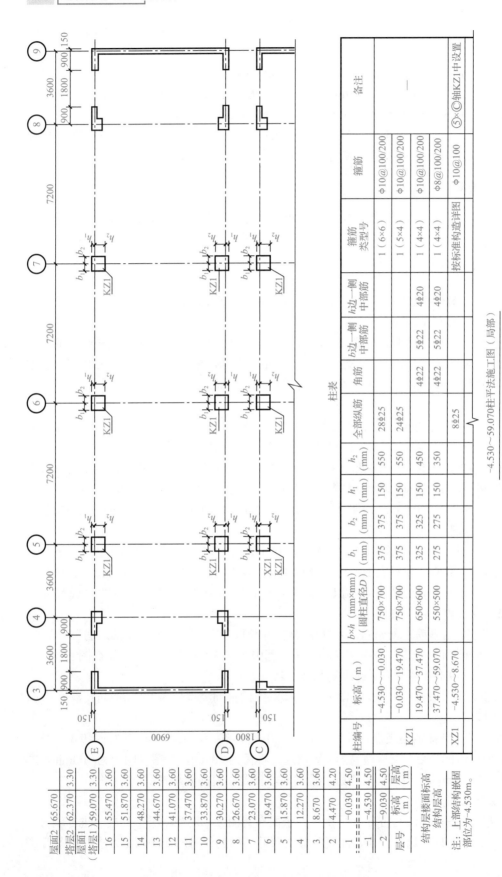

图 E-86 柱列表注写方式

柱表

柱编号	标高（m）	b×h（mm×mm）（圆柱直径D）	b_1（mm）	b_2（mm）	h_1（mm）	h_2（mm）	全部纵筋	角筋	b边一侧中部筋	h边一侧中部筋	箍筋类型号	箍筋	备注
KZ1	-4.530~-0.030	750×700	375	375	150	550	28Φ25				1（6×6）	Φ10@100/200	
	-0.030~19.470	750×700	375	375	150	550	24Φ25				1（5×4）	Φ10@100/200	
	19.470~37.470	650×600	325	325	150	450		4Φ22	5Φ22	4Φ20	1（4×4）	Φ10@100/200	
	37.470~59.070	550×500	275	275	150	350		4Φ22	5Φ22	4Φ20	1（4×4）	Φ8@100/200	—
XZ1	-4.530~8.670						8Φ25	按标准构造详图				Φ10@100	⑤×Ⓒ轴KZ1中设置

-4.530~59.070柱平法施工图（局部）

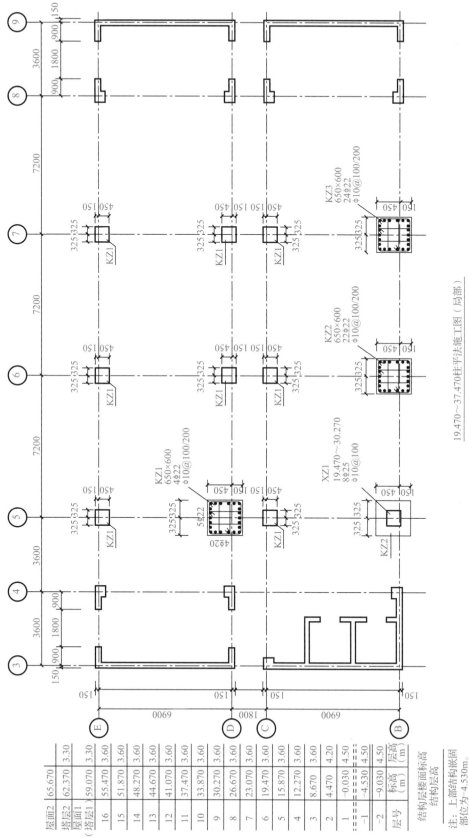

图 E-87　柱平法施工图截面注写方式示例

在图 E-87 中，以 KZ1 为例，标注时按一定比例原位放大该柱截面，然后在其一侧做引出线标注其参数信息，内容包括柱编号、截面尺寸 $b \times h$、角筋和全部纵筋、箍筋的具体数值，并且在柱截面上标注其与轴线的关系 b_1、b_2、h_1、h_2 的具体数值。

柱截面集中标注的注写方式，如图 E-88 所示。

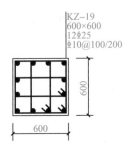

图 E-88 柱截面集中标注的注写方式

KZ19：表示 19 号框架柱。

600×600：表示柱的截面尺寸，单位为 mm。

12Φ25：表示纵筋为 12 根直径为 25mm 的Ⅲ级钢筋。

Φ10@100/200：表示箍筋为直径 10mm 的Ⅲ级钢筋，加密区间距为 100mm，非加密区间距为 200mm。

E3-2-3 梁平法施工图的识读

梁内的钢筋主要包括箍筋、上部通长筋、支座负筋、架立筋、下部通长筋等。梁钢筋骨架图如图 E-89 所示。

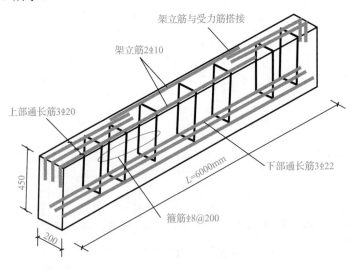

图 E-89 梁钢筋骨架图

梁平法施工图整体表示方法主要有平面注写方式和截面注写方式两种。

平面注写方式是在梁平面布置图上，分别在不同编号的梁中各选一根梁，通过在其上注写截面尺寸和配筋具体数值的方式表达梁平法施工图。

平面注写包括集中标注和原位标注，集中标注表达梁的通用数值，原位标注表达梁的特殊数值。当集中标注中某项数值不适用于梁的某部位时，则将该数值原位标注，施工时，原位标注取值优先，如图 E-90 所示。

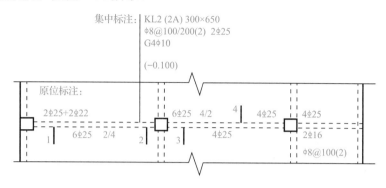

图 E-90　梁平面注写方式

1. 集中标注

梁集中标注的内容有 5 项必注值和 1 项选注值，集中标注可以从梁的任意一跨引出。

1）梁编号。梁编号为必注值，由梁类型、代号、序号、跨数及是否带有悬挑 4 项组成，如表 E-18 所示。

表 E-18　梁编号

梁类型	代号	序号	跨数及是否带有悬挑
棱层框架梁	KL	×	（×）、（×A）或（×B）
屋面框架梁	WKL	×	（×）、（×A）或（×B）
框支梁	KZL	×	（×）、（×A）或（×B）
非框架梁	L	×	（×）、（×A）或（×B）
悬挑梁	XL	×	
井字梁	JZL	×	（×）、（×A）或（×B）

表中，（×A）为一端有悬挑，（×B）为两端有悬挑，悬挑不计入跨数。

例如，"KL2（2A）"表示编号为 2 的框架梁，2 跨，1 端有悬挑。

2）梁截面尺寸。该项为必注值。如图 E-90 所示，当为等截面梁时，用 $b \times h$ 表示。例如，在图 E-90 中，KL2 为等截面梁，其截面尺寸为 300mm×650mm。

3）梁箍筋。梁箍筋包括箍筋级别、直径、加密区与非加密区间距及肢数。箍筋加密区与非加密区的不同间距需使用"/"分隔，箍筋肢数应写在括号内。

在图 E-90 中，KL2 的箍筋为"Φ8@100/200（2）"，表示箍筋为 I 级钢筋，直径为 8mm，加密区间距为 100mm，非加密区间距为 200mm，均为双肢箍。

4）梁上部通长筋或架立筋。该项为必注值。当同排纵筋中既有通长筋又有架立筋时，应用"+"将通长筋和架立筋相连。注写时须将角部纵筋写在"+"的前面，架立筋写在"+"后面的括号中，以表示不同直径及与通长筋的区别；当全部采用架立筋时，将其写入括号中。

例如，图 E-90 中的 2Φ25 表示梁上部通长筋为 2 根直径为 25mm 的 II 级钢筋。

其他情况，例如"4Φ22+（4Φ16）"，其中 4Φ22 为通长筋，4Φ16 为架立筋。

当梁的上部纵筋和下部纵筋为全跨相同，且多数跨配筋相同时，此项可加注下部纵筋的配筋值，并用分号"；"将上部与下部的配筋值分隔开。

例如，"4Φ24；4Φ22"表示梁上部配置 4Φ24 的通长筋、下部配置 4Φ22 的通长筋。

5）梁侧面纵向构造钢筋或受扭钢筋，为必注值。当梁腹板高度大于等于 450mm 时，需配置纵向构造钢筋，以大写字母"G"表示。例如，"G6Φ12"表示梁的两个侧面共配置 6Φ12 的纵向构造钢筋，每侧各配置 3Φ12。当梁侧面需配置受扭纵向钢筋时，以大写字母"N"表示。例如，"N4Φ20"表示梁的两个侧面共配置 4Φ20 的受扭纵向钢筋，每侧各配置 2Φ20。

6）梁顶面标高高差。该项为选注值，梁顶面标高高差是指该梁相对于楼面结构层标高的差值，有高差时，将高差写入括号中，无高差时不注写。当梁的顶面高于所在楼面结构标高时，其标高高差为正值，反之为负值。

在图 E-90 中，"（-0.100）"表示 KL2 顶面标高比所在楼面结构标高低 0.1m，如果楼面结构标高为 4.200m，则梁顶标高为 4.100m。

2．原位标注

（1）梁支座上部纵筋（梁支座处含通长筋在内的所有纵筋）

① 当上部纵筋多于一排时，用"/"将各排纵筋按自上而下的顺序进行标注。例如，在图 E-90 中，KL2 中部支座处的上部纵筋注写为"6Φ25 4/2"，表示支座处上排纵筋为 4Φ25、下排纵筋为 2Φ25、共 6 根直径为 25mm 的 Ⅱ 级钢筋。

② 当同排纵筋有两种直径时，用"+"将两种直径的纵筋相连，注写时角部纵筋写在前面，中部钢筋写在后面。例如，在图 E-90 中，KL2 左侧支座上部为"2Φ25+2Φ22"，其中 2Φ25 为梁上部角部钢筋，2Φ22 为梁上部中部钢筋。

③ 当梁中间支座两边的上部纵筋不同时，须在支座两边分别标注，否则只注一端即可，如图 E-87 所示。

（2）梁下部纵筋

① 当下部纵筋多于一排时，用"/"将各排纵筋自上而下分开。例如，梁下部纵筋注写为"6Φ25 2/4"，表示梁下部上排纵筋为 2Φ25，下排纵筋为 4Φ25，全部伸入支座中。

② 当同排纵筋有两种直径时，用"+"将两种直径的纵筋相连，注写时角筋写在前面。

③ 当梁下部纵筋不全部伸入支座中时，将梁支座下部纵筋减少的数量写在括号中。

例如，梁下部纵筋注写为"6Φ25 2（-2）/4"，表示梁下部上排纵筋为 2Φ25，且不伸入支座中；下排纵筋为 4Φ25，全部伸入支座中。当梁的下部纵筋注写为"4Φ25+4Φ22（-4）/6Φ25"时，表示：上排纵筋为 4Φ25 和 4Φ22，其中 4Φ22 不伸入支座中；下排纵筋为 6Φ25，全部伸入支座中。

（3）附加箍筋和吊筋

将附加箍筋或吊筋直接画在平面图中的主梁上，用引线标注其总配筋值（附加箍筋的肢数注写在括号中），如图 E-91 所示。当多数附加箍筋或吊筋相同时，可以在梁平法施工图上统一注明，少数与统一注明值不同时，在原位引注。

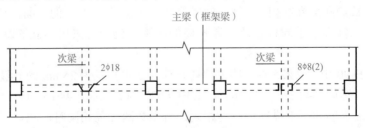

图 E-91 附加箍筋和吊筋的平面注写方式

E3-2-4　板平法施工图的识读

板平法施工图的平面注写主要包括板集中标注和板支座原位标注。

为方便设计表达和识图，规定结构平面的坐标方向为，当建筑两向轴线正交布置时，图面水平方向为 X 轴，竖直方向为 Y 轴；当轴线发生转折时，局部坐标方向顺轴网转折角度进行相应的转折；当轴线向心布置时，其切向为 X 向，径向为 Y 向。

1. 板集中标注

板集中标注的内容有板块编号、板厚、贯通纵筋及板面标高高差，如图 E-92 所示，板块编号为 LB1，板厚 $h=120$mm，楼板下部 X 向即水平方向，使用直径为 10mm 的 II 级钢筋，钢筋间距为 100mm；楼板下部 Y 向即垂直方向，使用直径为 10mm 的 I 级钢筋，钢筋间距为 150mm。

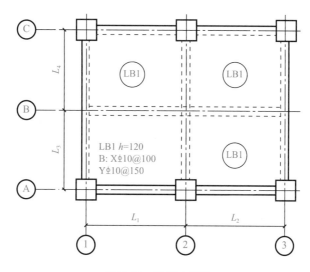

LB1 $h=120$
B: Xϕ10@100
Yϕ10@150

图 E-92　板集中标注

（1）板块编号

对于普通有梁楼盖的楼面，两向均以一跨为一板块；对于密肋楼盖，两向主梁（框架梁）以一跨为一板块（非主梁密肋不计）。所有板块应逐一编号，相同编号的板块可择其一做集中标注，其他板块仅注写板编号，以及当板面标高不同时的标高高差。板块编号如表 E-19 所示。

表 E-19　板块编号

板类型	代号	序号
楼面板	LB	××
屋面板	WB	××
延伸悬挑板	YXB	××
纯悬挑板	XB	××

（2）板厚

板厚注写为 $h=$×××；当悬挑板的端部为变截面时，板厚注写时使用斜线分隔根部与端部的高度值，注写为 $h=$×××/×××；当板厚已在图纸注明中统一写明板厚时，此项可不注写。

（3）贯通纵筋

贯通纵筋按板块的下部和上部分别注写（当板上部不设贯通纵筋时不注写），并以"B"代表下部，以"T"代表上部，"B+T"代表下部与上部；上部和下部钢筋又分别有两向钢筋，其中 X 向贯通纵筋以"X"打头，Y 向贯通纵筋以"Y"打头，两向贯通纵筋配置相同时则以"X+Y"打头。当为单向板时，另一向贯通的分布筋可不必注写，而在图中统一注明。当在某些板内（如在延伸悬挑板 YXB 或纯悬挑板 XB 的下部）配置有构造钢筋时，则 X 向以"Xc"打头注写，Y 向以"Yc"打头注写，当 Y 向采用放射配筋（切向为 X 向，径向为 Y 向）时，设计者应注明配筋间距的度量位置。当板的悬挑部分与跨内板有高差且低于跨内板时，宜将悬挑部分设计为纯悬挑板 XB。

如图 E-92 所示，表示 1 号楼板，板厚 120mm，板下部配置的贯通纵筋 X 向为 $\Phi10@100$；Y 向 $\Phi10@150$；板上部未配置贯通钢筋。

如图 E-93 所示，表示 1 号延伸悬挑板，板根部厚 150mm，端部厚 100mm；板下部配置构造钢筋 X 向为 $\Phi8@150$，Y 向为 $\Phi8@200$，上部 X 方向为 $\Phi8@150$，Y 向按图中①号钢筋布置（$\Phi10@100$）。

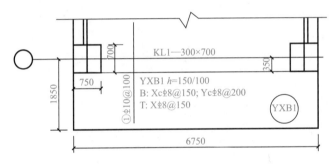

图 E-93 悬挑板平法标注

（4）板面标高高差

板面标高高差指相对于楼面结构标高的高差，应将其注写在括号中，且有高差时注写，无高差时不注写。

（5）有关说明

同一编号板块的类型、板厚和贯通纵筋均应相同，但板面标高、跨度、平面形状及板支座上部非贯通纵筋可以不同。例如，同一编号板块的平面形状可为矩形、多边形及其他形状等。

设计与施工时应注意：单向或双向连续板的中间支座上部同向贯通纵筋，不应在支座位置连接或分别锚固。当相邻两跨的板上部贯通纵筋配置相同，且跨中部位有足够空间连接时，可在两跨任意一跨的跨中连接部位连接；当相邻两跨的板上部贯通纵筋配置不同时，应将配置较大者越过其标注的跨数终点或起点伸至相邻跨的跨中连接区域连接。

2. 板支座原位标注

板支座原位标注的内容有板支座上部非贯通纵筋和纯悬挑板上部受力钢筋。

板支座原位标注的钢筋，应在配置相同跨的第一跨表达（当在梁悬挑部位单独配置时，在原位标注）。在配置相同跨的第一跨（或梁悬挑部位）时，垂直于板支座（梁或墙）绘制一段适宜长度的中粗实线（当该筋设置在悬挑板或短跨板上部时，实线段应画至对边或贯通短跨），以该线段代表支座上部非贯通纵筋，并在线段上方注写钢筋编号（如①、②等）、配筋值、横向连接布置的跨数（注写在括号中，且当为一跨时可不注写），以及是否横向布置到梁的悬挑端。

如图 E-94 所示，①钢筋（2）表示横向布置的跨数为 2 跨，②钢筋（2A）为板支座钢筋连续布置 2 跨及一端的悬挑部位，（XXB）为横向布置的跨数及两端的悬挑部位。

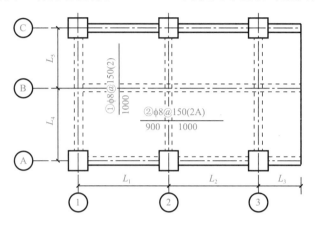

图 E-94　板支座原位标注

板支座上部非贯通筋自支座中线向跨内的延伸长度，注写在线段的下方位置。

对称：当中间支座上部非贯通纵筋向支座两侧对称延伸时，可仅在支座一侧线段下方标注延伸长度，另一侧不标注。

非对称：当向支座两侧非对称延伸时，应分别在支座两侧线段下方注写延伸长度。

对于线段画至对边贯通全跨或贯通全悬挑长度的上部通长纵筋，贯通全跨或延伸至全悬挑一侧的长度值不标注，只注明非贯通筋另一侧的延伸长度值。

能力训练：平法施工图的识读_____

参照本书提供的电子资源中的图纸，识读建筑梁、柱、板的平法施工图信息，以及结构设计总说明、结构平面图、构件详图等。

巩固提高_____

问题导向 1：_____施工图一般放在第二页，主要内容为基础的平面布置、尺寸及配筋。

问题导向 2：4Φ25 表示柱子有 4 根直径为 25mm 的_____级钢筋。

问题导向 3：KL2 的箍筋为"Φ8@100/200（2）"，表示箍筋为 I 级钢筋，直径为 8mm，加密区间距为 100mm，非加密区间距为_____mm，均为肢箍。

考核评价

本工作任务的考核评价如表 E-20 所示。

表 E-20 考核评价

考核内容			考核评分		
项目	内容	配分	得分	批注	
理论知识（50%）	掌握结构施工图的基础知识和钢筋混凝土结构的基础知识	30			
	掌握平法施工图的基础知识和梁、板、柱平法施工图的识读方法	20			
能力训练（40%）	能正确识读结构施工图	20			
	能正确识读平法施工图	20			
职业素养（10%）	态度端正，上课认真，无旷课、迟到、早退现象	2			
	与小组成员之间能够做到相互尊重、团结协作、积极交流、成果共享	3			
	言谈举止文明得当，爱护环境，不乱丢垃圾，爱护公共设施	2			
	能够按时、按计划完成工作任务	3			
考核成绩			考评员签字：＿＿＿＿＿＿＿＿＿＿ 日期：＿＿＿年＿＿＿月＿＿＿日		

综合评价：

参 考 文 献

白丽红．2014．建筑工程制图与识图[M]．2版．北京：北京大学出版社．

鲍凤英，2019．怎样识读建筑施工图[M]．北京：金盾出版社．

陈岚，2017．房屋建筑学[M]．2版．北京：北京交通大学出版社．

杜锐锋，齐玉清，韩淑芳，2015．建筑CAD[M]．北京：北京理工大学出版社．

郭烽仁，2016．建筑工程施工图识读[M]．2版．北京：北京理工大学出版社．

韩建绒，孔玉琴，2016．建筑构造[M]．2版．北京：科学出版社．

何培斌，2014．民用建筑设计与构造[M]．2版．北京：北京理工大学出版社．

侯志杰，2019．房屋建筑构造[M]．北京：北京理工大学出版社．

姜泓列，2014．建筑识图与构造[M]．北京：人民邮电出版社．

赖菁丹，冯春菊，2016．建筑制图与识图[M]．徐州：中国矿业大学出版社．

刘晶，刘洋，2017．建筑识图与构造[M]．沈阳：东北大学出版社．

马晓燕，卢圣，2001．园林制图[M]．修订版．北京：气象出版社．

聂洪达，2016．房屋建筑学[M]．3版．北京：北京大学出版社．

尚久明，2009．建筑识图与房屋构造[M]．2版．北京：电子工业出版社．

苏炜，2011．建筑构造[M]．大连：大连理工大学出版社．

唐徐林，田维立，2015．建筑构造与识图[M]．西安：西北工业大学出版社．

童霞，2013．房屋建筑构造与设计[M]．西安：西北工业大学出版社．

魏华，王海军，2015．房屋建筑学[M]．2版．西安：西安交通大学出版社．

魏松，刘涛，2018．房屋建筑构造[M]．2版．北京：清华大学出版社．

吴学清，2021．建筑识图与构造[M]．3版．北京：化学工业出版社．

肖芳，2016．建筑构造[M]．2版．北京：北京大学出版社．

徐秀香，刘英明，2015．建筑构造与识图[M]．2版．北京：化学工业出版社．

闫国奇，2014．简明基础工程[M]．郑州：黄河水利出版社．

尹平，徐光华，2012．工程制图[M]．2版．北京：北京理工大学出版社．

印宝权，黎旦，2018．建筑构造与识图[M]．2版．武汉：华中科技大学出版社．

袁新华，焦涛，2017．中外建筑史[M]．3版．北京：北京大学出版社．

张波，2016．装配式混凝土结构工程[M]．北京：北京理工大学出版社．

张军，2015．12G901图集精识快算：框架-剪力墙结构[M]．南京：江苏凤凰科学技术出版社．

张宁远，2011．建筑制图与识图[M]．大连：大连理工大学出版社．

赵建军，2012．建筑工程制图与识图[M]．北京：清华大学出版社．

中国建筑标准设计研究院，2022．混凝土结构施工图平面整体表示方法制图规则和构造详图（现浇混凝土框架、剪力墙、梁、板）（22G101-1）[M]．北京：中国计划出版社．

中华人民共和国住房和城乡建设部，2017．装配式钢结构建筑技术标准：GB/T 51232—2016[S]．北京：中国建筑工业出版社．

中华人民共和国住房和城乡建设部，2017．装配式混凝土建筑技术标准：GB/T 51231—2016[S]．北京：中国建筑工业出版社．

中华人民共和国住房和城乡建设部，2017．装配式木结构建筑技术标准：GB/T 51233—2016[S]．北京：中国建筑工业出版社．

中华人民共和国住房和城乡建设部，2018．房屋建筑制图统一标准：GB/T 50001—2017[S]．北京：中国建筑工业出版社．

中华人民共和国住房和城乡建设部，2021．建筑制图标准：GB/T 50104—2010[S]．北京：中国建筑工业出版社．